U0389174

本书系国家社科基金青年项目“量子引力与当代物理学时空哲学研究”
（项目批准号09CZX012）结项成果

本书受教育部人文社会科学重点研究基地——山西大学科学技术哲学研究中心基金资助

科学技术哲学文库 | 丛书主编·郭贵春　殷　杰

当代时空实在论研究

◎程　瑞　著

科　学　出　版　社
北　京

图书在版编目（CIP）数据

当代时空实在论研究 / 程瑞著. 一北京：科学出版社，2017.9
（科学技术哲学文库）
ISBN 978-7-03-054641-8

I.①当… II.①程… III.①时空-研究 IV.①O412.1

中国版本图书馆CIP数据核字（2017）第237672号

丛书策划：侯俊琳 邹 聪
责任编辑：牛 玲 刘 溪 程 凤 / 责任校对：何艳萍
责任印制：张欣秀 / 封面设计：有道文化
编辑部电话：010-64035853
E-mail：houjunlin@mail.sciencep.com

科学出版社 出版
北京东黄城根北街16号
邮政编码：100717
http://www.sciencep.com
北京虎彩文化传播有限公司 印刷
科学出版社发行 各地新华书店经销
*
2017年9月第 一 版 开本：720×1000 B5
2018年4月第二次印刷 印张：19 1/4
字数：269 000

定价：98.00元

（如有印装质量问题，我社负责调换）

总　序

认识、理解和分析当代科学哲学的现状，是我们抓住当代科学哲学面临的主要矛盾和关键问题、推进它在可能发展趋势上取得进步的重大课题，有必要对其进行深入研究并澄清。

对当代科学哲学的现状的理解，仁者见仁，智者见智。明尼苏达科学哲学研究中心在2000年出版的*Minnesota Studies in the Philosophy of Science*中明确指出："科学哲学不是当代学术界的领导领域，甚至不是一个在成长的领域。在整体的文化范围内，科学哲学现时甚至不是最宽广地反映科学的令人尊敬的领域。其他科学研究的分支，诸如科学社会学、科学社会史及科学文化的研究等，成了作为人类实践的科学研究中更为有意义的问题、更为广泛地被人们阅读和争论的对象。那么，也许这导源于那种不景气的前景，即某些科学哲学家正在向外探求新的论题、方法、工具和技巧，并且探求那些在哲学中关爱科学的历史人物。"[①] 从这里，我们可以感觉到科学哲学在某种程度上或某种视角上地位的衰落。而且关键的是，科学哲学家们无论是研究历史人物，还是探求现实的科学哲学的出路，都被看作一种不景气的、无奈的表现。尽管这是一种极端的看法。

那么，为什么会造成这种现象呢？主要的原因就在于，科学哲学在近30年的发展中，失去了能够影响自己同时也能够影响相关研究领域发展的研究范式。因为，一个学科一旦缺少了

---

① Hardcastle G L，Richardson A W. Logical empiricism in North America//Minnesota Studies in the Philosophy of Science. Vol XVIII. Minneapolis：University of Minnesota Press，2000：6.

范式，就缺少了纲领，而没有了范式和纲领，当然也就失去了凝聚自身学科，同时能够带动相关学科发展的能力，所以它的示范作用和地位就必然要降低。因而，努力地构建一种新的范式去发展科学哲学，在这个范式的基底上去重建科学哲学的大厦，去总结历史和重塑它的未来，就是相当重要的了。

换句话说，当今科学哲学在总体上处于一种“非突破”的时期，即没有重大的突破性的理论出现。目前，我们看到最多的是，欧洲大陆哲学与大西洋哲学之间的渗透与融合，自然科学哲学与社会科学哲学之间的借鉴与交融，常规科学的进展与一般哲学解释之间的碰撞与分析。这是科学哲学发展过程中历史地、必然地要出现的一种现象，其原因在于五个方面。第一，自20世纪的后历史主义出现以来，科学哲学在元理论的研究方面没有重大的突破，缺乏创造性的新视角和新方法。第二，对自然科学哲学问题的研究越来越困难，无论是拥有什么样知识背景的科学哲学家，对新的科学发现和科学理论的解释都存在着把握本质的困难，它所要求的背景训练和知识储备都愈加严苛。第三，纯分析哲学的研究方法确实有它局限的一面，需要从不同的研究领域中汲取和借鉴更多的方法论的经验，但同时也存在着对分析哲学研究方法忽略的一面，轻视了它所具有的本质的内在功能，需要在新的层面上将分析哲学研究方法发扬光大。第四，试图从知识论的角度综合各种流派、各种传统去进行科学哲学的研究，或许是一个有意义的发展趋势，在某种程度上可以避免任何一种单纯思维趋势的片面性，但是这确是一条极易走向“泛文化主义”的路子，从而易于将科学哲学引向歧途。第五，科学哲学研究范式的淡化及研究纲领的游移，导致了科学哲学主题的边缘化倾向，更为重要的是，人们试图用从各种视角对科学哲学的解读来取代科学哲学自身的研究，或者说把这种解读误认为是对科学哲学的主题研究，从而造成了对科学哲学主题的消解。

然而，无论科学哲学如何发展，它的科学方法论的内核不能变。这就是：第一，科学理性不能被消解，科学哲学应永远高举科学理性的旗帜；第二，自然科学的哲学问题不能被消解，它从来就是科学哲学赖以存在的基础；第三，语言哲学的分析方法及其语境论的基础不能被消解，因为它是统一科学哲学各种流派及其传统方法论的基底；第四，科学的主题不能被消解，不能用社会的、知识论的、心理的东西取代科学的提问方式，否则科学哲学就失去了它自身存在的前提。

在这里，我们必须强调指出的是，不弘扬科学理性就不叫“科学哲学”，既然是“科学哲学”就必须弘扬科学理性。当然，这并不排斥理性与非理性、形式与非形式、规范与非规范研究方法之间的相互渗透、融合和统一。我们所要避免的只是“泛文化主义”的暗流，而且无论是相对的还是绝对的“泛文化主义”，都不可能指向科学哲学的“正途”。这就是说，科学哲学的发展不是要不要科学理性的问题，而是如何弘扬科学理性的问题，以什么样的方式加以弘扬的问题。中国当下人文主义的盛行与泛扬，并不是证明科学理性不重要，而是在科学发展的水平上，社会发展的现实矛盾激发了人们更期望从现实的矛盾中，通过对人文主义的解读，去探求新的解释。但反过来讲，越是如此，科学理性的核心价值地位就越显得重要。人文主义的发展，如果没有科学理性作为基础，就会走向它关怀的反面。这种教训在中国社会发展中是很多的，比如有人在批评马寅初的人口论时，曾以“人是第一可宝贵的”为理由。在这个问题上，人本主义肯定是没错的，但缺乏科学理性的人本主义，就必然走向它的反面。在这里，我们需要明确的是，科学理性与人文理性是统一的、一致的，是人类认识世界的两个不同的视角，并不存在矛盾。从某种意义上讲，正是人文理性拓展和延伸了科学理性的边界。但是人文理性不等同于人文主义，正像科学理性不等同于科学主义一样。坚持科学理性反对科学主义，坚持人文理性反对人文主义，应当是当代科学哲学所要坚守的目标。

我们还需要特别注意的是，当前存在的某种科学哲学研究的多元论与20世纪后半叶历史主义的多元论有着根本的区别。历史主义是站在科学理性的立场上，去诉求科学理论进步纲领的多元性，而现今的多元论，是站在文化分析的立场上，去诉求对科学发展的文化解释。这种解释虽然在一定层面上扩张了科学哲学研究的视角和范围，但它却存在着文化主义的倾向，存在着消解科学理性的倾向。在这里，我们千万不要把科学哲学与技术哲学混为一谈。这二者之间有重要的区别。因为技术哲学自身本质地赋有更多的文化特质，这些文化特质决定了它不是以单纯科学理性的要求为基底的。

在世纪之交的后历史主义的环境中，人们在不断地反思 20 世纪科学哲学的历史和历程。一方面，人们重新解读过去的各种流派和观点，以适应现实的要求；另一方面，试图通过这种重新解读，找出今后科学哲学发展的新的进路，尤其是科学哲学研究的方法论的走向。有的科学哲学家在反思 20 世纪的逻辑哲学、数学哲学及科学哲学的发展，即“广义科学哲学”的发展中提出了五个“引导性难题”（leading problems）。

第一，什么是逻辑的本质和逻辑真理的本质？

第二，什么是数学的本质？这包括：什么是数学命题的本质、数学猜想的本质和数学证明的本质？

第三，什么是形式体系的本质？什么是形式体系与希尔伯特称之为“理解活动”（the activity of understanding）的东西之间的关联？

第四，什么是语言的本质？这包括：什么是意义、指称和真理的本质？

第五，什么是理解的本质？这包括：什么是感觉、心理状态及心理过程的本质？[①]

这五个“引导性难题”概括了整个 20 世纪科学哲学探索所要求解的对象及 21 世纪自然要面对的问题，有着十分重要的意义。从另一个更具体的角度来讲，在 20 世纪科学哲学的发展中，理论模型与实验测量、模型解释与案例说明、科学证明与语言分析等，它们结合在一起作为科学方法论的整体，或者说整体性的科学方法论，整体地推动了科学哲学的发展。所以，从广义的科学哲学来讲，在 20 世纪的科学哲学发展中，逻辑哲学、数学哲学、语言哲学与科学哲学是联结在一起的。同样，在 21 世纪的科学哲学进程中，这几个方面也必然会内在地联结在一起，只是各自的研究层面和角

---

① Shauker S G. Philosophy of Science，Logic and Mathematics in 20th Century. London：Routledge，1996：7.

度会不同而已。所以，逻辑的方法、数学的方法、语言学的方法都是整个科学哲学研究方法中不可或缺的部分，它们在求解科学哲学的难题中是统一的和一致的。这种统一和一致恰恰是科学理性的统一和一致。必须看到，认知科学的发展正是对这种科学理性的一致性的捍卫，而不是相反。我们可以这样讲，20 世纪对这些问题的认识、理解和探索，是一个从自然到必然的过程；它们之间的融合与相互渗透是一个从不自觉到自觉的过程。而 21 世纪，则是一个“自主”的过程，一个统一的动力学的发展过程。

那么，通过对 20 世纪科学哲学的发展历程的反思，当代科学哲学面向 21 世纪的发展，近期的主要目标是什么？最大的“引导性难题”又是什么？

第一，重铸科学哲学发展的新的逻辑起点。这个起点要超越逻辑经验主义、历史主义、后历史主义的范式。我们可以肯定地说，一个没有明确逻辑起点的学科肯定是不完备的。

第二，构建科学实在论与反实在论各个流派之间相互对话、交流、渗透与融合的新平台。在这个平台上，彼此可以真正地相互交流和共同促进，从而使它成为科学哲学生长的舞台。

第三，探索各种科学方法论相互借鉴、相互补充、相互交叉的新基底。在这个基底上，获得科学哲学方法论的有效统一，从而锻造出富有生命力的创新理论与发展方向。

第四，坚持科学理性的本质，面对前所未有的消解科学理性的围剿，要持续地弘扬科学理性的精神。这应当是当代科学哲学发展的一个极关键的方面。只有在这个基础上，才能去谈科学理性与非理性的统一，去谈科学哲学与科学社会学、科学知识论、科学史学及科学文化哲学等流派或学科之间的关联。否则，一个被消解了科学理性的科学哲学还有什么资格去谈论与其他学派或学科之间的关联？

总之，这四个从宏观上提出的“引导性难题”既包容了 20 世纪的五个“引导性难题”，也表明了当代科学哲学的发展特征：一是科学哲学的进步越来越多元化。现在的科学哲学比过去任何时候，都有着更多的立场、观点和方法；二是这些多元的立场、观点和方法又在一个新的层面上展开，愈加本质地相互渗透、吸收与融合。所以，多元化和整体性是当代科学哲学发展中一个问题的两个方面。它将在这两个方面的交错和叠加中寻找自己全新的出路。这就是当代科学哲学拥有强大生命力的根源。正是在这个意义上，经历了语言学转向、解释学转向和修辞学转向这“三大转向”的科学哲学，而今转向语境论的研究就是一种逻辑的必然，是科学哲学研究的必然取向之一。

这些年来，山西大学的科学哲学学科，就是围绕着这四个面向21世纪的“引导性难题”，试图在语境的基底上从科学哲学的元理论、数学哲学、物理哲学、社会科学哲学等各个方面，探索科学哲学发展的路径。我希望我们的研究能对中国科学哲学事业的发展有所贡献！

郭贵春

2007年6月1日

前　言

当代时空实在论的复兴与发展经历了半个世纪，究其实质就是追求对时空实在性的“困惑”的解读，这一过程充满形而上学和科学理性的交织与纠缠。

这种交织与纠缠，从根源上讲，是由哲学史和物理学史中时空的形而上学定位决定的；从历史的角度看，它的发展伴随着物理学的发展与时空的理性化思考；从最终的发展方向来看，它又自然而然地受到科学哲学方法论的影响。因此，在时空实在论的研究中，我们必然会看到时空哲学的历史理论、时空物理学理论的发展，也会看到科学理性的树立、方法论的困境和一次又一次的突破。

具体来说，时空实在论的研究从以自然语言解释为特征的时空实体论和关系论的争论开始，发展到以时空语义模型建立为标志的理性分析时代，因广义相对论“洞”的分析出现了实体论者的非决定论困境进而细化为度规本质论、精致实体论、度规场实体论和基于当代量子引力解读的关系论等的争论，再发展到致力于寻找时空实体论和关系论的共同基础从而站在本体论后退策略上建立起来的时空结构实在论，其间科学理性的发展和当代科学哲学的发展起到了重要的推进作用。但是形而上学和认识论之间鸿沟的不可逾越性，使得结构实在论内部充满分歧，无法真正解决时空实在论的根本问题。因此，在承认形而上学预设的前提下，站在整体论的角度来看待时空实在论的问题是很有必要的。以量子引力理论的时空背景的选择性为例，在时空实在论越来越进步的方案中，对理论发展过程中物理学家心理意向性因素的忽略或不合理的处理方式，导致了各种时空实在论方案的不完美：实体论和关系论争论单纯考虑语形学与语义学层面上的科学解释而不考虑解释者的心理意向性，这样的解释不具现实性；结构实在论只在数学结构的层面上谈论实在，承认心理意向性，但是以数学结构为平台进行打包以求甩掉实体论和关系论之争中“沉重的形而上学包袱”来消解形而上学争论的做法，实质上则是回避理论形成和解释中心理意向性的作用，把形而上学解释的环节排除在对科学理论自身完整说明的范围之外。

本书站在整体和历史的角度，对时空进行详细的语境分析，发现时空理论发展中形而上学预设、理论形式体系、理论解释和理论选择等每一个环节中语形、语义和语用的交织作用，借此提出时空语境实在论的新方案。在时空语境实在论方案中，我们追求一种对实在的逻辑化处理，我们所要证实的是，所有实在的统一都是物理学语境中意义上的统一。这就解决了实体论和关系论追求形而上学本质的断言的困境，也就解决了传统科学实在论追求、辩护科学知识在什么程度上描述或符合外部的实在世界的断言所面临的困境。扩展至科学哲学层面，时空语境实在论的提出则从案例上为当代科学实在论的发展提供了方法论支撑，揭示了当代科学实在论发展的语境选择。

本书的章节安排基于这样一种逻辑顺序。

第一章“绪论”介绍当代时空实在论的基本特征及其根源、时空实在论的研究现状，以及本书的写作思路和主要内容。第二章“时空实在论概观”，主要介绍理论基础及理论形态；第三章“时空实在论理性分析的基础”，系统地介绍了时空语义模型的建立及其内涵，在此基础上阐释了时空语义模型之于时空实在论发展的方法论意义；第四章“时空实在论语义分析方法的运用”，系统地介绍了时空语义模型在“洞问题”研究中的运用，展示了时空实在论的理性内涵；第五章“时空实在论语用依赖性的凸显”，从时空量子化和时空背景的选择两方面介绍了量子引力对时空实在论的冲击，显示了理论构建中物理学家心理意向性的作用；第六章“时空实在论本体论后退的策略”，介绍了时空实在论为了克服实体论和关系论僵持不下的局面而采取的时空结构实在论策略，并分析其困境所在；第七章“时空实在理解的整体性视角”，站在整体论和历史的角度，详细分析时空理解的语形、语义和语用因素，揭示时空形而上学预设的本质及我们对时空理解的变化过程；第八章“时空语境实在论的新方案”，在对时空实体论、关系论和结构实在论进行剖析的基础上，提出时空语境实在论的理解方案并分析其优势；第九章“时空语境实在论应用案例”，用时空语境实在论方案去回答时空理论中的非充分决定性问题，从案例上显示这一方案的方法论优势；第十章“结语：时空实在论与当代科学实在论的辩护”，总结了时空实在论的发展路径，论述了时空实在论与当代科学实在论之间的方法论关联，指出时空语境实在论对当代科学实在论具有的支撑和借鉴作用。

从初涉时空实在论到本书成稿，一晃十余年已经过去，写作过程艰辛而充实。本书的完成离不开恩师郭贵春教授的倾力指导，其中渗透着他作为一名科学哲学研究前辈对这一学科的严谨思索和深刻洞悉。生命有源，精神有根，深切感谢！感谢山西大学科学技术哲学研究中心给予我写作的良好环境和基金资助！感谢科学出版社和责任编辑刘溪先生和程凤女士为本书的出版所做的辛勤工作！

鉴于本书的难度和作者的水平，疏漏之处在所难免。恳请各位专家和读者不吝赐教！

程　瑞

2016年12月

目　录

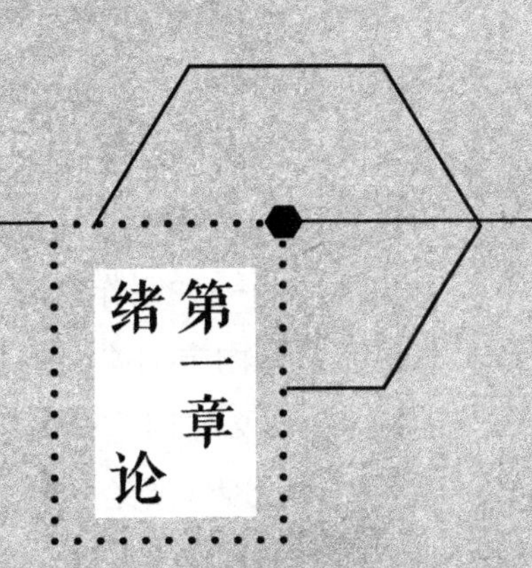

第一章 绪论

关于时空的话题古老而常新。古老是因为它从古希腊开始就成为思辨哲学追问的终极问题之一，常新则是因为它在近代以来与以物理学为首的自然科学的发展紧密联系了起来，成为哲学和自然科学产生交互的主要焦点。因而，无论何时，时空的哲学追问都不会停息，而这种追问只有与物理学最前沿的理论紧密相连，才会处于最佳状态。

严格意义上的物理学时空问题从牛顿经典物理学开始，经历了狭义相对论、广义相对论，直到目前最前沿的量子引力理论的发展。在每一个阶段，人们对时间和空间的解释都具有不同的特点。牛顿经典物理学中时间、空间各自分立，具有绝对的地位；狭义相对论中时间和空间不再分离，而作为一种叫作“时空”的实在出现；广义相对论中，时空不再平直，而是与物质相关，具有了动力学效应；量子引力时空具有离散性，其中超弦理论要求时空是高维且背景相关的，圈量子引力则要求理论是背景无关的。物理学所给出的是时空的表征形式，是对时空认识的反映，而时空实在论则是在这些理论发展的基础上，追求对时空本质进行某种思索，因而涉及物理学和形而上学的关系、时空表征与解释的关系等一系列科学哲学所关注的论题。

十多年以前，很多哲学家把时空实在论的研究领域称为一个“战场”，因为其间充满了对时空本质是“实体”还是“关系”的争论。但是21世纪以后，这个战场上不再硝烟弥漫，大多数时空实在论者都一致地转向寻求一种对时空实在的合理理解。这一方面取决于当代物理学的发展，另一方面则取决于当代科学哲学方法论的发展。

一、当代时空实在论的基本特征及其根源

当代时空实在论复兴于广义相对论成功之后。从根本论题上，它延续了思辨哲学时代对时空本质的思考，但在研究方法上，把时空由哲学思辨的神秘对象变成了一个与所有的物理学理论实体具有同等地位的物理学对象，从而把时空实在性的研究论域与物理学、形而上学及科学方法论等问题关联起来，具有了自己极强的理性特征，最终在研究目标上由追求对时

空形而上学本质的断言转向在科学发展中对时空实在性提出一种合理的理解方案。当代时空实在论研究方法论特征及其演变的决定因素有三：第一，时空对象的形而上学定位；第二，物理学的发展与时空的理性化思考；第三，科学哲学方法论的影响。

1. 时空的形而上学定位

当代时空实在论对时空的思考充满了形而上学与科学理性的交织和纠缠，这是由时空对象的特殊性决定的。只有从哲学史和近代物理学出现的历史中找到时空的形而上学定位，才能理解当代时空实在论问题的根源。

时空是在近代以绝对时空的形式作为牛顿物理学最基本的形而上学假设而成为哲学和物理学共同的研究对象的。不可否认，近代西方科学主要开始于经验方法，正如牛顿所言，科学应当从观察或实验所发现的特殊事实出发。但是同样不可否认的是，所有物理规律的发现，都建立在一种既定的时空形而上学的假设之上。我们往往会说，物理学的变革引起了时空观的巨大变革，但从物理学发展的角度出发，却应该说是时空观的变革引起了物理学的巨大变革：爱因斯坦对同时性的思考引起了狭义相对论的变革；对时空结构和引力场关系的思考引起了广义相对论的变革；当代物理学家对时空连续性和离散性，以及时空背景的理解引起了量子引力的巨大变革。不管是相对论还是当代的量子引力理论，时空预设都带有形而上学思考的性质，并且在很大程度上影响着物理学理论的发展。恩格斯指出，牛顿曾告诫人们，“物理学，当心形而上学啊！”[①]但是，不管自然科学家采取什么样的态度，他们还是得受哲学的支配，其根源就在于物理学中的时空形而上学预设。那么，时空的形而上学预设如何能扮演这样一个基本却重要的角色呢？这要从时空在西方形而上学传统中的地位谈起。

从古希腊开始，哲学家们就从思辨的角度给出了很多种时空存在方式及其性质的设想，典型的如赫西俄德“深邃的空间”，认为在有万物之前

① 恩格斯. 自然辩证法（节选）//马克思，恩格斯. 马克思恩格斯选集（第四卷）. 中共中央马克思恩格斯列宁斯大林编译局译. 北京：人民出版社，1995：267.

已经存在深邃的虚空了，这虚空把一切包含于自身之中，是一个确定的、充实的、无限的、不可度量的、无差异的广延的空间，同时又是万物之源。[①]这就奠定了人类认识史上对时空的最主要的思考方式，也是后来牛顿绝对时空观所继承的、今天被人们称作时空实体论的思考方式——把时空看作独立自存的实体。

柏拉图在《蒂迈欧篇》中把空间描述为“容器”、原子论者认为原子在真空中运动，这些观念都奠定了空间作为“运动的处所”的思想基础。及至亚里士多德开始对运动及其原因的探索，把时间、空间和运动紧密结合了起来，时间、空间成为哲学家们讨论运动和变化的基础，形成了时空以形而上学假设进入近代物理学的第一个条件。

希腊哲学之后，伽桑狄发展了原子论的观点，认为空间是原子运动的必要前提，世界是在无限的虚空中被创造出来的，因而空间是绝对的、不动的。马克斯·雅莫（Max Jammer）就认为，“正是牛顿把伽桑狄的空间理论并入他的大综合之中，并且作为绝对空间概念将它放在物理学前沿”[②]。但这并非近代物理学时空假设的全部思想来源。伽利略的研究纲领把物理现象的描述建立在可观测量的基础上，从而出现了参照系的确立。从伽利略开始，物理学所关注的中心论题就是运动和力了，时空不过是物质运动和各种力实施的背景与舞台，抑或是一切物体运动的参照系。时空无论在实际上（in truth）还是在实在上（in reality）都真切地存在着。[③]加上笛卡儿的解析几何促进了平面和空间的算术化，把空间位置与实数对相联系，至此形成了时空以形而上学假设进入近代物理学的第二个条件，形成了近代物理学时空观的雏形。

阎康年曾指出：“牛顿的时空观直接来源于伽桑狄的原子论时空观，并且受到莫尔和巴罗的影响。”[④]莫尔和巴罗的时空形而上学思考是出于宗教哲学认识论的考虑而进行的，但更关注对空间本身的存在及其性质的考

① 李烈炎. 时空学说史. 武汉：湖北人民出版社，1988：240.
② 阎康年. 牛顿的科学发现和科学思想. 长沙：湖南教育出版社，1989：345.
③ 炎冰. 牛顿的绝对时空观何以可能. 科学技术哲学研究，2009，(6)：71.
④ 阎康年. 牛顿的科学发现和科学思想. 长沙：湖南教育出版社，1989：343.

虑。莫尔关注的是物理自然和各种运动现象背后的形而上学诠释，并且最终把根源归结为“自然精神”和上帝。在他那里，空间等同于上帝的无所不在，空间的属性包括“简单的、不动的、永恒的、完美的、独立的、自我存在的、自我维持的、不可腐蚀的、必然的、巨大无限的、非创造的、不受限制的、不可理解的、无所不在的、无形体的、渗透和包含一切事物的东西，它是必要的存在、现实的存在和纯粹的现实”①。莫尔把空间归结为一种精神实体，他坚持空间的无限性正是为了说明上帝的无所不在。这种思想显然影响到了牛顿，因为牛顿也曾经表示“空间是上帝的属性”。不同的是，莫尔并没有看到上帝的无限性、时空的有限性及人类心智的有限性之间的关系，牛顿却抓住了这一点，用相对时空来表征和感知绝对时空的存在。

巴罗的空间观念是从他关于几何的观念得来的。其几何观念本质上是柏拉图式的，认为完美的几何图形无法从经验导出，只能是隐含在心灵之中。几何图形占据空间，而空间是上帝的存在和能力。关于时间，巴罗认为：“正像在世界创建之前就已经有空间，甚至现在在这个世界之外也有无限的空间（上帝与之共存）一样……在这个世界之前，以及和这个世界一起（也许在这个世界以外），也是过去和现在都有时间；……就时间的绝对和固有的本性而言，它根本不蕴含运动，也不蕴含静止，时间的数量本质上同运动和静止都无关……尽管我们分辨时间的数量，并必定借助运动作为我们据以判断时间数量和把它们相互比较的一种量度。”②

近代哲学家运用时空的假定往往是为了解决认识论的问题，在当时的哲学背景下，时空与上帝的联系总是无法分开，因为上帝在认识论的历史上扮演着重要的角色。牛顿绝对空间和时间的概念无疑同莫尔和巴罗的这些形而上学的观点相联系。正如炎冰指出的，牛顿的物理学体系“实际是由自古希腊经中世纪，直到布鲁诺、伽利略、开普勒、笛卡儿、莫尔、巴罗、本特利、玻义耳等一系列科学与哲学家们渐次生发和不断演化的产

① 沃尔夫. 十六、十七世纪科学、技术和哲学史. 周昌忠译. 北京：商务印书馆，2009：808.
② 同上，749 页。

物，这种线性进化式的认识路径实际上标示着牛顿绝对时空观的思想源头就是这一路径本身。”[①]

建立在绝对时空观基础上的经典物理学体系在两千年的时间里使绝对时空观几乎成为一个固化的观念。时空就像是一个“容器”，独立地存在，是物质运动的绝对背景，而其自身却不受物质的任何影响。时空在牛顿物理学中的地位与其他对象的地位并不相同，如上所述，它并非完全的经验概念，而是在很大程度上受到形而上学发展的影响。牛顿把物体的运动放到绝对空间和绝对时间的背景中，但正如沃尔夫所言，牛顿“证明绝对空间和时间之合理的根本理由是神学的，而不是科学的”[②]，是纯粹形而上学的。因此，即便是牛顿经典物理学获得了经验上的无比成功，牛顿对空间的形而上学思考也并不能回答所有的问题：空间到底是一种物质实体还是精神实体？空间的本质究竟如何？空间与物质之间的关系到底如何？物理学可以把空间作为背景来考虑而不追究这些问题，但是哲学家的批判，却显示了时空的思考不可能因为经典物理学的成功而停息：人类思想史上对时空的思考还存在着第二种理解方式。

人类对时空的第二种理解方式可以看作一种时空关系论的思维方式，即把时空看作是物质之间的关系。这种思路从亚里士多德开始萌芽。亚里士多德把空间和运动联系在一起为近代物理学创造了思想条件，但亚里士多德对空间的理解与牛顿的理解并不相同。亚里士多德认为空间并非像原子论所说的那样是空无一物的虚空，而是围绕物体与被围绕物体之间的界限。他用地位概念来解决空间的问题，首先物体的地位只能是三维的，而所谓三维空间就是物体地位的三个维度，即长、宽、高，离开物体的具体地位而抽象地谈论空间是没有意义的。在运动方面，他提出要用参照物来看待运动，地位被理解为一系列由参照物来定义的空间。“恰如容器是能移动的空间那样，空间是不能移动的容器。”[③]可以看到，同是“容器”，

---

① 炎冰. 牛顿的绝对时空观何以可能. 科学技术哲学研究，2009，(6)：70.

② 沃尔夫. 十六、十七世纪科学、技术和哲学史. 周昌忠译. 北京：商务印书馆，2009：818.

③ 亚里士多德. 物理学. 张竹明译. 北京：商务印书馆，1996：212.

亚里士多德的时空"容器"和牛顿的时空"容器"却完全不同。因为对于亚里士多德来说，空间并不是独立的实体的存在，而只是物体的一种属性，没有物体，就无法谈论空间。

萨库的尼古拉也把空间学说和物理学观点联系起来，认为不存在绝对运动，也不存在绝对空间。

同样认为没有物质就没有空间的还有笛卡儿。在笛卡儿看来，广延和空间是同一的，即三维空间。空间是连续的，但不存在真空。这是他涡旋理论的形而上学基础。很明显，时空与物质统一的思想与牛顿的时空独立自存且与物质无关的思想并不相符。

对时空持关系论思考方式最典型的代表人物是莱布尼茨。在莱布尼茨那里，空间是共存事物的秩序，时间则是接续事物的秩序，离开了物质就无所谓时间和空间。

上述两种思考时空的形而上学方式并没有也不可能在物理学的发展中得到证实和证否。直到今天，物理学发展到微观领域，人们对时空的认识早已超越了牛顿时代对时空的认识，但是，关于时空形而上学的这两种终极形而上学思考方式依然存在并且影响着物理学的发展，也深刻地影响着当代时空实在论的终极论题——时空到底是什么？是独立自存的实体，还是物质之间的关系？

2. 物理学的发展与时空的理性化思考

无论如何，物理学和哲学的分化注定时空在一进入物理学研究的领域之后就不可能仅仅是形而上学层面上的思辨对象了。物理学的发展也证明，人们对时空的思索越来越多地受到科学方法论的影响，从而具有越来越浓重的理性色彩，最终实现了当代时空实在论研究超越纯粹思辨的方法论转变。

时空物理学的第一个发展是牛顿经典物理学。牛顿时空的理性思考特征表现在欧几里得几何学的方法与时空描述的结合所带来的时空认识论上。阎康年曾经指出，"牛顿的时空观开了运用科学的观点和方法研究时空和宇宙的先河，将猜测性的东西变为理性的，使经验性的东西科学化"①。

① 阎康年. 牛顿的科学发现和科学思想. 长沙：湖南教育出版社，1989：358.

而炎冰则认为，“绝对时空观的意义在于为人类理解和把握自然界中诸种物体运动的力学规律提供了科学解释学意义上的统一的基础”[①]。这些作用的实现，都与欧几里得几何的使用无法分开。科瓦雷曾指出，从欧几里得几何的成功开始，西方科学和一般知识思维都认为这种广延与世界的真实空间是同一的。[②]而牛顿物理学对欧几里得几何使得对时空的形而上学思考具有了转变为形式化表征的可能性，从而走上了理性的道路。

欧几里得几何是一种演绎公理几何，它所带来的是一种对知识的认识论解释，认为知识是建立在从自明的第一原理得出的演绎推论的基础之上，这成为知识的理性论的核心特征。对于理性论的哲学家来说，几何提供了知识的范式。康德利用欧几里得几何的“自明公理”来说明空间的先验直观性就是最典型的例子。牛顿《自然哲学的数字原理》(以下简称《原理》)的写作过程正是模仿欧几里得式的演绎方法而来的，在这个体系中，时间、空间和物质、运动及力等概念成为全书的总纲和逻辑前提。空间概念在此是理解物质构成、物质运动及其规律的前提，从这些逻辑前提开始进入公理或定律及其相关的数学证明。在这个基础上，人们又从经验世界的相对时间、空间及运动等现象中寻找不变的规律，对世界本身作出解释，走上一条理性理解的道路。在当代物理学的发展中，不管是在广义相对论还是量子引力理论中，虽然人们对时空的认识与描述时空的数学工具在不断改变，但是时空作为逻辑基础的地位都不可能改变。

时空物理学的第二个发展是爱因斯坦的广义相对论。相对论中时空的理性化思考可以分为两个阶段。第一个阶段是非欧几何的成功对时空认识论的冲击，第二个阶段则是对时空实在性断言的语义学分析方法的展开。

广义相对论中描述时空的几何由欧几里得几何到非欧几何的转变，导致了对几何先验描述的怀疑态度。事实上这种怀疑在从牛顿物理学分立的空间和时间向狭义相对论“时空”实在的转化中就已经出现了，但最主要的还是广义相对论中弯曲的非欧几何的引进冲击了之前人们所认为的几何

---

① 炎冰. 牛顿的绝对时空观何以可能. 科学技术哲学研究，2009，(6)：74.

② 李创同. 科学哲学思想的流变——历史上的科学哲学思想家. 北京：高等教育出版社，2005：5-6.

包含世界的先验真理的断言。时空的几何变成了把世界的其他“可变”特征联合起来的另一个动力学要素。虽然庞家莱提出约定论的方案来解决这一问题，但这种方案最终还是回答不了非充分决定性的问题。其中最主要的是对广义协变性的理解及与之紧密相关的背景无关性的概念。从表面上看来，这样的图景给予我们一种时空认识论上的结论：时空不应当有“先天”的结构，所有表示它的几何结构都应当决定于当下世界的物理条件，因而我们只需了解时空几何结构与物理世界之间的关系就可以了。但是，物理哲学家的思考并不止于此，他们追求的是通过当代物理学对时空的表述来阐释关于时空和物质场之间关系的形而上学图景。因而，人们在广义相对论的理论起点上重新回到了传统时空本质问题的讨论上：既然广义相对论运用黎曼几何描述了一种时空的动力学结构，时空的结构是随着物质的运动和分布而变化的，那么时空的本质是否就并非牛顿所说的一种实体的存在，而是像莱布尼茨所认为的那样，仅仅是物质之间的关系呢？

最初，部分哲学家认为，相对论取代了牛顿的绝对空间理论，与空间和时间本性的关系论描述相符合，但这种观点很快就被认为是错误的。因为如果时空的本质是关系的，那么就无法说明为什么广义相对论中仍然存在惯性系和非惯性系之间的绝对区分，而且这种绝对区分比它在牛顿描述中的区分来得更加深刻。因为绝对匀速运动的参照系，即惯性系，现在变成了不仅是自然（不受力）运动的参照系，而且是唯一使光速成为各向同性的参照系！①

那么，是不是可以把时空看作一种与物质一样的实体的存在呢？因为既然时空已经成为世界的一个动力学要素，就可以把时空与物质的关系看作“因果性的相互作用”。在某种意义上，人们甚至能够认为，能量（和质量）的产生是由时空引起的。

但这些都只是一些直观的解释。在这里，由于时空与物质之间相互关系的发现，时空在物理学中两种身份的区别明确了起来。在理论的构造中

① 劳伦斯·斯克拉. 空间、时间和相对论// 牛顿-史密斯. 科学哲学指南. 成素梅，殷杰译. 上海：上海科技教育出版社，2006：564.

它是逻辑基础，而在理论的解释中，它也毫无疑问地变成了物理学理解的对象：一方面，时空作为一种预设出现，我们用它来定义自己和整个宇宙之间的关系，通过它来理解其他的物理客体；另一方面，由于时空与度规场的紧密联系，它也可以被理解为一个与其他物理场一样的场，成为宇宙的一个要素。因而，时空开始与其他所有的物理对象一样，可以具有表征的符号，遵循形式体系的演绎规律。这就注定了当代时空实在论研究的方法论不再在纯粹思辨的领域进行。只有语义分析方法介入之后，人们才看到，为什么实体论和关系论都不能完满地回答时空与物质之间的关系问题。

时空语义分析方法的介入是在广义相对论洞问题的研究中盛行起来的。洞问题使广义相对论的实体论解释面临着非决定论的尴尬，因此，物理学家开始通过分析广义相对论的形式体系，关注其中的表征符号，到底是哪些表征符号表示了时空。虽然语义分析方法最终也没有完全成功地解决实体论和关系论之间的争论，但是广义相对论为时空带来的理性化思考，促使当代时空实在论放弃了时空先验范式的认识论，走向对时空的现实数学表征的语义分析的讨论，从中追问时空的本质到底是什么。这是时空实在论发展中具有重大意义的方法论转变。

时空物理学的第三个发展是当代最前沿的量子引力理论。目前，量子引力并没有一个成熟的理论体系，还处于争论之中，但是它的理论体系与广义相对论时空概念联系密切，现实地突出了时空的形而上学传统、科学理性分析，以及物理学家心理意向性在时空理论和时空实在论发展中的共同作用，为当代时空实在论的理解策略提供了新的思路和基础。在量子引力语境中，时空实在论最终实现了由对时空本质的追问转化为对时空实在的合理理解。

量子引力引起的时空变革使物理学的时空变得越来越远离我们认为的描述直接经验的时空。其中有两个方面需要注意：第一，量子引力的时空变革不是为了解释经验的需要，而是物理学发展的逻辑矛盾，即由量子物理学的量子特点与其经典或半经典的时空背景之间的矛盾引起的。第二，对时空本质的理解不仅是物理哲学家关注的焦点，而且是物理学家关注的焦点。物理学家对广义相对论时空概念的不同理解决定了物理学理论的不同发展道路。

当代物理学由理论的内部矛盾引发革命而不是由实验现象与理论的不符引发革命的事实说明，目前物理学最前沿领域更多地是以一种演绎体系在进行演化，在这个过程中，理论所使用的概念解释的作用就非常重要。这也就不难理解物理学家在建立自己的形式体系时会如此地关注和依赖于从广义相对论而来的时空本质的解释。因此，量子引力时空革命的方向与物理学家对广义相对论时空解释的理解就紧密地联系了起来。也就是说，决定量子引力发展方向的，是物理学家对广义相对论和量子力学时空的理性和形而上学思考共同产生的时空解释的理解。对时空的理解成为新理论走向的根本基础，时空的形而上学思索和理论的理性表达之间的联系前所未有的紧密，这再次验证了迈克尔·雷特海德（Micheal Readhead）在他的特纳（Tarner）讲座中提到的物理学和形而上学共生的关系："物理学和哲学混合成为无缝的整体，各自都对对方有促进作用。实际上，离开对方，谁也前进不了。"[①]

可以看出的是，当代物理学的发展为时空问题的讨论和时空观的确立注入了压倒一切的理性因素，为哲学和人类思维带来了巨大革命。但当代物理学家的观点并非终极观点，只要通往量子引力的路径还不明确，物理学家就会继续考虑和争论关于时空和变化的本质及存在的形而上学问题。时空物理学发展的特征决定了对时空终极问题的回答方式的改变：我们无法通过把哲学家的评论应用于我们关于世界的常识来解决空间的"实在"的本体论问题，而是还要考虑当代最好的科学的某些基本特征，在科学的发展中不断地改变我们对时空本质的认识，在此基础上，对时空实在性提供一种合理的理解方案。

3. 科学哲学方法论的影响

当代时空实在论的特征与科学哲学的发展是紧密相连的。

---

① Redhead M. From Physics to Metaphysics. Cambridge：Cambridge University Press，1995：87.

20世纪90年代，在对整个西方科学哲学的发展进行了详细和深入的研究之后，郭贵春教授就极具洞察力地指出："伴随着逻辑经验主义'统治'的衰退而逐渐全面展开的科学实在论的'复兴时期'已经历史地结束；一个将从结构、功能和意义上，对整个西方科学哲学的进步产生重大影响的'发展时期'已经自然而又必然地开始"[①]。人们开始关注，如何在未来科学哲学发展形式和特征不断增多的境况下找到一个"可使各个学科可被概观的视界"。二十多年来，科学哲学的发展证实了郭贵春教授的深邃见解。直到今天，科学哲学新的方法论的探求仍旧是科学哲学进步迫切需要面对的问题。

这种方法论的探求，无疑要建立在对当代自然科学发展的详尽分析的基础之上。因为，尽管自然科学的理论发展通常并不直接构成对哲学问题的逻辑支持或否证，但是，使实在论与反实在论之争获得其现代意义并再次成为哲学讨论的关键因素，无疑正是现代科学特别是现代物理学中对物理实在尤其是微观实在的种种性质、特性和认识的理解。[②]当代科学实在论和反实在论争论的焦点集中在对理论实体的实在性的理解上，而时空从本质上来讲，可以说是物理学理论中最基础的理论实体。因此，对时空实在的理解方案，必然地与科学哲学的研究方法联系了起来。同时，自然科学的哲学问题研究方法论也反过来主导着科学哲学的方法论趋势，为科学实在论问题的研究提供新的视角。因此，时空实在论的方法论策略必将与整个科学实在论的方法走向一致，成为科学实在论辩护方法的具体表现。

20世纪，科学哲学的发展经过了一个从拒斥形而上学、重视语言逻辑结构到重视理论发展的历史因素，重视文本解释再到重视理论形成、解释和发展的心理因素等的过程。时空实在论所经历的方法论的转变也受到了科学哲学发展这一路径的影响，大致可以概括为三个步骤。其第一步就是否定完全形而上学思辨的时空。主要体现在对牛顿和莱布尼茨方法的批判上，在当代哲学家看来，时空在牛顿物理学时代被绝对化了。牛顿假设的

① 郭贵春. 当代科学实在论. 北京：科学出版社，1995：1.

② 胡新和. "实在"概念辨析与关系实在论. 哲学研究，1995，(8)：19.

时空在形而上学上作为上帝属性的绝对独立的存在使得时空失去了经验性的任何可能。而莱布尼茨认为时空是共存（空间）或连续（时间）的秩序，虽然也是一种形而上学的结论，但或多或少地把时空定义为从经验抽象出来的一种观念性的存在。正因为如此，20 世纪 60 年代之前逻辑实证主义全盛的时代，牛顿的绝对空间和时间被当作形而上学的胡言乱语。赖兴巴赫就曾经把惠更斯和莱布尼茨当作有远见的哲学英雄，而把牛顿和克拉克看作哲学家中的土包子。[①]第二步，随着 20 世纪 60 年代后实证主义的出现和科学实在论的复兴，时空实在论开始重视物理学理论的解释，主要是对时空理论表征公式的语义解释。洞问题之后，实体论和关系论的修正方案，都关注对理论的形式体系进行语义分析。第三步，从 20 世纪 80～90 年代开始，时空实在论在重视时空理论形式体系的表征和解释的前提下，开始承认语义解释中的心理因素会造成解释的多样性，从而致力于寻找一种可以容纳不同时空解释的方法。

但是，与科学实在论的各种流派所面临的现状一样，时空实在论在自己的论证体系上仍然存在着无法解决的困境，仍然在寻找一种可以在科学发展中合理理解时空实在性的方法论策略。本书就是这样的一次尝试。

二、时空实在论的研究现状

当代时空实在论的研究是伴随着广义相对论的产生而重新发轫的，真正意义上的复兴是在 20 世纪 60 年代。物理学上广义相对论的成功与科学哲学中科学实在论的复兴共同促使人们重新思考时空的本质。

在萌芽阶段，人们对时空实在性的认识是混乱的，包括爱因斯坦本人也是如此。1915 年，爱因斯坦一完成他的广义相对论就立刻宣称，理论通过其广义协变性“剥夺了空间和时间的最后一丝客观实在性”。在 1916 年年初对此问题的回顾中，他又一次提到这个声明：“（对广义协变性的要求）剥夺了空间和时间物理客观性的最后残余。”[②]法因曾经提出，这是相

① Earman J. World Enough and Spacetime. Cambridge and London：The MIT Press，1989：2.

② Einstein A. The foundation of the general theory of relativity//Lorentz H A，et al. The Principle of Relativity. New York：Dover，1952：117.

信科学的进步多少都会依赖于科学探索者的实在论倾向的科学实在论者的尴尬时刻之一。[①]但很多物理学家可能并没有注意到，1953 年爱因斯坦开始重新思考自己对时空做出的论断，认为对绝对空间的代替是一个“可能绝对没有完成的过程”。1954 年，雅莫提出，爱因斯坦的广义相对论“从现代物理学的概念图解中最后地消除了绝对空间的概念”，成为当时流行的时空反实在论的代表观点。[②]

广义相对论时空理解的混乱促使哲学家们要站出来澄清时空的本质到底如何。他们在相对论语境中把时空哲学的主题与牛顿和莱布尼茨时代的争论重新联系了起来，争论时空到底是一种实体的存在还是关系的存在。

由于广义相对论受到了马赫思想的影响，并且在形式体系上把时空结构和物质紧密联系了起来，于是大多数物理学哲学家直观地认为广义相对论完美地证明了时空仅仅是物质之间的关系，从而支持莱布尼茨的关系论。20 世纪 60 年代开始，随着实在论思潮的兴起及后实证主义时代的到来，霍华德·斯坦（Howard Stein）开始反驳广义相对论支持关系论的观点：“如果广义相对论在某种意义上来说确实比经典力学更好地符合莱布尼茨的观点，这并不是因为它把‘空间’归为莱布尼茨描述的理想状态，而是因为空间——或者说是时空结构——牛顿要求它是真实的，在广义相对论中可能有着令莱布尼茨可以接受它是真实的属性。广义相对论并不否认与牛顿‘静止物’对应的某物的存在；但是它拒绝这个‘东西’的刚性不可动性，并把它表示为与物理实在的其他成分相互作用。”[③]从而为实体论展开辩护。1970 年，约翰·厄尔曼（John Earman）发表论文《谁在惧怕绝对空间》[④]，同样为实体论做出辩护。这是当代时空实在论实体论和关系论争论的第一个阶段。

---

① Fine A. The Natural ontological attitude// Leplin J（ed.）. Scientific Realism. California：Unversity of California Press，1984：91-92.

② Jammer M. Concepts of Space. Cambridge：Harvard University Press，1954：2.

③ Stein H. Newtonian space-time// Palter R（ed）. The Annus Mirabilis of Sir Isaac Newton 1666-1966. Cambridge：The MIT Press，1970：271.

④ Earman J. Who's afraid of absolute space? Australasian Journal of Philosophy，1970，48（3），287-319.

20 世纪 60～80 年代时空实在论真正复兴，进入发展的第二阶段。此时，时空问题盛极一时，成为当时哲学杂志和博士论文的热门问题之一，但是热烈的讨论背后却存在着一种混乱。总的来说，由于这个时代人们对广义相对论的理解并不彻底，关于时空的争论存在着很多概念不明晰的地方。大家在对时空本质的断言上无法得到一致的意见，最终甚至连争论的目标都产生了争议，人们对面临的问题和目标充满了迷茫。当时一种普遍的观点认为，实体论和关系的争论无疑触及了物理学、形而上学和科学认识论的某些最基本的内核，但是对这个问题的纠缠不休让一部分哲学家感到绝望。因为，时空实在论的复兴是建立在对广义相对论进行解读的基础之上的，但人们对时空本质的思考和回答方式却在很大程度上沿袭了思辨或直观的方式，有脱离当代科学的嫌疑，认识论和形而上学之间的鸿沟注定这种回答方式得不到确切的结果。

然而，科学理论的目标和本质决定了实在论的生命力并不会因为人们对科学理论某个时刻的理解程度而减弱。从 20 世纪 80 年代开始，时空实在论者开始逐步寻找方法论上的突破。一些哲学家，如弗里德曼（Michael Friedman）、厄尔曼等人意识到，要想在时空争论中找到一条统一的路子，就必须在方法论上有所创新。他们敏锐地看到，如果能找到一个使实体论和关系论的争论进步的方法，在时空本质的争论问题上就可能会有重要突破。这促使了时空语义模型的提出，时空实在论的争论由此进入了第三个阶段。

1983 年，弗里德曼在他的《时空理论的基础》一书中，首次开始构造一种一致的"时空理论"，从而开了使用时空理论语义模型的先河。[①]语义模型的建立赋予了当代时空实在论科学理性的基础。厄尔曼和约翰·诺顿（John Norton）开始明确地对"实体论"和"关系论"做出概念和内涵上的划分，并且提出了一种"流形实体论"观点。

1987 年，一些哲学家开始重新发现爱因斯坦洞问题的哲学含义并最终认为，如果坚持时空的实体论，那么广义相对论就会面临非决定论的困

① Friedman M. Foundations of Spacetime Theories. Princeton：Princeton University Press，1983.

扰，这一发现使流形实体论受到重创。诺顿通过对广义相对论的研究明确指出，50 年代对空间和时间的反实在论理解并没有抓住爱因斯坦理论工作的细微之处和深度。[①]同年，厄尔曼和诺顿写了《时空实体论的代价：洞的故事》一文并得出结论：如果要坚持时空流形实体论的观念，就要以牺牲决定论为代价。[②]

洞问题的发现使人们认识到流形实体论的困难，从而促使了时空实体论的更深入发展，出现了以提姆·马尔德林（Tim Moudlin）为代表的度规本质论、以戈登·比劳特（Gordon Belot）为代表的精致实体论和以卡尔·胡佛（Carl Hofer）为代表的度规场实体论等。重要的是，其中语义分析方法的使用使时空的研究方法与当代微观物理学对象的研究方法完全一致了。从方法论上讲，不管是实体论者还是关系论者对时空本质的讨论都与语义学的分析方法紧密地联系起来，他们对时空的理解大都是通过对空间和时间的不断发展的数学和物理学理论的语义分析获得的。

但形而上学和认识论的问题得不到解决，实体论和关系论之间的争论就不可能得到解决，因此，无论实体论者和关系论者如何修正自己的观点，他们似乎仍然走入了一个看不到结局的死胡同。正如美国明尼苏达大学教授海尔曼（G. Hellman）在 1988 年访华时所说："今天时空哲学中的某些问题与 17 世纪牛顿和莱布尼茨所争论的那些问题并无很大区别。"[③]

这一阶段，物理哲学家阵营中充满对了时空哲学讨论状况的悲观情绪，认为时空本质争论的前景是黯淡的。瑞纳齐维兹（Rynasiewicz）就曾经对比了时空哲学当时的状况与它辉煌的过去：

> 对实体-关系争论来说，引人注目的是，虽然它把 17 世纪的自然哲学家们卷入了 19 世纪并且继续在理论哲学中饱受争议，

---

① Norton J. Einstein, the hole argument and the reality of space//Forge J.（ed）. Measurement, Realism and Objectivity. Dordrechr: Reidel Pub, 1987: 154.

② Earman J, Norton J. What price spacetime substantivalism? The hole story. The British Journal of the Philosophy of Science, 1987, 38（4）: 515-525.

③ 海尔曼·G. 科学哲学的新趋势. 自然辩证法研究，1988，（3）：13.

但是20世纪物理学对这个争议的兴趣事实上已经衰落为零。[①]

但时空实在论在困境中也逐渐孕育出了方法论突破的根基。1989年，厄尔曼在他的《充分的世界和时空：空间和时间的绝对vs.关系理论》一书中明确表明，实体论会因洞问题而妥协，而关系论则提供了“比整个理论更多的期票”[②]，因而需要第三种理论的出现，而这种时空实在论应该既不同于实体论，也不同于关系论。物理哲学家开始意识到，实体论和关系论争论僵持不下的根源在于它们直接追问的是“时空的本质是什么”这样一种时空形而上学层面的问题。因而，新的方法论必然要克服这样一种形而上学的对立。

随着整个科学哲学方法论的进步及其发展中实在论和反实在论融合的趋势，物理哲学家也在实体论和关系论的争论中发现了融合的基础。20世纪90年代，詹姆斯·雷德曼（James Ladyman）、史蒂芬·弗兰奇（Steven French）、约翰·沃热尔（John Worrall）提出了结构实在论的观点并很快被应用到物理学时空哲学当中。2004年，曹天予发表了《结构实在论与量子引力》一文，论证了量子引力理论中结构实在论的可行性。但是由于结构实在论内部存在着本体的结构实在论、认识的结构实在论和知识论的结构实在论的纷争，在时空结构实在论的发展中，也引起了相应的争论。时空结构实在论的发展经历了三个阶段，分别以马若·德瑞图（Mauro Dorato）在2000年提出的时空结构实在论、乔纳森·贝恩（Jonathan Bain）在2006年提出的时空结构论和迈克尔·埃斯菲尔德（Michael Esfeld）与维森特·兰姆（Vicent Lam）于2008年提出的时空温和结构实在论为代表。在发展的过程中，时空结构实在论逐步提出了克服本体的结构实在论、认识的结构实在论和知识论的结构实在论面临的困境的方法，为结构实在论注入了新的元素和力量。

时空实在论发展的哲学路径的明显转变除了哲学发展的因素，在很大

---

① Rynasiewicz R. Rings，holes and substantivalism：on the program of Leibniz Algebras. Philosophy of Science，1992，59（4）：588.

② Earman J. World Enough and Space-Time：Absolutevs. Relational Theories of Space and Time. Cambridge and London：The MIT Press，1989：195.

程度上也受到了当代物理学发展的影响，主要是量子引力的出现成为一个触碰。量子引力中超弦理论的背景相关性和圈量子引力的背景无关性使人们开始更加深入地思考广义相对论时空的解释问题，主要是微分同胚不变性的含义和物理学中的时空背景问题。与物理学哲学家们对时空本质争论的悲观情绪不同，量子引力物理学家表现出了对时空实体论和关系论争论的极大兴趣，形成了鲜明的比照。圈量子引力物理学家李·斯莫林（Lee Smolin）就说过：

> 我想争论说，量子引力的问题是一个非常古老的问题的一个方面，这个问题是，如何构造一个物理学理论，它要能够是整个宇宙的理论而不只是一个部分。这个问题有着很长的历史。我相信，这是莱布尼茨、贝克莱和马赫等人对牛顿力学的批判背后的基本问题。①

正如这一段话论述的基调一样，斯莫林和卡洛·罗威利（Carlo Rovelli）等物理学家在这一轮时空论战中站在了关系论的一边，他们把广义相对论的微分同胚不变性解释为时空关系论的表现形式，并把这种思想融入自己的量子引力体系的形而上学假设之中。

这种观点是很典型的，很多从事正则量子引力研究的物理学家相信，实体-关系的争论与它们的研究直接相关。事实上，许多物理学家强调广义相对论解释问题的重要性。因为他们通常相信，关于量子引力的技术和概念不同的意见可以追溯到对经典理论意见的不同。因而，罗威利宣称："对于量子领域的解释问题的许多讨论和分歧只是反映了对经典理论不同但是并未表达的解释。"②

但在物理哲学界，普遍认为目前物理学家的观点并不是时空实在论的最后结果。时空结构实在论者同样在量子引力中发现了实体论和关系论争论的无结果性。比劳特和厄尔曼合作分别在 1999 年和 2001 年发表了两篇

---

① Smolin L. Space and time in the quantum universe//Ashtekar A，Stachel J（eds）. Conceptual Problems of Quantum Gravity. Boston：Birkhäuser，1991：230.

② Rovelli C. What is observable in classical and quantum gravity. Classical and Quantum Gravity，1990，8（2）：297-298.

文章[①]，从背景无关性的角度对时空的实体论进行完全的批判，认为如果成功的量子引力是背景无关的，那么实体论就可能因为物理学的原因而站不住脚。2006 年，厄尔曼基于对广义协变性的理解，拒绝把时空作为特性的“承载者”存在的思想，我们可以理解为既排除了关系论也排除了实体论。[②] 同年，弗兰奇和迪安·瑞克斯（Dean Rickles）在论文《量子引力遇到结构论：物理学基础中的交织关系》中通过对量子引力的深入分析，论证了结构论在量子引力时空解释中的可行性。

总之，当代时空实在论目前的发展趋势是一致的，就是试图在当代物理学语境中合理地分析和理解理论的内涵，试图寻找一条能够融合实体论和关系论，并且能对时空实在性进行合理说明的方法论。时空结构实在论是当前最流行的趋势，但也存在着自己的困境，并且目前各种各样的结构实在论之间也存在着关注重点和论述方法的不一致，没有得到统一的解决方案。

三、本书的基本写作思路和内容

时空问题的根源实际上也是哲学所面临的根本困境，即形而上学与认识论之间的鸿沟。诚然，时空作为物理学逻辑基础的地位告诉我们，物理学的知识体系并不能脱离形而上学的预设，因而科学知识探究的目的绝不会受困于经验论所认为的直接感知的范围。但时空由最初的形而上学预设转而成为物理学解释的对象，并转而影响新的物理学理论的发展方向，这一事实告诉我们，理性主义所强调的理性、数学也并非理解世界的唯一来源。我们也并非要像康德一样去讨论形而上学的根基。因为我们的目标并不是用经验科学理论本身无法证明的前提来反驳一种试图为经验科学奠定其根基的哲学思考。我们需要做的，是在当代科学发展的背景下，寻找一

① Belot G，Earman J. From metaphysics to physics//Butterfield J，Pagonis C. From Physics to Philosophy. Cambridge：Cambridge University Press，1999：166-186；Belot G，Earman J. Presocratic quantum gravity//Callender C，Huggett N. Physics Meets Philosophy at the Planck Scale. Cambridge：Cambridge University Press，2001：213-255.

② Earman J. The implications of general covariance for the ontology and ideology of spacetime//Dieks D. The Ontology of Spacetime.volume 1 of Philosophy and Foundations of Physic. The Netherlands：Elsevier，2006：3-23.

个可以合理理解时空的实在性的平台。同时需要明确的是，我们并不是要回答最终成功的物理学应该有一个什么样的时空预设，因为这是随着物理学的进步而不断变化的。我们要考虑的是，在承认形而上学预设存在的前提下，如何在对时空理性思考的基础之上去理解时空的实在性。因而，这是一个方法论的问题。

本书的写作目标是，分析当代物理学前沿理论中时空概念的变迁与时空实在论发展的方法论脉络，在此基础上提出一种时空语境实在论的观点。这个目标建立在以下几点思考的基础之上。

第一，厘清时空实在论发展中形而上学思考与科学理性思考之间的关系。

在实验科学发达的年代，人们往往关注科学为我们所揭示出的世界图像，并在科学认识论和形而上学之间划出清晰的界限。但是正如威廉·西格在牛顿物理学中得到的结论："所有伟大的科学家都会以各种方式诉诸形而上学的原理，有时，是作为他们理论的中心元素（例如，牛顿假定的绝对空间）。"[①]当代物理学最前沿的量子引力时空问题的现状同样有力地证明了形而上学原理如何转化为科学理论中最基本的元素之一。

不难看出，当代时空实在论的发展中很浓重的一笔就是要在时空的形而上学思考和理性思考之间进行调节。事实上，不仅仅是时空实在论要面对这种状况，科学理论的本质特征决定了所有科学实在论者都要面临这个问题。量子力学的奠基人之一薛定谔对形而上学和物理学之间的关系的阐述与我们在时空理论中看到的情形类似。他说："当我们在知识的道路上迈进的时候，我们必须让形而上学的无形之手从迷雾中伸出来指引我们，但同时也得每时每刻保持着警惕，以防形而上学温柔的诱惑把我们引离正道而坠入深渊……再用一种形象的说法，就是，形而上学并不属于知识大厦本身，它只是不可短缺的脚手架，没有它，大厦就建造不下去。我们甚至可以这样说，形而上学在其发展过程中，可以转变为物理

① 威廉·西格. 形而上学在科学中的作用//牛顿-史密斯. 科学哲学指南. 成素梅，殷杰译. 上海：上海科技教育出版社，2006：348.

学……”[①]

斯克拉从广义相对论时空的形而上学假设与当代认识论关系的角度道出了当代时空实在论争论的本质。他认为，目前我们面对的其他层次的认识论问题，都与相对论中所假定的时空结构和我们用来描述“直接感知经验”的时空结构之间的相互关系有关，因此，“在当代的科学语境中，这些论题依然是关于直接感知的领域和设定物理性质的领域之间的相互关系的古老的哲学争论”[②]。其本质也就是理论中形而上学思考与科学理性思考、经验思考之间的关系问题。

因此，解决时空实在论的根本就在于要寻找到一个基点，使时空的形而上学预设与理性对象这两种身份统一起来。本书中的这个基点就是物理学的语境。

语境与时空形而上学预设的关系，表现为时空在以形而上学预设的身份进入物理学的那一刻，就引导了一个特定物理学语境的出现。在这个语境中，时空通过形而上学预设的形式变成了一个语境化了的对象，而理论的形式体系、解释目标、实验说明等作为语境的因素都与之相关了起来。在理论的解释过程中，时空便不再仅仅是作为形而上学预设起作用，而是变成了理性思考的对象。这样，语境实在论就做到了：其一，使时空实在论的讨论不再像牛顿时代那样在纯粹思辨的领域进行；其二，并不完全忽视时空形而上学预设在物理学理论中的作用；其三，也不忽视对时空对象的理性思考。

第二，认识到时空理论仍然处在不断的变化之中，站在理论动态发展的角度合理地把握时空实在。

物理学理论处于不断的发展变化之中，时空的概念也处于不断的发展变化之中。从牛顿理论到广义相对论再到量子引力，时空的特征经历了从平直、绝对、连续到弯曲、相对、连续，再到离散、高维的变换，甚至会

① Schrödinger E. My View of the World. Woodbirdge：Ox Bow Press，1983：15-16.

② 劳伦斯・斯克拉. 空间、时间和相对论//牛顿-史密斯. 科学哲学指南. 成素梅，殷杰译. 上海：上海科技教育出版社，2006：564.

以我们想象不到的方式出现。因此，时空实在论的方案必须要避免两个方面的极端：其一是要避免对理论进行静态的语义分析，在某一个特定的理论形态中通过语义分析得出时空本质的断言；其二是要避免过早地从某一种理论中得到时空形而上学的结论，我们的认识是不断进步的。另外，虽然时空的概念随着物理学的发展处于不断修正之中，但是我们不仅要看到科学的历史是充满错误的，也要看到科学是不断延续和前进的历史。物理学不断追求更广泛的说明，追求统一的趋向，无疑是对实在本质进行探索的某种洞察。

时空语境实在论在这一点上表现出的优势在于：①包容了实体论和关系论追求语义表征的静态性和片面性；②对理论形而上学解释的相对性与理论追求本质说明的终极性给予了一致的说明，把时空实在论对时空本质的追求合理转换为对时空实在性进行合理的理解与辩护；③语境在再语境化过程中具有连续性和扩张性的特征，保证了对时空实在认识的进步性。

第三，正确认识科学的最终目标，坚持实在论的立场。

20 世纪初期，迪昂在他的《拯救现象》一书引言的开头这样写道："物理学理论的价值是什么？它与形而上学说明的关系是什么？这些都是今天活跃的问题。但是像如此之多的中心问题一样，它们绝不是新的，它们属于所有时代：只要自然科学存在，它们就被提起。"[①] 在当时物理学发展的背景下，迪昂所面对的还是以经验科学认识论为主导的境况，因而他提出了一种科学工具论。其论证的基础来自天文学中的一个现象：哥白尼的地心说和日心说虽然用了不同的形而上学假设，但是可以说明相同的现象。因而，他得出了"从假前提可以得到真结论"，"不同的原因可以产生等价的结果"[②]的结论。

在这里，迪昂正确地看到了"既不可能从形而上学演绎出物理学理论

① Duhem P. To save phenomena，an essay on idea of physical theory from Plato to Galileo，1908. Doland E，Maschler C（trans.）. Chicago：The University of Chicago Press，1969：3.

② Duhem P. To save phenomena，an essay on idea of physical theory from Plato to Galileo，1908. Doland E，Maschler C（trans.）. Chicago：The University of Chicago Press，1969：82.

的数学体系，也不可能由观察绝对地、一劳永逸地证明它的真理性"[①]，但他却没有从科学发展的角度看到形而上学和科学之间更加深刻的相互作用，因而错误地把这一论断当作将形而上学清除出物理学的理由。到了20 世纪末，量子引力的出现及其当代时空实在论的思考让我们有足够的理由对经验主义和工具主义说"不"，因为科学在经验范围之外的形而上学断言远远不是无意义的思考，而科学的目的也远远不只是拯救现象：量子引力理论的提出是物理学追求统一的表现，而量子引力的时空问题的提出并非出自于理论与实验现象的矛盾，也并非主观的构造或单纯的形而上学假设，而是在广义相对论和量子力学形式体系之间的逻辑矛盾的基础上，融入了物理学家对广义相对论时空形而上学本质的理解。这完全可以反映科学理论追求的并非只是对现象世界的解释，科学理论并不是像迪昂的科学工具论所说的那样只是我们说明可观察世界的工具；也不像范弗拉森建构经验论所认为的，科学的目标在于给我们"经验适当"的理论来"拯救现象"；或者像劳丹实用主义所说的科学的目标是解决问题。

物理学的发展证明了纯粹科学家对真理和谬误的兴趣，他们高度批判的精神与工具论沾沾自喜于科学应用的成功形成了鲜明的反差。科学的发展一直在追求越来越统一的解释，这势必要求我们站在科学实在论的角度，突破经验的局限性，从更广阔的科学理性的角度来思考科学实在。当然，这并不意味着我们要走传统实在论的本质主义路线，我们反对在科学发展过程中对特定科学的言说意义上的本质主义。但是同时，我们也不赞成后现代思潮中批判"真理"、批判"理性"、批判"确定性"的极端反本质主义，因为极端的反本质主义势必走向"相对主义"，在解构一切的同时走向"不可知论"和真正的"混沌"，在消解一切的同时也消解了自身。我们选择的道路是，正确认识科学发展的目标，至少在理论结构与世界结构之间"部分同构"和"部分反映"的意义上为对本质的追求留出一小块地盘。时空语境实在论方案也必然建立在这种立场和思路的基础之上。

① 李醒民. 略论迪昂的科学工具论. 自然辩证法通讯，1996,（5）：3.

第四，站在整体论的角度，寻找对时空实在理解的适当的方法论。

本书要提出对时空的一种新的语境实在论的理解方案，那么这种方案必须要建立在对当代时空实在论发展进行详尽分析的基础之上，克服当前时空实在论方案的不足，才能显示出其方法论上的优越性。

当代时空实在论中，实体论和关系论出现于广义相对论全盛的时代，因而也就带有成功理论哲学探求的方法论烙印：广义相对论在实验上的成功让人们觉得需要给时空一种解释，要以认识论和语义解释为基础，去断言时空的本体论性，但是却几乎在其中迷失了方向。因为在广义相对论的实体论和关系论的争论中，人们更多地是采用了一种表征主义的思维，单纯地想要将时空数学表征的语义解释与形而上学直接挂钩。20 世纪 80～90 年代，关于时空实在论悲观情绪的盛行也证明了当代时空实在论曾经追求用语义解释直接说明时空实在的方法论的褊狭。

结构实在论看到了这一点，因而想通过把对时空形而上学本质的追求转移到表述时空的数学结构之上，通过承认语义解释中的心理意向性的做法来包容实体论和关系论的争论，迈出了时空实在论本体论弱化的非常关键的一步，但是却带来了另一个问题，即结构与时空本体的关系问题。同时，心理意向性的问题被“打包”到结构之中，包容了争论，但在面对时空理论的变革中心理意向性的作用问题时却显得没有什么优势。

因而，时空语境实在论方案，必然要克服实体论、关系论和结构实在论的片面性，对时空理论发展进行详尽分析，从整体论的角度去进行。事实上，它也已经在当代时空实在论半个世纪的发展中获得了一定的方法论根基。

首先，从广义相对论中时空作为物理学研究对象的地位的确立开始，时空实在论就开始明确地依赖于物理学本身，依赖于物理学的具体语境。洞问题的逻辑表征公式及理论解释的自然语言、理解物理学家对广义协变性的理解等都成为时空实在论论证自身立场的基础。

其次，时空实在论在从实体论和关系论的争论向结构实在论的转变中承认了心理意向性在理论解释中的作用，并且开始认识到形而上学时空与我们认识的时空对象之间的区别，从而开始寻求本体论后退的方法来摆脱直接追求时空本质的“形而上学包袱”，为语境实在论提供了方法论的借鉴。

最后，广义相对论向量子引力的发展切实地显现了心理意向性在理论发展和我们对实在认识中的作用，显现了语形、语义和语用因素之间相互联系和制约的机制。各种语境因素之间的相互制约作用决定了最终能够给予抽象实体一个合理判断的必然是整体和动态的语境。因此，我们所追求的方法论不应该把理性的科学探究活动与形而上学思考分开，否则这与西方近代哲学史上对知识的牢固基础的寻求一样，最终面临的只能是困境。

在时空语境实在论方案中，我们追求一种对实在的逻辑化处理，我们所要证实的是，所有实在的统一都是物理学语境中意义上的统一。这就超越了实体论和关系论追求形而上学本质的断言的困境，也就超越了传统科学实在论追求辩护科学知识在什么程度上描述或符合了外部的实在世界的断言所面临的困境。这种策略为当代科学实在论和反实在论提供了一个对话的平台，因为反实在论并不一定否认外部世界的实在的存在，比如范弗拉森就是关于理论实体的不可知论者，他也并不反对实在论者关于描述不可观察实体的语句的意义概念。

要实现以上写作目标，本书既要重视从历史的角度，又要重视从科学哲学方法论的角度，把对时空语境实在论方案的论证严格地建立在对物理学时空理论和概念演变的历史事实与当代科学实在论的发展理路、优势与不足的详尽分析之上。因此，在每一个章节，都要对物理学和哲学进行深层次的分析和联系，有所侧重地显示其对时空实在论发展的意义，最终循序渐进地达到对时空语境实在论方案的论证。具体思路见下面的章节。

第二章，时空实在论概观。作为当代时空实在论研究的基础，本章主要介绍时空实在论的理论基础及理论形态，其中包括时空实在论研究的哲学基础、物理学基础及当代时空实在论的基本形态。时空实在论的哲学基础主要是介绍了代表牛顿和莱布尼茨时空观争论的莱布尼茨-克拉克论战，以及这场论战的哲学根源，这是我们了解时空实在论的本体论分歧、认识论内涵和方法论实质，以及时空实在论发展转变的内在根由的基本前提；时空实在论的物理学基础探索了时空实在论在经典力学、狭义相对论、广义相对论和之后的量子引力理论中发展的理论支持。这是我们在时空实在论的探索中坚持科学理性的保障；时空实在论的现代表现形式中概略地交代当代时空实在论的三种表现形式——实体论、关系论和结构实在论，有助于系统地了解整本书研究的逻辑线路。

第三章，时空实在论理性分析的基础。本章的重点是探讨时空语义模型的建立及其意义。历史地看，当代时空实在论的讨论是建立在广义相对论的基础上的，因此就注入了比牛顿和莱布尼茨之争更多的内涵。而其中决定时空实在论发展方向的则是方法论上的变化——争论脱离了直观思辨的讨论，开始把对时空的认识建立在时空理论的语义模型上。从某种意义上可以说，没有时空理论语义模型的建构，时空实在论的讨论就无法得到后来的发展。而从时空语义模型建立开始，当代时空实在论的方法论就实现了语义分析的转变，不可避免地与当代科学实在论的方法论相关起来，使得当代时空实在论在不放弃语言与形而上学的相关研究传统的基础上，超越了牛顿和莱布尼茨时代对时空的思辨理解。

第四章，时空实在论语义分析方法的运用。本章着重介绍“洞问题”的内涵及其意义。时空语义模型的建立为当代时空实在论的发展提供了方法论突破的基础，而时空实在论得以发展的另一个重要因素就是对广义相对论“洞问题”（hole argument）哲学意义的研究。时空语义模型在“洞问题”研究中的运用，鲜明地体现了当代时空实在论争论的方法论基调，展示了时空实在论的理性内涵。

洞问题是物理学时空哲学论战的一个重要转折点。它所表明的是，流形实体论的观点在时空理论中会导致一些“令人讨厌”的非决定论的结论，这个结论在逻辑上并不矛盾，在经验上也无法反驳。按照诺顿和厄尔曼的观点，这种非决定论是由于流形实体论的时空实在论观点，而不是物理学本身引起的，所以，应当抛弃流形实体论的观点。这引起了时空实体论和关系论之间的又一次抗衡。在此次抗衡中，实体论者运用语义分析的方法，把关注的焦点集中在广义相对论时空模型中哪一部分表示了时空之上，最终产生了度规本质论、度规场实体论和精致实体论等一系列实体论观点的发展，明确地体现了一种语形制约和语用变换中的语义分析方法的特征，具有明确的理性决定性的特征。

"洞问题"的研究反映了当代物理哲学家站在科学理性的角度对广义相对论时空进行深刻思考的结果。但是由于实体论和关系论的争论最终是一个形而上学的问题，得不到理论的证实或者证否，因而，并不能从中得到时空实在论的最终形态。

第五章，时空实在论语用依赖性的凸显。本章的着重点在于分析当代量子引力的时空预设及其意向性。如果说"洞问题"的研究是当代物理哲学家对广义相对论时空深刻思考的结果的话，那么接下来对时空实在论带来冲击的一个非常重要的因素则是量子引力理论。量子引力理论出现于20世纪80年代，是物理学领域继广义相对论和量子力学革命以后又一场新的革命。这次革命的主要目的是要把引力量子化，也就是把广义相对论和量子力学相结合，发展一种量子化的引力理论，目前最显生命力的是超弦理论和圈量子引力理论。其主要特点如下：①两种理论都要求时空的量子化，这是关于时空结构的讨论在微观领域的延续；②超弦理论是背景相关的，而圈量子引力理论是背景无关的。这两种不同的时空态度是引发时空哲学讨论的热潮的主要原因。

量子引力中突出的一点是物理学家对广义相对论时空的理解被融入了新理论的形而上学预设之中，从而影响了物理学理论本身的发展与时空实在论的发展。虽然目前针对量子引力的时空实在论方案还是沿袭了从广义相对论洞问题而来的语义分析方案，但是，广义相对论时空的理解与量子引力时空预设之间的这种关系成为我们提出时空语境实在论的一个基础。因为量子引力的提出以前所未有的强度显示了理论构建中物理学家心理意向性的作用，即语用依赖性。如果从理论发展的整体角度来看，忽略了这一点，时空实在论的理解方案就不可能得到成功。

第六章，时空实在论本体论后退的策略。本章主要介绍时空结构实在论的出现及其方法论上的融合意义。对时空实在论语义模型、洞问题及量子引力发展语境进行的分析，清晰地呈现了当代时空实在论发展的理性特征。毫无疑问，单纯的思辨不能给出时空本质的正确解释，而量子引力中语用预设的重要作用也告诉我们，单纯地诉诸理论自身的数学形式结构，彻底地排除形而上学的意义和功能更不是理性自身的本质。对时空的理解，是物理学时空理论发展中语形、语义和语用综合和制约的结果。因而，时空实在论走上了一条本体论后退的道路——结构时空实在论。

时空实在论把构建时空本体论的努力与科学实在论合理的形而上学思想结合起来，这并非是一条不可通行的道路，但它注定无法跨越形而上学与认识论之间的鸿沟。因而，实体论和关系论永远无法得到例证，谁也无法真正地说服对方。事实上，这种情况与当代科学实在论在微观理论实体问题上所面临的难题并无本质的不同。与科学实在论一样，时空实在论也在 21 世纪初开始寻找解决问题的出路，它们在方法论的选择上趋于一致：走向结构实在论。其中代表性的观点有德瑞图的时空结构实在论、贝恩的时空结构实在论，以及埃斯菲尔德和兰姆的时空结构实在论。结构实在论很好地解决了实体论和关系论的争论，以及时空理论连续性问题，但同时也带来了自己的困境。首先，要回答数学结构与时空结构之间的关系问题；其次，承认理论解释中的心理意向性，但是却以“形而上学包裹”的形式把它仅仅限制在了理论解释的范围，忽略了其在新理论建构中的影响；最后，埃斯菲尔德和兰姆设定的客体本体与关系本体之间的逻辑关联，试图解决形而上学与认识论的方案，但却带来了世界本质结构的不变性与理论结构的不断变迁之间的矛盾，实质上也只是一种形而上学的假设。

第七章，时空实在理解的整体性视角。本章站在整体和历史的角度对时空理论进行了全面的语境分析。无论如何，对时空实在的理解是伴随着时空理论的发展而发展的。因此要合理理解时空实在，就应当站在理论发展的角度进行。因为理论变化中物理学思想的继承发展、时空表征的形式化体系、哲学家对时空形式体系的语义解释，以及物理学家对时空思考的心理意向性等都起着举足轻重的作用，时空实在的合理理解也必然要重视这些现实存在的因素。但是，关系论和实体论关注形式体系的语义表征，完全没有站在时空理论发展的历史角度看待问题；时空结构实在论的部分方案虽然提及了数学结构在理论发展中的连续性，但更多地还是关注某一个特定历史时期不同数学结构在时空表示上的等价性，它们都没有全面考虑时空理论发展复杂的历史语境中的诸多因素，因而都不能达到合理理解时空实在的目的。

本章从历史的视角，详细地对时空理论发展的历史语境做出探讨，从语形空间、语义解释和语用预设等方面揭示时空是如何以形而上学假设的形式进入理论，我们对时空的理解又是如何在理论的发展中变化的。这是提出时空语境实在论方案的前提和基础。

第八章，时空语境实在论的新方案。本章在对时空实体论、关系论和结构实在论进行剖析的基础之上，提出一种时空语境实在论的理解方案。

时空实在论从实体论和关系论之争向结构实在论试图融合的发展，是伴随着当代科学实在论与反实在论争论中各自立场的弱化而展开的。时空语境实在论的方案也遵循这一原则。在时空语境实在论中，语境的本体论性是理解时空实在的基础。在这个基础之上，我们对时空实在的理解不再确立在单纯地对时空理论及其规律的真理性的信仰上，而是确立在坚实的科学分析方法的有效性和合理性上。在一个特定的物理学语境中，时空是语境化的对象，通过理论的形式体系进行表征。我们对其实在性坚持语义判定的标准，重视时空实在理解中心理意向性的作用，同时重视理论发展中时空实在理解的进步性。这种对时空实在的理解方案在超越了对形而上学的直接追求的同时与科学理论追求对世界本质的解释的目标达到了一致。

第九章，时空语境实在论应用案例。本章是一个案例研究，用时空语境实在论方案去回答时空理论中的非充分决定性问题。

科学实在论与反实在论的争论中，科学的“非充分决定性论题”（scientific underdetermination thesis）一直是被反实在论者称为对科学实在论构成了“真正的威胁”的论点之一。时空理论的发展中也存在各种各样的非充分决定性问题。时空语境实在论在解决非充分决定性论题上的优越性无疑能够从案例上显示这一方案的方法论优势，可以为当代科学实在论的辩护提供有力的支持。

第十章，结语：时空实在论与当代科学实在论的辩护。总结了时空实在论的发展路径，从四个方面论述了时空实在论与当代科学实在论之间的方法论关联，指出时空语境实在论对当代科学实在论具有的支撑和借鉴作用。

第二章 时空实在论概观

时空实在论发展到今天，其主要形式有三种——时空实体论、时空关系论和时空结构实在论。在实体论、关系论和结构实在论内部，又具有各不相同的表现形态。因而，作为对时空实在论研究的基础，本章要讨论三个方面。其一，时空实在论的哲学基础。这是我们了解时空实在论的本体论分歧、认识论内涵和方法论实质，以及时空实在论发展转变内在根由的基本前提。其二，时空实在论的物理学基础，也就是探索时空实在论在经典力学、狭义相对论、广义相对论及其之后的量子引力理论中发展的理论支持，这是我们在时空实在论的探索中坚持科学理性的保障。其三，时空实在论的现代表现形式。由于时空实在论发展的复杂性，概略地交代其现代表现形式，有助于系统地了解整本书研究的逻辑线路。

第一节　时空实在论争论的哲学基础

时空哲学的争论自古就是常谈常新的话题，但真正意义上的物理学时空哲学则出现在牛顿经典力学时代。从 20 世纪 60 年代开始，西方物理哲学家开始使用现代意义上的实体论和关系论的术语来描述时空实在论之间的争论，并且一致地把这种争论的哲学根源归结为 18 世纪初那场以莱布尼茨-克拉克论战（the Leibniz-Clarke Correspondence）著称的莱布尼茨和牛顿之间关于时空本质的论战。

一、莱布尼茨-克拉克论战

莱布尼茨-克拉克论战发生在 1715～1716 年，以书信的形式展开。其中克拉克作为牛顿的朋友和拥护者，所表达的观点事实上代表了牛顿的观点。1962 年柯瓦雷（A. Koyré）和科恩（I.B. Cohen）撰文指出，牛顿曾经介入克拉克手稿的写作。[①]因此，这一论战实际上是莱布尼茨和牛顿派之间有关世界的一些根本观点特别是关于空间和时间本性观点的争论。这

---

① Koyré A，Cohen I B. Newton and the Leibniz-Clarke correspondence. Archinves internationales d' histoire des sciences，1962，15：63-126.

场论战以对自然宗教的辩护为目的，莱布尼茨和牛顿最终是要通过时空观的阐述来表白各自的哲学观念，因而他们各自的宗教信仰和哲学观念也就决定了这场争论的论据具有很强的思辨性特点。1956年，《莱布尼茨与克拉克论战书信集》一书出版，该书成为之后时空哲学家参考的主要根据。

在论战的第一封信中，莱布尼茨从批判牛顿《光学》一书附录中“空间是上帝用来感知事物的器官”的说法开始，把空间观念引入论战并最终使之成为整个论战中最重要的内容之一。

牛顿将大量的物理现象用同一个理论框架统一起来，产生了三大定律。牛顿的三大定律是有关运动的，可是运动在什么地方进行？那进行的地方就叫作空间。牛顿说“我不想去定义时间、空间、地点跟运动，因为大家都跟它们再熟识不过了。”而事实上，牛顿最迷惑的就是空间。牛顿引进的空间观念就是绝对空间的观念，即宣称时空是绝对的、静止的，它为整个宇宙提供一个刚性的、永恒不变的舞台。他认为有一个抽象的绝对空间，所有的运动都被放在这个绝对空间里去比较。在这场论战中，克拉克作为牛顿派的代表人物，主要基于牛顿在《光学》和《原理》中的阐述，把空间和时间看作“绝对的、实在的存在”，认为物体存在于时空之中，时空则并不依赖于物质而具有自身的独立存在性；没有物质的地方也仍有空的空间，时间也是如此；物质在宇宙间只占很小一部分，宇宙的大部分乃是空的空间。克拉克对时空的表述有以下几个要素。

1. 绝对性

克拉克写给莱布尼茨的信以大量的笔墨去论证时空的绝对存在，比如他提到“空无物体的空间，是一种无形体的实体的性质。空间不是受物体的界限，而是同等地存在于物体之内和之外。空间不是包容在诸物体之间，而物体存在于无界限的空间之中，是受它们自身大小界定的。”“被一物体占据的空间，并不是那物体的广延，而是有广延的物体存在于那空间之中。”“空间并不是一种属于一个物体或属于另一个物体，或属于任何有限的存在的情状；它也不是从一个主体过渡到另一个主体的，而是永远不变的，是唯一并且永远是同一个广阔无垠者的广阔无垠性。”……在这里克拉克强调的是对空间实在独立不依于物体这一概念的论证，也就是空间绝对性的论证。这一论证基于物质宇宙的有限性和可动的可能性。这一点正是牛顿物理学的一个基础：确立了空间的绝对性，牛顿才有可能明确地区分绝对运动和相对运动。

在第二封信中，克拉克还提出了空间连续性的观点，“空间，不论有限或无限，是绝对不可分的，即使在思想中也是这样。”“因为想象空间的各部分彼此分开，就是想象它们移出自身之外，但是空间并不仅仅是一个点。”

2. 实在性

与空间的绝对性相联系，克拉克同时要确定的是时空的实在性。在他看来，其一，空间和时间并非仅仅是事物的秩序，而是实在的量。其证明在于，“如果空间不是什么，只是并存事物的秩序，则结果就会是，如果上帝以任何速度使物质世界整个地遵循一条直线运动，它却永远仍旧继续在同一个地方，并且没有什么东西会因那事物最突然的停止而受到任何冲击。而如果时间不是什么，只是被创事物的接续的秩序，则结果就会是如果上帝比他实际所做的早几百万年创造世界，他也根本并没有早些。并且空间是量，而位置和秩序则不是。”[①]其二，空间的实在性并不仅仅是一个假定，而是被证明了的。因为从实在的结果出发表明，在没有相对运动的地方可以有实在运动，以及在没有实在运动的地方有相对运动。其三，空间若被当作没有物体也是某种实在的、绝对的东西，就会是一种永恒的、不变不动的、独立不依于上帝的东西。这就应合了他关于时空绝对性的观点。

3. 与物质的无关性

虽然克拉克认为空间是一种绝对的、实在的存在，但是从论战的内容可以看出，他对于把时空当作“物质实体”的表达还是相当谨慎的。有些场合，他把空间看作“上帝的属性”而存在，从而认为空间具有更加必然

① 莱布尼茨，克拉克. 莱布尼茨与克拉克论战书信集. 陈修斋译. 北京：商务印书馆，1996：25.

的存在性。因为“如果它是一种那个必然的东西的性质，它将因此（如所有其他必然的东西的性质必须存在那样）比那些并非必然的实体本身还更必然地存在（虽然它本身不是一个实体）”[①]。但空的空间并不是一种没有主体的属性，“因为我们说的空间，绝不是空无一物的空间，而只是空无物体。在全部的空间里，上帝是肯定在那里的，而且可能还有很多其他实体，它们不是物质，既不能触摸，也不是我们任何感觉的对象。”[②]

后来的物理学家把牛顿的时空观称为“实体论”的时空观，就包含了时空作为一种绝对的、实在的、与物质实体不同的存在等内涵。

与之相反，站在形而上学的立场，莱布尼茨则主张“根本就没有虚空”，是以他的“单子论”的形而上学观点为基础的，在莱布尼茨的单子论观点中，物体才是真正的实体，除了世界的具体物质，不可能为作为物质的空间本身提供任何场所。在这样的形而上学观点中，莱布尼茨提出了空间的三种性质。

1. 相对性

莱布尼茨在第三封信中指出，牛顿派把空间看作一种绝对实在的存在，会引起很多困难，主要是不符合对上帝的信仰。因而，莱布尼茨本人“把空间看作某种纯粹相对的东西，就像时间一样；看作一种并存的秩序，正如时间是一种接续的秩序。因为以可能性来说，空间标志着同时存在的事物的一种秩序，只要这些事物一起存在，而不必涉及它特殊的存在方式，当我们看到几件事物在一起时，我们就察觉到事物彼此之间的这种秩序”。这就应和了“单子论”认为物质才具有最基本的本体论地位的观点。在这个基础上，他还认为虚空是能够实现而现实中并未实现的一种空间关系。因此，空间不可能是一种绝对的存在，它的形式是相对于物质的运动而言的。

2. 非实在性

莱布尼茨认为，地点、痕迹和空间等这些东西只包含关系的真实性，而丝毫不包含绝对的实在。“空间的各部分只是由在其中的事物来加以决定和

①② 莱布尼茨，克拉克. 莱布尼茨与克拉克论战书信集. 陈修斋译. 北京：商务印书馆，1996：44.

区别的，而空间中的事物的歧异，决定了上帝对空间的不同部分作不同的行动。但把空间作为没有事物的来看，就丝毫没有什么起决定作用的东西，甚至它丝毫也不是现实的。”“不需要一个实在和绝对的存在物，就可表明心灵如何来形成空间的观念，也不需要一个实在和绝对的存在物，在心灵之外并在诸关系之外来和这观念相应。所以我并没有说空间是一种秩序或位置，而是一种诸位置的秩序，或诸位置据以得到排列的秩序；而抽象的空间就是被设想为可能的诸位置的这种秩序。因此这是某种理想性的东西。”

3. 与物质的相关性

莱布尼茨认为，离开了物质就无所谓空间，正如离开了物质的运动也就没有什么时间一样，空间和物质虽有区别却是不可分的，正如时间与运动虽有区别也是不可分的一样。从这样的观点出发，莱布尼茨自然就否认有虚空或空无物体的空间，从而也否定牛顿认为物质只占宇宙中很小一部分、宇宙大部分是空的那种观点，而主张整个宇宙都是充满物质的。但他同时在物质和空间之间做出了明确的区分：“我并没有说物质和空间是同一个东西，我只是说没有什么空间是没有物质的，以及空间本身不是一种绝对实在。空间和物质的区别就像时间和运动的区别一样。可是，这些东西虽有区别，却是不可分离的。”

莱布尼茨自称提出了两条伟大的原则：充足理由律和无法分辨者的同一性原则。并且，如果把空间看作绝对的存在，就会违背他所提出的“充足理由律”和“无法分辨者的同一性原则”（莱布尼茨等价性原理）。

莱布尼茨在第二封信中提出了“充足理由律”原则：

> 数学的伟大基础是矛盾原则或同一原则，这就是说，一个陈述不能同时是真的又是假的，因此A是A而不能是非A。只要这一条原则，就足够证明全部算数和全部几何学，即全部数学原理了。但要从数学过渡到物理学，则还需另一条原则……这就是需要一个充足理由的原则；就是说，若不是有一个为什么事情得是这样而不是那样的理由，则任何事情都不会发生……即事情是这样而不是那样，必须有一个充足理由……

在莱布尼茨看来，牛顿绝对空间的各部分是完全齐一的，没有什么理由来说明为什么一个物体应当在这个地点而不在另一个地点。如果把空间看作并存的秩序而不是绝对的存在，只要两个物体的相对位置不变，就根本没有根据来追问它们是在这个地点而不在另一个地点的理由。在第三封信中，他以充足理由律为基础，论证了自己的空间时间观念[①]。

> 如果空间是一种绝对的存在，就会发生某种不可能有一个充足理由的事情，这是违反我们的公理的。请看我怎么来证明。空间是某种绝对齐一的东西，要是其中没有放置事物，一个空间点和另一个空间点是绝对无丝毫区别的。而由此推论，假定空间除是物体之间的秩序之外本身还是某种东西的话，就不可能有一个理由说明，为什么上帝在保持着物体之间同样位置的情况下，要把那些物体放在这样的空间中而不是别样放法，以及为什么一切都没有被颠倒放置，（例如）把东边和西边加以调换。但如果空间不是什么别的东西而无非就是这种秩序或关系，并且要是没有物体就根本什么也不是，而只是那能放置物体的可能性，则这两种状态，一种就像现在那样，另一种则相反，彼此之间就并无区别。它们的区别只在于我们认为空间本身具有实在性那怪诞的设想之中。但真实情况是：其一和其他将正好是一回事，就像它们是绝对不可辨别的，而因此，就没有根据来追问宁取其一而不取其他的理由。
>
> 对时间来说也是同样。……如果时间是在有时间性的事物之外的某种东西……在各件事的接续次序保持同样的情况下，将不可能有什么理由来说明为什么这些事在这样一些顷刻而不在另外一些顷刻实行了。但这本身正证明在事物之外的那些顷刻什么也不是，它们只在它们接续的秩序之中，只要这秩序保持不变，则两种状态中的一种，如所想象的预先那一种，和现在的那另一种就将毫无不同，也不能加以辨别。

① 莱布尼茨，克拉克. 莱布尼茨与克拉克论战书信集. 陈修斋译. 北京：商务印书馆，1996：18.

在第四封信中，莱布尼茨通过提出一种“无法分辨者的同一性”而引出了著名的“莱布尼茨等价性原理”：两件或几件事物若无法分辨，则它们就是同一事物。换句话说，凡不是同一件而是几件事物，则总是可以分辨的，即有区别的。就如任何两片叶子都有区别而不会完全一样。等价性原理也可以这样表述：如果世界 W 上的所有物体都向东移动一段距离而保持相互之间的时空关系不变，得到一个新的世界 M′，那么 M 和 M′ 在观察上是不可区分的。这条原理和充足理由原则一样，是莱布尼茨首先提出的著名原则。

无论关系论如何反驳，牛顿派观点最终得以在论战中取得一定的优势的原因在于，他否认把运动概念看成是一个物体相对于另一个物体的相对位置变化的关系论者的理论，能够公正地评价当时由经验科学的理论所明显确立的运动事实。

总之，克拉克所代表的牛顿时空的观点可以这样表述：空间和时间是绝对的、独立的、真实的存在。莱布尼茨的观点则可概括为：空间是共存现象的秩序，时间是连续现象的秩序，它们都是观念的东西，它们的存在与物质密不可分。他们之间的争论，展示了在时空观上实体论和属性论与关系论之间的尖锐而不易解决的对立。当代物理哲学家把这场论战作为时空实在论的开端，其主要原因就在于这种直接对立代表了近代科学发展以来对时空哲学的最深刻思索。后人把这场论战称为牛顿所代表的“数学的哲学”和莱布尼茨所代表的“形而上学的哲学”的最后对抗，显现了这场论战的科学基础。

二、哲学时空观的影响

正如导言中所述，关于时空是实体还是关系的争论从古希腊就开始了，从柏拉图、亚里士多德那里都能找到当代争论的思想根源，而近代哲学史上笛卡儿等人对具有广延性物质的证明及随之而产生的所有空间都充满了物质的理论则直接促进了莱布尼茨和牛顿之间的那场争论。因此从哲学史的角度来看，莱布尼茨和克拉克的这场关于时空的论战并非孤立的存在，而是当时对牛顿时空观批评的一个高潮。在这场论战之前及之后，都存在着关于时空观的两种对立观点的不断争论。所不同的是，之前的论战思辨性更浓，而在这场论战之后，随着物理学的发展，人们开始关注时空观的经验基础。在以牛顿力学为代表的近代科学传统中，对时空的处理典型地与物质世界相分离：一方面是独立的对象世界，一方面是独立的外在的时空。因此，从物理学的角度难免要问，时空的真实物理意义何在？牛顿的时空观念在何种程度上继承了前人理论中的实体性，莱布尼茨的观念又在何种程度上继承了其中的关系性呢？牛顿和莱布尼茨的这场源于思辨的争论在与物理学相关起来之后，对后世时空观的影响如何？为什么当代西方哲学家把莱布尼茨和克拉克的论战作为时空实在论争论的实质性开始呢？

克拉克把空间和时间看作“绝对的、实在的存在”的时候有两种寓意，除了绝对时空观的认识论寓意，还有一层本体论的寓意：时间和空间作为一种独立的实体的存在。克拉克在给莱布尼茨的第四次答复中指出，“超世界的空间（如果物质世界在其大小方面是有限的）并不是想象的而是实在的。在世界之内的空的空间也并非只是想象的。”“空无物体的空间，是一种无形体的实体的性质。空间不是受物体的界限，而是同等地存在于物体之内和之外。空间不是包容在诸物体之间，而物体存在于无界限的空间之中，是只有它们自己受自身的大小的界定的。”物体存在于时空之中，而时空并不依赖于物体而是自身独立地存在，因此没有物质的地方也仍有空间，即空的空间，时间也是如此；在宇宙间，物质只占很小一部分，宇宙的大部分乃是空的空间；如此等等。同样，在莱布兹认为空间只是物体“并存的秩序”、时间则是事物“接续的秩序”时，除了认识论的意义，也存在着本体论上的寓意。他写道：“至于我，已不止一次地指出过，我把空间看作某种纯粹相对的东西，就像时间一样；看作一种并存的秩序，正如时间是一种接续的秩序一样。因为从可能性来说，空间标志着同时存在的事物的一种秩序，只要这些事物一起存在，而不必涉及它们特殊的存在方式；当我们看到几件事物在一起时，我们就察觉到事物彼此之间的这种秩序。”[1] 因此，当代时空实在论复兴初期，人们往往把关系论看作一种时空反实在论的观点，只是到了后来实在论弱化，承认关系实在的意义上，时空关系论才被看作一种弱实在论的观点。

概括地说，牛顿传统时空的实体性表现在，时间和空间可以在没有物质的情况下存在，拥有不变的欧几里得几何，完全不受它里面的物质存在和分布的影响；关系论则源于莱布尼茨，认为空间和时间并不独立存在，它们只是物质之间的关系，都是观念的东西。因为在第四封信中，莱布尼茨质疑克拉克时提到："如果空间是一种性质或属性，它就应该是某种实体的性质。那有界限的空的空间，其维护者们设想围在两个物体之间的，试问它将是什么实体的性质或情状呢？"

如果从本体论上来讲把西方对空间的理解分为实体论和关系论两种的话，那么我们就要理解它们的内涵。"空间是一种实体"意味着当其他的东西不存在时，空间也可以存在。它自身就是一种存在，客体可以在它里面运动。"空间是一种关系"意味着世界是完全由物理客体组成的，这些客体有着自己的特性，它们之间可以相互接触也可以不接触。空间就是这种"接触"或"临近"的关系。与这两种理解空间的方式相联系，就有着两种理解运动的方式。如果空间是一种实体，运动就只能被定义为空间的一个部分向另一个部分的运动。如果空间是一种关系，运动就只能被定义为从一个客体的临域向另一个客体的临域的运动。用"莱布尼茨等价原理"可以很明显地区分实体论和关系论的不同观点。根据莱布尼茨等价原理，如果世界 W 上的所有物体都向东移动一段距离而保持相互之间的时空关系不变，得到一个新的世界 M′，那么 M 和 M′在观察上是不可区分的。这种观察上的不可区分根据不同的形而上学推断具有了不同的内涵：对于实体论者来说，M 和 M′是两个不同的世界，因为它们在绝对空间中的位置发生了变化。但是对于关系论者来说，这两个世界却是同一的，因为物体之间的时空关系并没有发生变化。

事实上，时空的本体论在广义相对论提出之前基本上只是物理哲学家

---

① 莱布尼茨，克拉克. 莱布尼茨与克拉克论战书信集. 陈修斋译，北京：商务印书馆，1996：18.

关注的问题。物理学家关注的是这两种关于空间和运动的方式哪一种可以更有效地描述世界。但是，广义相对论和现代量子引力的提出，使得这个问题受到物理哲学家和物理学家的普遍关注。同时，在牛顿和莱布尼茨之后、爱因斯坦之前，一部分哲学家对时空问题的关注对当代时空实在论的复苏及提问方式也产生了一定的影响，主要代表人物有贝克莱、康德、马赫和庞加莱。

贝克莱是主观唯心主义者，但他的一个重要贡献在于提出了对绝对时空和绝对运动观的反对意见，这些意见后来大部分为物理学家所接受。他通过运动的相对性得到结论，认为空间、时间和运动都是相对的，不是绝对的。贝克莱主张，所有的运动都是相对运动，如果没有相对物，说一个物体运动是不可思议的。同样，任何空间的观念都是相对的，没有什么绝对空间。论证绝对运动之存在的水桶实验是无效的。贝克莱对绝对运动和绝对空间的批判，可参见他 1720 年的《论运动》和 1734 年的《分析学家》两本著作。贝克莱认为，绝对空间是不存在的，因为这种空间无法观察。如果宇宙中只有一个绝无仅有的物体，那么，谈论它的运动是毫无意义的，包括谈论它的旋转在内。可以相对什么样的静止物体来确定旋转呢？显然，确定旋转的是相对遥远的不动的恒星。贝克莱认为，这些恒星对产生惯性力做出了自己的贡献，包括盛有水的水桶旋转时所产生的离心力在内。

康德几乎是没有保留地接受了牛顿力学。从他的《自然科学的形而上学基础》就可以看出，他试图为牛顿力学提供一个哲学的辩护。而他对空间和时间的绝对性的哲学解释是，时间和空间之绝对性，不在于它们独立不依的自身存在，相反，在于它们属于人的先天感性形式。康德承认绝对时空观，认为我们能从思维中去除一切经验的因素，但却去除不了空间和时间："如果从物体的经验的直观和物体的变化（运动）中去除一切经验的东西，即去除属于感觉的东西，剩下来的还有空间和时间，因此空间和时间是纯直观，它们是先天地给经验的东西作基础的，所以它们永远是去不掉的。"[①]这个去除了一切经验干性因素的时间和空间，在牛顿是绝对时

① 康德. 未来形而上学导论. 庞景仁译. 北京：商务印书馆，1978：42.

空，在康德则为先天形式。康德对时空的看法受到了欧几里得几何所带来的几何的先验描述的认识论的影响。

庞加莱关于物理实在的本性，尤其是时空的本性方面，超越了康德先天综合的观念。因为在庞加莱的时代，非欧几何已经问世，而且几乎找到了它在物理上的实际应用。这就打破了康德先天综合的哲学图景。庞加莱的观点是约定论的思想。

马赫反对牛顿的绝对时空观，他大胆地建议，可以把绝对加速度看成不是相对于独立存在的空间的加速度，而是相对于他称为“固定恒星”的物质参考系——相对于由现在所谓的“外观轮廓不清的宇宙的平均聚集物”确定的参考系——的加速度。他论证说，就可观察的数据而言，固定恒星可以被看成是这样一种参考系，即相对于这个参考系的匀速运动，是绝对的匀速运动。马赫的观点被爱因斯坦总结为马赫原理，即认为物体的运动不是绝对空间中的绝对运动，而是相对于宇宙中其他物质的相对运动，在非惯性系中物体所受的惯性力不是虚拟的，而是一种引力的表现，是宇宙中其他物质对该物体的总作用。这些观点，对广义相对论的产生及当代时空实在论的复兴都产生了重要的影响。

总之，牛顿和莱布尼茨之间关于时空本质的争论并非孤立存在的。它具有深厚的哲学渊源，并且在其后的哲学发展中继承了下去。在当代物理哲学家的解读中，这场论战争论的观点在本体论意义上就是现代实体论和关系论的开始。但是，不管其之前还是之后的时空哲学争论，与当代时空实在论的争论都有着方法论上的巨大差异，这种差异产生的根源，就是当代物理学时空理论的发展。

第二节　时空实在论争论的物理学基础

当代时空实在论是与物理学时空理论的发展密切关联的。要真正理解时空实在论的哲学内涵，就必须对其物理学基础做一些探讨，其中主要包括牛顿经典理论、狭义相对论、广义相对论和量子引力理论。

一、牛顿经典理论

牛顿力学主要有三部分内容，其一是牛顿运动三定律，其二是牛顿万有引力定律，其三是绝对时空观。这三部分思想在本质上是统一的，相辅相成，不能截然分开。

从物理学理论的角度分析，牛顿的运动定律和万有引力定律建立在“绝对时间”和“绝对空间”概念的基础上。

其一，从牛顿运动定律来看，主要关注第一定律和第二定律，也就是惯性定律和加速度定律。惯性定律指的是在惯性系中，物体若不受外力作用，将保持其静止或匀直运动。加速度定律指的是物体在惯性系中，其加速度（运动状态改变的表示）正比于物体所受全外力 F，反比于物体的质量 m。因为牛顿运动定律在非惯性系中都不成立，所以，在运用惯性定律和加速度定律的时候，必定是相对于某个参考系而言的。在这里对时空理解的关键就在于对“参考系”的理解。牛顿运动定律对之成立的那个优越参考系，就是牛顿所说的“绝对空间”。它起到的是一个“容器”的作用，整个物理学定律都可以建立在其中，但它却具有一个优越的地位，永远不受其中物质运动和分布的影响。

其二，从万有引力定律来看。“万有引力”的定义实质上已经暗含“绝对时间”的概念。因为我们知道，万有引力的定义为

$$F = G\frac{m_1 m_2}{R^2}$$

这是一个“瞬时的、超距作用的力”，也就是说，不论 m_1 和 m_2 相距多么远，如果 m_1 的位置发生改变，R 就随之改变，那么作用在 m_2 上的力 F 也就立即随之改变，这一切都是“同时”发生的。这本身就要求宇宙中存在一个绝对的“同时”标准，也就是要求存在一个“绝对的时间”。

因此，牛顿绝对空间和绝对时间的概念在其运动定律和万有引力定律中都得到了很好的体现。绝对空间和绝对时间与它的力学原理是相辅相成的。

反过来，从绝对时间和绝对空间的概念出发分析，我们同样可以得到牛顿力学三部分相辅相成的结果：绝对时空的概念可以推出牛顿力学在任何惯性系中都成立。

我们从绝对空间和绝对时间的概念对牛顿力学的核心，即牛顿第二定律产生的效应进行分析。牛顿第二定律的表达式为

$$F = ma$$

假定

$$F = ma_0 = m\frac{\mathrm{d}^2 R_0}{\mathrm{d}t^2}$$

对于绝对空间成立，其中 a_0 和 R_0 是质点在绝对空间中的加速度矢量和矢径。有一惯性系 K，相对于绝对空间以恒定的速度 v 运动，a 和 R 是该质点在 K 系中的加速度矢量和矢径。显然有 $r_0=r+vt$，t 为绝对时间。将此式对 t 求两次微商，得

$$\frac{\mathrm{d}^2 r_0}{\mathrm{d}t^2} = \frac{\mathrm{d}^2 r}{\mathrm{d}t^2}$$

即

$$a_0 = a$$

所以 $F=ma$ 在 K 系中也成立。因此，牛顿定律在任何惯性系中都成立。或者说，一切惯性系在力学上是完全等价的，从力学的角度无法区分。这就是著名的伽利略相对性原理。它也可以叙述为：相对于“绝对空间”的匀速直线运动是无法察觉的。[①]由此可以看出“绝对时空”的概念是牛顿力学及其伽利略相对性原理的自然基础。

这里需要指出，伽利略相对性原理之所以成立，主要是因为牛顿第二定律（运动定律）中只出现加速度：

$$a = \frac{\mathrm{d}v}{\mathrm{d}t} = \frac{\mathrm{d}^2 R}{\mathrm{d}t^2}$$

而不出现速度：

$$v = \frac{\mathrm{d}R}{\mathrm{d}t}$$

---

① 赵展岳. 相对论导引. 北京：清华大学出版社，2002：6.

这就使得匀速直线运动不具有可测量性。也就是说，伽利略相对性原理的成立不仅仅依赖于时空结构（牛顿的绝对时空观），而且依赖于运动定律的形式。

至此，我们就明确了牛顿绝对时空观的含义，以及其在牛顿物理学中的表现形式和作用。从科学史的角度看，绝对空间概念在牛顿运动定律和经典电磁理论中都是非常重要的基本概念。主要表现为：第一，牛顿运动定律只有在惯性系中才适用；第二，牛顿运动定律中的加速度是绝对的，是相对于惯性系的；第三，经典理论认为光的传播速度是 c，这个速度也是相对绝对空间的。

在对牛顿时空的研究中，很多人认为绝对时空是牛顿思辨的产物。但是通过上述分析我们可以有力地反驳这种观点。历史证明，牛顿的力学和相对性原理具有十分坚实的理论和实践基础，而且牛顿力学无比辉煌的成就又是有目共睹的，所以“绝对时空”实际上并非牛顿纯粹思辨的产物。因此，费洛里安・卡约里在其为《自然哲学之数学原理宇宙体系》第三版所写的附录“关于《原理》的历史与解释性注释”中认为，绝对的时间和绝对的直线运动虽然“并没有以实验证据为基础，因而可以说成是形而上的”，但是，“牛顿的假设满足了 200 多年前科学发展所需的检验”[①]。赵展岳则指出，“绝对时空是牛顿从当时的大量实践中总结、提炼后抽象出来的，绝不能轻易否定，而必须通过更高的实践来进一步检验它，修正它”[②]。

二、狭义相对论

相对时空观是狭义相对论中首先出现的。狭义相对论确立了时间和同时性的相对性概念，在一定程度上否定了牛顿的绝对时空观。但正如前面论述的那样，绝对时空并非牛顿主观臆想出来的，而是牛顿力学和所有的

① 牛顿. 自然哲学之数学原理宇宙体系. 王克迪译. 武汉：武汉出版社，1996：647.

② 赵展岳. 相对论导引. 北京：清华大学出版社，2002：7.

惯性系在力学上等价这一“相对性原理”所要求的。因此，否定绝对时空观就必须修正牛顿力学或其相对性原理。需要理解的是，狭义相对论并不是完全颠覆了经典力学的时空概念，它所表明的相对性，是指高速运动下空间量度的相对性、同时性的相对性和时间快慢的相对性。而时空在本体论上不受物质运动影响的绝对性在狭义相对论中并没有得到根除。因为狭义相对论否认了绝对参照系的存在，但是提出了一类优越的参照系，即惯性系。在狭义相对论中，惯性系起到了牛顿绝对空间参照系的作用。

狭义相对论有两条基本原理和一个基本变换。基本原理分别是光速不变原理和狭义相对性原理，基本变换则是洛仑兹变换。我们逐一进行分析。

1. 光速不变原理和狭义相对性原理

狭义相对论时空观提出的基础是光速不变原理。光速不变原理的准确意义是：不论光源和观察者的运动状态如何，观察者所测得的光速都等于c。这个原理是在经典物理学中就可以用实验证明的事实，但也正是它导致了必须否定绝对时空观。

关于光速不变原理的证实是理论和实验相结合的结果。按照经典力学的运算法则，如果认为光是经典粒子，光相对于光源的速度为c，而光源相对于观察者的速度为v，则光相对于观察者的速度为$u=c+v$。但是在双星观测实验中，双星的两个半周期完全相同的结果使我们得到一个推论：光速不遵循经典的速度相加法则，光速应与光源的速度无关，因此光不可能是经典粒子；同时物理学中的另一个实验，迈克耳逊-莫雷实验，也证明了光速并不遵循经典式的波动法则。光速与观察者的速度无关，因此光也不可能是经典的波动。这样实践就迫使我们来重新审查牛顿的经典理论。

到 20 世纪初人们已经知道，光在真空中的传播速度不依赖于光源或观察者的运动。光速不变原理成为爱因斯坦发现并且据以建立相对论的基本原理之一。在光速不变原理的要求下，狭义相对论中的新速度相加法则变为

$$\left.\begin{aligned} u' &= \frac{u-v}{1-\dfrac{vu}{c^2}} \neq u-v \\ &\text{或} \\ u &= \frac{u'+v}{1+\dfrac{vu'}{c^2}} \neq u'+v \end{aligned}\right\}$$

狭义相对论的第二条原理，也就是狭义相对性原理，可以表述为：惯性系之间完全等价，不可区分。光速不变原理和狭义相对性原理在本质上是协调一致的。光速不变原理正是将相对性原理推广到了电磁（光）的领域中，说明在任何惯性系中光（电磁场）的传播规律都是相同的（各向同性的）。因此相对性原理不但不应该抛弃，而且应该推广到电磁现象。这样就不可避免地要修改牛顿力学，这就是爱因斯坦的狭义相对论的观点。

2. 洛伦兹变换与空间时间的融合

狭义相对论所采用的变换是洛伦兹变换。洛伦兹变换是爱因斯坦狭义相对论时空的数学表述形式：

$$\begin{cases} x' = \dfrac{x-vt}{\sqrt{1-\beta^2}} \\ y' = y \\ z' = z \\ t' = \dfrac{t-\dfrac{v}{c^2}x}{\sqrt{1-\beta^2}} \end{cases}$$

从洛伦兹变换的表达式中可以看出，狭义相对论中，时间坐标和空间坐标是相互联系、相互交叉着的，不可能绝对割裂开来。这也正表明了时间和空间的辩证统一关系：二者既是有区别的，又是统一的、不可分割的。

事实上，洛仑兹变换的数学形式，并不是爱因斯坦首次提出来的。洛仑兹从 1889 年起已经开始在他关于物质结构的“电子论”里写出了洛伦兹变换的数学形式，其中包含了时间坐标 t 同空间坐标(x)一起参与的上述变换。然而，洛仑兹把经过变换所得的时间 t'称为“地方时”，即当地时间，把它看成是没有实际意义的辅助概念；在他看来，变换之后真正的时间仍然是变换之前的时间 t。

爱因斯坦迈出了关键的一步，讨论两个参考系的坐标和时间的变换理论时，在洛伦兹认为是“纯数学手段”的地方，爱因斯坦揭示了变换方程的实际意义。所谓变换方程指的是，对于一个完全确定的事件在静系统中的一组空间时间坐标（x，y，z，t）与同一事件在运动系统中的一组空间时间坐标（x''，y''，z''，t''）之间的联系。由此给予洛仑兹变换以空间和时间联合变换的意义，空间和时间达到了真正的融合，由此创立了整部狭义相对论。

不过，爱因斯坦最初对这一点是认识不足的。对空间和时间观念的深入揭示有赖于数学家闵可夫斯基（H. Minkowski）的贡献。他在 1908 年提出，洛仑兹变换正是对于由三维的普通空间和一维的时间构成的四维空间里的变换。他指出：“我要向你们提出的空间观念是在实验物理学的土壤上产生出来的……从此，单独的空间和单独的时间注定要消退地只剩下一些影子，只有两者的一种联合才会保持为一项独立的实在。”[①]

在洛伦兹变换下，“四维间隔”代替了三维欧氏空间中的不变量：两点之间的距离。四维空间中的不变量是时间间隔和空间距离的统一体。在三维空间中，保持两点之间距离不变的坐标变换是坐标轴的平移和转动。即只是整个空间有平移和旋转，而空间的各个部分没有“伸缩”和“变形”，所以必须保持两点间的距离不变。而狭义相对论中，“四维间隔”$\mathrm{d}S^2 = \mathrm{d}x_1^2 + \mathrm{d}x_2^2 + \mathrm{d}x_3^2 + \mathrm{d}x_4^2 = \mathrm{d}l^2 - (c\mathrm{d}t)^2$ 在惯性系之间的坐标变换下是个不变量。这与牛顿力学不同。在牛顿力学中，长度 $\mathrm{d}l^2 = \mathrm{d}x^2 + \mathrm{d}y^2 + \mathrm{d}z^2$ 是不变量，时间间隔 $\mathrm{d}t = \mathrm{d}t'$ 也是不变量，但是在狭义相对论中，二者都不再是不变量了。这意味着“绝对时间”和“绝对空间”概念都失效了。

3. 狭义相对论的同时性

关于“同时性”问题，庞加莱早在 1898 年就已经在论文《时间的测

---

① 约翰·格里宾. 大宇宙百科全书. 黄磷译. 海口：海南出版社，2001：276.

量》里质疑过人们通常的“同时性”概念。1902年，他在《科学与假设》中指出：“我们不仅没有关于两段时间相等的直觉，甚至没有关于发生在不同地点的两个事件的同时性的直觉。”爱因斯坦在1905年发表的《论动体的电动力学》一文中，正是从“同时的相对性”开始他的论证的。他从定义同时性出发，指出了时间和空间与物质运动的联系，分析了长度和时间的相对性。他说：“我们绝不能给同时性概念以绝对的意义。相反，两个事件若在同一坐标系看来是同时的，从另一与这坐标系做相对运动的系统来观察，就不能看作是同时的。”[①]这里的同时的相对性，讨论的就是如何定义“异地同时”，即如何校准两个相距一定距离的时钟的问题。

对于牛顿时空中的“绝对时间”来说，同时性的概念是很简单的。“绝对时间”相同就是“同时”，所以全宇宙有统一的“同时性”。狭义相对论中，否定了“绝对时间”，就必须有新的同时性概念。狭义相对论中的惯性系和牛顿的“绝对时空”一样是均匀的和各向同性的。在同一惯性系中的任何地点、任何时刻，物理规律都一样，同一物理过程的时间进程完全相同，因此在同一惯性系中仍然存在统一的“同时性”。但在不同的惯性系之间就没有统一的“同时性”了。这与广义相对论的非惯性系也有所不同：非惯性系中时空是不均匀的，因此在广义相对论中，同一非惯性系中没有统一的时间，因而也就不能建立同时的相对性。

总的说来，在牛顿理论中整个宇宙存在统一的时间，一切参考系都有共同的“同时性”；在狭义相对论中，整个宇宙不再有统一的时间，但在每个惯性系中还存在统一的时间；而在广义相对论中，同一参考系（非惯性系）中没有统一的同时性。

4. 狭义相对论时空的困难

狭义相对论还遗留下两个原则性的问题没有解决：①非惯性系的问题。狭义相对论虽然否定了一个“绝对空间”，却肯定了一类占“绝对”优越地位的参考系——惯性系。那么非惯性系中的时空结构是什么样的？其中的物理定律是怎样的，都没有涉及。②万有引力定律没有得到修正。

① 爱因斯坦. 爱因斯坦文集. 第一卷. 许良英，范岱年，赵中立编译. 北京：商务印书馆，1976.

虽然万有引力定律和绝对时空观是不可分割的，必须修正，然而狭义相对论却没能对它进行任何修正。[①]

我们在上面分析过牛顿万有引力理论和牛顿绝对时空观的关系。在万有引力定律中，F是表示“同时”作用在m_1和m_2上的两个大小相等、方向相反的力，不管m_1和m_2的运动状态如何，R都是表示“该时刻”m_1和m_2之间的距离。按照狭义相对论，如果m_1和m_2之间有相对运动，那么“同时”和“该时刻”是没有意义的，因为m_1和m_2是相距甚远的物体，分别发生在两者之上的两个“事件”，是否“同时”完全取决于从哪个参考系来看。而且m_1和m_2处于不同的参考系中，两者没有统一的时间。所以牛顿万有引力定律是和狭义相对论有原则性矛盾的，必须建立新的引力理论，以适应相对论的要求。然而在建立狭义相对论时却未能对万有引力定律做出任何修改。这就表明，狭义相对论只是关于惯性系的理论，不能改造万有引力理论，要解决引力问题必须考虑非惯性系的理论。

引力质量和惯性质量永远相等，这句话本身就把“引力”和“惯性”联系了起来。惯性质量m_I是通过牛顿第二定律定义的

$$F = m_I a$$

即

$$m_I = \frac{F}{a}$$

即惯性质量等于作用在物体上的力与所产生的加速度之比。引力质量m_G是通过万有引力定律定义的，重力（也即引力）

$$W = G\frac{Mm_G}{R^2}$$

式中，M为地球的引力质量；G为引力常数；R为地球的“平均半径”。惯性质量等于引力质量是一个已经精确证实了的实验事实。但是m_I和m_G确实是两种完全不同的属性，是通过完全不同的基本定律来测量的。惯性质量和引力质量准确相等这个事实是物理学家都知道的，但是人们都以为是理所当然的，不去进行深入的思考。唯有爱因斯坦看出了其中蕴藏着的

① 赵展岳. 相对论导引. 北京：清华大学出版社，2002：68.

深刻道理，他认为这就是开惯性和引力之间的关系这把难开的锁的钥匙。爱因斯坦用惯性质量和引力质量相等这一“等效原理”打开了这把锁，从而发现了人类科学宝库中的一个重要宝藏——广义相对论。

三、广义相对论

在狭义相对论中，时间与空间统一起来了，但是并没有阐明时空与物质之间的关系。1915 年，爱因斯坦基于等效原理和广义相对性原理，建立了广义相对论，得到了广义相对论的场方程。等效原理可以表述为：所有参考物体，不管它们的运动状态如何，对描述自然现象都是等效的。广义相对性原理可以表述为：在所有参照系中，物理定律都是等价的。

1. g_{ik} 与时空度量

广义相对论认为非惯性系和引力场只是一个弯曲的时空。在弯曲时空中，粒子将沿弯曲的短程线运动，就好像有一种“引力”作用在粒子上。但事实上并不存在什么力，只是时空弯曲。所以只要知道了时空的结构，就知道了物体的运动规律。因此剩下的主要问题就是如何决定时空的几何结构。爱因斯坦运用黎曼几何解决了这个问题。

黎曼空间可以做以下定义：如果某空间中存在坐标变换下的不变距离元 $\mathrm{d}S$，而且可写成 $\mathrm{d}S^2=g_{ik}(x)\mathrm{d}x_i\,\mathrm{d}x_k$ 的形式，则称该空间为黎曼空间。黎曼空间就是存在二次形式的距离不变量的空间。三维欧氏空间是黎曼空间的一种特例，因为三维欧氏空间中存在这种距离不变量（$\mathrm{d}l^2=\mathrm{d}x^2+\mathrm{d}y^2+\mathrm{d}z^2$）。从黎曼几何的定义可以推测出黎曼空间的几何性质完全取决于黎曼度规 g_{ik}，因为一个黎曼空间就是由 $\mathrm{d}S^2=g_{ik}(x)\mathrm{d}x_i\,\mathrm{d}x_k$ 决定的。

在广义相对论四维弯曲时空中，四维长度元可以表示为

$$\mathrm{d}S^2=g_{ik}(x)\mathrm{d}x_i\,\mathrm{d}x_k$$

这里，$g_{ik}(x)$就是时空的度规。由于时空中任意两点之间的距离都由 g_{ik} 决定，而对空间的测量最终都要归结为点与点之间的距离测量，这是由 g_{ik} 决定的。所以在广义相对论中，g_{ik} 能决定时空的一切度量性质。

综上所述，广义相对论时空的几何性质完全取决于 g_{ik}，而物体的运

动规律，比如说自由粒子沿短程线运动，则取决于时空的几何性质。因此物体的运动规律也就取决于 g_{ik}，那么剩下的问题就是如何解决 g_{ik} 的问题。这是由爱因斯坦的场方程解决的。[①]

2. 广义相对论的场方程

场方程即场的运动方程，也即场的基本运动规律。简单说来就是场源如何决定场的运动规律。在广义相对论中，就是物质的运动及其分布与时空结构如何互相联系、互相决定的规律。

广义相对论的场方程为

$$R_{ik}-\frac{1}{2}Rg_{ik}=-\kappa T_{ik}$$

式中，T_{ik} 为能量动量张量，描述物质的性质；g_{ik} 为度规张量，描述时间与空间的性质，i，k=0，1，2，3。这里 R_{ik} 为二阶曲率张量；R 为零阶曲率张量（标量曲率），它们都是 g_{ik} 的函数。方程的左边是 g_{ik} 的函数，描述的是时空性质。而右边的 T_{ik} 是能量-动量张量，描述的是物质的性质。当物质的分布及其运动状态已知时，T_{ik} 就已知了。κ 是一常数。当 T_{ik} 已知时，场方程就是 g_{ik} 所满足的一个已知方程，可以由它来解出 g_{ik}。也就是说，当物质的分布及其运动（T_{ik}）已知，由场方程即可决定时空的结构（g_{ik}）。物质决定时空性质，时空是物质存在的形式。

这样，广义相对论就把时空与物质、运动统一起来了：时空的几何结构（g_{ik}）是由物质的分布及其运动决定的。做到了这一步，时空结构和物质运动的规律就全部解决了。这就表明，没有物质就没有时空，没有时空就没有物质。对于一个受引力场影响的非惯性系，它的时空性质不再是平直的欧几里得空间，而是弯曲时空。不同引力场的性质决定了处于这个引力场中的物质不同的运动方式。物质的分布及其运动决定时空结构，也就是说，引力场将影响时空属性。

分析广义相对论的场方程可以得出，物质与时空不可分割，时空是物质存在的形式，二者是统一的。物质（内容）能决定时空结构（形式）；

① 赵展岳. 相对论导引. 北京：清华大学出版社，2002：102.

反之，由时空结构（形式）也能推断出物质的分布及其运动状态（内容）。二者是相互决定的。这就是爱因斯坦原理中所叙述的：描述物质运动的基本物理量应与描述时空结构的基本物理量成比例。

3. 广义相对论的光速不变原理和同时性

光速不变原理在狭义相对论中和在广义相对论中的逻辑意义是不同的。在狭义相对论中，它基本上是一个实验事实。虽然它也可以被看作一条无法完全通过逻辑来证明的“原理”，但不是“定义”性的。在广义相对论中，光速不变原理被提升为一条“原理”。这是因为，在狭义相对论中，长度和时间都有准确的意义，所以光速是测出来的，可验证它变不变。在广义相对论中，长度没有确切意义，无法准确测量光速。因此在广义相对论中，光速不变原理是在总结了大量实验事实的基础上所得出的一个“定义性”的原理。

把光速不变原理从狭义相对论推广到广义相对论，主要是靠等效原理。在任何时空点附近都存在局部惯性系，在其中狭义相对论成立。对于光信号而言有 $dS=0$。由于 dS 是不变量，所以当通过坐标变换变换到非惯性系中去时，仍有 $dS=0$。它在狭义相对论中代表光速等于 c。推广一步，它在广义相对论中也代表光速等于 c，这样就可以把长度定义出来了。

广义相对论中，可以求出邻近两点的距离平方：

$$dl^2=(g_{\alpha\beta}-\frac{g_{0\alpha}g_{0\beta}}{g_{00}})dx^\alpha dx^\beta=\gamma_{\alpha\beta}dx^\alpha dx^\beta$$

其中，

$$\gamma_{\alpha\beta}=g_{\alpha\beta}-\frac{g_{0\alpha}g_{0\beta}}{g_{00}}$$

称为三维度规或空间度规，以区别于时空度规 g_{ik}。

由上述两式可知，三维空间的一切度量关系都由 $\gamma_{\alpha\beta}$ 决定，而 $\gamma_{\alpha\beta}$ 完全由 g_{ik} 决定，所以 g_{ik} 也就完全决定了三维空间的度量关系。

广义相对论中邻近两点之间要建立“同时”关系所必需满足的条件为

$$\Delta x^0 = \frac{dx_2^0 - dx_1^0}{2} = -\frac{g_{0\alpha}dx^\alpha}{g_{00}}$$

可以看出，当“交叉项” $g_{0\alpha}=0$ 时，$\Delta x^0=0$，所以坐标时相等的事件就是“同时的”。当交叉项 $g_{0\alpha}\neq 0$ 时，坐标时相等的时间就可能是“不同时的”。由此可以看出，在广义相对论中，同一参考系中，若空间坐标不同，坐标时 t 相同的事件也可能是不同时的，这与狭义相对论中的情况有所不同。

至此，我们了解了从牛顿力学到广义相对论的发展中，时空的绝对性和相对性变革的理论基础。事实上人们平时所说的“广义相对论时空推翻了牛顿的绝对空间”，主要指的是广义相对论时空具有了动力学特征。也就是说，广义相对论的时空结构是随着物质分布的变化而变化的，并非牛顿所说的“绝对独立于客体而存在”，不随客体变化而变化。

四、量子场论和量子引力

广义相对论之后，对时空进行关注的主要是 20 世纪 80 年代以后兴起的量子引力理论，而这一理论的主要动机，则是对引力进行量子化，因而是对量子力学和广义相对论的结合。

量子力学从狄拉克建立了相对论性量子力学的狄拉克方程开始，扩充成量子场论的各种形式。其中包括了量子电动力学与量子色动力学，成功地解释了四大基本力中的三者——电磁力、原子核的强力与弱力的量子行为。其中仅剩下引力的量子性尚未能用量子力学来描述。因此，引力的量子描述就成为量子引力论的直接目标。但是，广义相对论和量子引力这两个成功的理论在根本架构上有冲突之处，这个冲突的根源就在于时空。量子场论的架构是建构在狭义相对论的平坦时空下之基本力的粒子场上的。如果要通过这种相同模式来对引力场进行量子化，则主要问题会发生在广义相对论的弯曲时空架构上，无法一如既往地透过重整化的数学技巧来达成量子化描述，亦即引力子会互相吸引，而当把所有反应相加会得到许许多多的无限大值，没办法用数学技巧得到有意义的有限值；相对地，如量子电动力学中对光子的描述，虽然仍会出现一些无限大值，但为数较少，可以透过重整化方法将之消除而得到实验上可测量到的、具有意义的有限值。

历史上，关于量子理论与要求背景独立的广义相对论两者之间的矛盾曾出现过两种不同的反应。第一种认为，广义相对论所采用的几何诠释只是一个未知的背景相关理论的近似表现；第二种则认为，背景无关性是理论的基本性质，而量子力学需要被一般化，改写成一个没有缺省特定时间的理论。这两种论点发展成为量子引力的最主流的理论，其一是超弦理论，其二是圈量子引力。它们对时空实在论的发展，也产生了很大的影响。

第三节　时空实在论的理论形态

随着物理学从牛顿经典力学向当代量子引力理论的发展，时空的哲学观也经历了一场巨变。人们常常谈及相对论对时空观的影响，认为相对论彻底地推翻了牛顿绝对空间的观念，带来了相对时空观的变革，那么当代时空哲学的发展到底是一个什么样的状况呢？我们对时空本质的认识又是怎样的呢？这并非一个简单的话题。作为现代时空哲学的基础，牛顿和莱布尼茨对时空观念的内涵，并不是如此简单地就能够完全概括的，也并不能彻底地为当代时空理论所推翻或支持。比如，广义相对论否定了牛顿时空的绝对性，但这并不代表它也否定了时空的实在性存在，也不代表它就完全支持了莱布尼茨时空作为一种关系的观点；现代量子力学和量子场论中，经典的绝对背景空间依然存在，而真空场的存在虽然否定了虚空的存在，但也表明时空并非是莱布尼茨意义上的完全观念性的东西。

因此，当代时空哲学的发展，一定是建立在对物理学时空理论进行详尽分析的基础之上的，人们需要还原牛顿和莱布尼茨关于时空本体论争论的实质，更需要结合现代物理学的发展，用一种科学理性的态度来思考时空的本质。20 世纪 60 年代以后，受到实在论和后实证主义思潮的影响，时空哲学家基本上都对时空持一种实在论的态度，承认时空的存在，但对其本体论的看法却部分地沿袭了牛顿和莱布尼茨之间的对立，形成了时空的实体论和关系论之争。20 世纪 90 年代之后，又出现了时空的结构实在论观点。

一、时空实体论

20 世纪 60 年代，当代意义上的时空实在论开始复兴，表现为广义相对论时空的实体论和关系论解读之间的争论。所有的物理哲学家都把这两种观点的对立追溯到牛顿和莱布尼茨的那场争论，认为实体论是追随了牛顿的时空观，而关系论则是追随了莱布尼茨的时空观。

“实体论”的根源在于牛顿时空的独立存在的性质。但我们分析克拉克对时空的论述中有三个要素——绝对性、实在性及空间作为属性的存在，这几个要素的含义并非简单地对应于实体论的观点。分析可以看出，实体论者并不只是部分地承袭了牛顿的时空观，他们重新理解了时空的绝对性，支持时空的实在性，并且改变了对时空实体性存在的论证方式。

1. 绝对性的重新理解

广义相对论带来的时空革命在物理哲学史上的影响是巨大的。在 20 世纪 60 年代之前，人们的讨论集中在绝对和相对的争论上。普遍的观点是，相对时空观已经彻底地代替了牛顿时代的绝对时空观。1954 年，雅莫的《空间的概念》(*Concepts of Space*) 一书出版，称爱因斯坦的广义相对论“从现代物理学的概念图解（scheme）中最后地消除了绝对空间的概念”[①]。菲利普·弗兰克（Philipp Frank）在他的《科学的哲学》一书中也声称“爱因斯坦开始了对牛顿力学的一种新的分析，这种分析最终辩护了马赫（对牛顿力学的）重塑”[②]。但是，1964 年，斯玛特（J. J. C. Smart）

① Jammer M. Concepts of Space. Cambridge：Harvard University Press，1954：2.
② Frank P. Philosophy of Science. Englewood Cliffs：Prentice Hall，1957：153.

出版了《空间和时间的问题》一书，在第三部分，他着重分析了爱因斯坦的相对论，指出广义相对论并没有证明雅莫等人的观点，而是对绝对时空有着相当的保留。他引用了爱因斯坦在 1953 年所说的一句话来证明：对绝对空间的代替是"一个可能绝对没有完成的过程"。因此，现代物理学对时空哲学的启示，并非一个可以简单概括的问题。绝对性和相对性之争，也并非人们表面上理解的那么简单。

需要强调的是，我们要理解现代物理学怎样对待时空的绝对性和相对性，并不是要树立一种哲学观，来产生关于绝对性和相对性的含义，而是要对已经有的关于绝对性和相对性的意义进行深刻的分析，结合理论对这些理解进行一种批评性的过滤，最终要理解现代物理学中时空的绝对性和相对性的表现。

在这里，有必要区分四个概念——绝对、相对、实体、关系。在国内，绝对时空观和相对时空观之间的争论曾经是自然辩证法研究中的热门话题，因此人们对绝对和相对的概念是非常熟悉的。但是在西方物理哲学界，出现更多的却是实体论和关系论这两个词。那么，这些术语的运用到底反映了在时空问题的争论上，我国和西方的研究有什么不同之处呢？而实体、绝对、相对和关系四个概念之间，又有着怎样的区别和联系呢？给出这些问题的答案是本书的基础。我们从三个方面来进行比较。

第一，从研究的角度上讲，绝对时空观和相对时空观的争论更多地是从认识论意义上来讲时空观的变换。实体论和关系论的争论则是从本体论的意义上对时空的本体论的可能性进行的一种探讨。

在关于时空观由绝对到相对的转变中，人们探讨的出发点主要在于惯性系的作用。比如人们公认的是，狭义相对论因为保留了惯性系，所以并没有完全推翻牛顿的绝对时空观，但是在广义相对论中，物理学中的规律对一切参照系均成立，而不仅仅只是在对惯性系成立，所以广义相对论完全推翻了绝对时空观。在这种讨论中，一般不会涉及时空自身的存在方式如何。但是在实体论和关系论的讨论中，人们直接关注的是，时空自身是一种独立实体的存在，还是作为物体间的关系而存在。这完全是一种本体论意义上的讨论。

第二，从概念内涵上讲，“实体”的含义不同于“绝对”。在实体论和关系论提出的早期，有少数物理哲学家把“实体论”等同于“绝对论”，在时空实在论的讨论过程中，人们慢慢分辨了“实体”和“绝对”概念内涵上的不同之处。时空的“绝对性”一般是指时空作为一种存在不受物质及其运动影响的性质，但是“实体性”包含的是时空的独立存在性，此外还可以包含时空本体论性的各种可能性，它到底以一种什么样的方式而存在？因此，“实体”的内涵与“绝对”有所不同。

第三，从时间上来讲，绝对时空观和相对时空观的争论是相对论提出早期讨论的热点话题，而实体论和关系论的讨论则一直延续到今天并且得到了相当的发展。这就说明实体论和关系论的讨论抓住了物理学理论更深层次的思考，并且随着物理学理论的发展而发展。

但这几个概念又是相互联系不可完全分割的。在时空问题的讨论中，它们是交织在一起的。主要表现在以下两个方面。第一，牛顿时空既是实体的又是绝对的。牛顿的时空可以在没有物质的情况下存在，在这个意义上它是实体的；同时它拥有不变的欧几里得几何表示，完全不受其中的物质分布和运动的影响，在这种意义上它又是绝对的。第二，广义相对论时空不是绝对的，但从本体论性上来讲，它既可能是实体的，也可能是关系的。广义相对论的几何是可变的，受到物体分布和运动的影响。因此广义相对论时空不是绝对的。但是它是不是实体的呢？很多物理哲学家认为是，爱因斯坦也这样认为。在 1922 年的莱顿讲座“以太和相对论”中，爱因斯坦谈到广义相对论：“我认为，它已经去除了空间是物理为空的观念。”[①]许多物理哲学家认为这事实上表达了空间可以作为实体存在的思想。但也有一部分哲学家认为，广义相对论时空是一种关系论意义上的时空。这也正是时空实在论在 20 世纪 60～80 年代争论的热点问题。

---

① Einstein A. Ether and the Theory of Relativity，Sidelights on General Relativity. New York：Dover，1923：18.

广义相对论最大的革命性在于，它使牛顿力学中作为绝对参考背景的时间和空间与物质产生了直接的因果和动力学关系，使时空本身成了运动的参与者，而且空间结构受物质能量分布的决定。但广义相对论并没有明确否定时空外在于物质而存在的本体论观点。爱因斯坦在1952年的时候曾写过："时空并不自主地宣称它的存在，而是仅仅作为场的结构性质。"[①]而在1953年，他又指出，绝对空间概念的替代是"一个可能绝对没有完成的过程"[②]。这句话也就说明了当时关于时空本体论性争论中概念的不明晰性。这里问题的关键在于，时空绝对性的丧失并不代表本体论意义上实体性的丧失。广义相对论只是在认识论上明确了时空的相对性，而关于时空的本体论问题，仍然是实体论和关系论需要讨论的话题。事实上，时空本体的争论确实还在广义相对论语境中延续，并且在20世纪80年代的"洞问题"中再一次被激化。

在我国物理哲学界对时空问题的讨论中，很少提到实体论和关系论的争论，这是时空哲学研究的一项弱点。正因为如此，国内对时空观讨论的结果中往往只限制于认为广义相对论完全推翻了牛顿的绝对时空观。这也是西方物理哲学界在20世纪60年代前的一种普遍观点，但它只一种浅显的认识，在实体论和关系论的争论重新复兴以后，这种观点很快就成为历史了。

2. 基于语义学的实体实在论

20世纪60～70年代，时空实在论复兴的初期，人们在总结牛顿时空的时候，有两个词汇经常会发生混用，这两个词汇就是"绝对论"（absolutism）和"实体论"。直到80年代之后，实体论才战胜了绝对论，成为当代时空实在论中的一种明确立场。但这样一种历史现象说明，"绝对"时空观和"实体"时空观既有区别，又有着特定的相似性，它们并不是截然不同的概念。后来的哲学家也用了大量的篇幅对这两个词汇的内涵进行了澄清。

厄尔曼1989年分析了牛顿时空"绝对性"的五种含义[③]。①时空有着各

① Einstein A. Relativity：The Special and the General Theory. London：Mehtuen，1952：155.

② Jammer M. Concepts of Space. Cambridge：Harvard University Press，1954：xv.

③ Earman J. World Enough and Spacetime. Cambridge and London：The MIT Press，1989：11.

种各样的内在结构。②这些结构中包含的是绝对同时性和绝对持续性（即对流逝时间的测量独立于连接事件的路径）。③存在一个绝对的参照系。它提供了一种独特的方式去区分时间中的空间位置。结果是，存在对个体粒子速度的绝对测量、对任何一对事件之间的空间距离的绝对测量。④时空的结构是不变的，即在实际世界的一个时刻到另一个时刻，在一个可能世界到另一个可能世界，它都保持不变。⑤时空在它形成了一个潜在于物理事件和过程之下的基底的意义上是一个实体。这些事件和过程之间的关系寄生在时空点和区域基底中内在的时空关系之上。诺顿在 1992 年对此进行了明确说明，认为实体论主要立足于时空的独立性："我们这里关注的是'独立性'。绝对空间和绝对时间被认为有着完全独立于它们所包含的内容的存在。这种教义就是'实体'的观点或者叫作'实体论'的观点。"[①]劳伦斯·斯克拉（Lawrence Sklar）对实体论的定义为："支配并高于时空中的材料栖居者的实体……即使在没有时空材料栖居者的时候也能够存在。"[②]

从厄尔曼和诺顿的表述中可以看出，"实体论"这个词汇在最初使用时就具有一定的尴尬性，因为它在表述时空的性质时很难与"绝对性"完全区分开。实体论最初通常被归结为一种语义实在论，因为它是从日常的语言和科学中"读出来的"立场。人们用日常的语言谈论一个房间中的空间，或者星系之间空的空间，通常会认为物体"处于空间之中"，事件"发生在时间之中"。换句话说，在日常及科学谈话中通常假定了一种实体论的观点——一种把空间、时间或时空看作真实、独立的存在。这样一种从日常语言中直观解读出来的时空实体论当然无法准确地描述时空的特性，当然也无法有力地反击关系论者的批评。随着广义相对论的成功，这种对时空的直观语义理解的弱点暴露无遗。

广义相对论中，时空不再是物体运动的背景，而是具有了动力学特征。这在直观上是无法理解的，但是从广义相对论的场方程我们就可以很

---

① Norton J. Philosophy of space and time//Butterfield J，Hogarth M，Belot G（ed.）. Spacetime. Aldershot：Dartmouth，1996：51.

② Sklar L. Philosophy and Spacetime Physics. California：University of California Press. 1985：8.

明确地看出来。广义相对论的场方程左边描述的是时空性质，而右边是能量-动量张量，描述的是物质的性质。这样，时空与物质就统一起来了：时空的几何结构由物质的分布及其运动决定，很明显它不再是传统实体论者所理解的那样一个笼统的背景。关系论者据此而力争莱布尼茨的关系论得到了广义相对论的例证，时空只是物质之间的关系。那么实体论者又该做何辩驳呢？直观的实体论描述，典型的如斯坦的看法："如果广义相对论在某种意义上来说确实比经典力学更好地符合莱布尼茨的观点，这并不是因为它把'空间'归为莱布尼茨描述的理想状态，而是因为空间——或者说是时空结构——牛顿要求它是真实的，在广义相对论中可能有着令莱布尼茨可以接受它是真实的属性。广义相对论并不否认与牛顿'静止物'对应的某物的存在；但是它拒绝这个'东西'的刚性不可动性，并把它表示为与物理实在的其他成分相互作用。"[①]这种论证在当时的实在论思潮中得到了一定的支持，但是并不能从根本上有力地反驳关系论的观点。

因此，20 世纪 80 年代以后，实体论开始转变思路，寻求从理论的数学结构中找到时空的表示者，对理论进行语义解读，从而得出时空实体性存在的论证。这就是弗里德曼提出的时空理论语义模型及由此而来的流形实体论。它的理论基础在于，所有现代时空理论都是以一种方式建立的：理论设置了一个事件的流形，然后把更深层的结构分配给这些事件来表示时空的内容。流形表示了一个独立存在物的观念，在物理学理论的实在论观点中也是相当自然的。因此把流形作为时空的表示者，也就是流形实体论的选择是很自然的。

在流形实体论之后，实体论还经历了一系列的发展，典型的观点有度规本质论、精致实体论及度规场实体论等，但总的来说这些观点都建立在对广义相对论的语义模型进行语义解读的基础上，是一种基于语义学的实体实在论。

① Stein H. Newtonian space-time. Texas Quarterly，1967，10：174-200.

二、时空关系论

相对于实体论，莱布尼茨的时空观被总结为时空关系论。这种解读是源于莱布尼茨对空间的定义：①

请看人们是怎样来形成空间概念的。人们考虑到有多个事物同时存在，并在其中见到某种共存的秩序，遵照这秩序，一些事物和另一些事物的关系或较简单或较复杂，这就是它们的位置或距离。每当这些共存物中的一个改变了和其他许多个的这种关系，而它们并未改变其内部彼此间的关系，又一个新来者得到了第一个曾有过的和其他各个的那种关系，这时人们就说它来到了它的地点，而把这变化叫做在这变化的直接原因所在的那东西中的一种运动。而当多个东西或甚至全部按某些已知规则变化方向和速度时，人们永远可以决定每一个东西所获得的对每一个东西的位置关系，甚至在没有变化或曾做别样变化时，每个别的东西会有或它对每个别的东西会有的位置关系。设想或假想这些共存物之中有足够数量的共存物，在其内部没有过变化，人们就将说那些具有对这些固定存在物的一种关系，和别的一些从前对它们有过的关系一样的，就具有后者所曾经有过的同一地点。而那包括了所有这些地点的，就叫做空间。这就使人看出，为了要有地点的观念及由此而来的空间观念，只要考虑这些关系和它们的变化规则就够了，无需在这里想象有在那些人们考虑其位置的事物之外的任何绝对的实在。要给一种定义，可以说，地点就是：当B和C、E、F、G等的共存关系，完全符合A曾有过的和同样这些东西的共存关系时，人们说对A和对B是同样的那东西——假定在C、E、F、G等之中没有过任何变化的原因。我们也可以毫不夸张地说，地点就是在不同的时刻对不管如何不同的存在物是同样的那东西。只要这些存在物和某些从这一时刻到另

① 莱布尼茨，克拉克. 莱布尼茨与克拉克论战书信集. 陈修斋译，北京：商务印书馆，1996：68.

一时刻被假定为固定的存在物的共存关系完全符合。而固定的存在物就是那些其中没有改变与其他存在物的共存秩序的原因，或者（这是同一回事）其中没有运动的东西。最后，空间就是把这些地点放在一起所得的东西。

虽然莱布尼茨认为时空是一种非实在，但是对于当代的物理哲学家来说，关系论却仍然是一种对时空的实在论，即便它仅仅是一种弱实在论的观点。因为关于实在的观点在20世纪已经发生了某种变化，关系论同样也承认时空作为物质之间关系的意义上的存在。斯坦在1967年尖锐地指出，通常人们认为相对论证明了莱布尼茨的关系论，但这是一种极端的过分简单化。

概念地讲，广义相对论带来的是空间作为物理世界“容器”的思想的消失。关系论的观点抛弃了时空作为实体的存在，只承认时空作为物质间关系特性的存在。这也是一种时空本体论上的“革命”。但相对于我们所说的广义相对论带来的时空认识论的革命来说，关系论者却并不认为关系论所引起的这种本体论上的革命是剧烈的，因为在时空哲学史上，在牛顿之前的亚里士多德等哲学家那里，并不难找到与关系论相类似的哲学思辨。因此他们认为，在某种程度上这只是一种“回归”。

在现代物理学可以忽略引力场的动力学的情况下，引力场与其他物理客体的相互作用就像是一个静止的背景。事实上这个背景就是牛顿当初所发现并且称之为空间和时间的那个东西。但是关系论者认为我们经常使用的术语“时空”其实只是一种习惯的用法，事实上它指代的就是引力场。因为从实践上来讲，它并没有空间和时间的特征。相对论时空是一种更加类似于麦克斯韦的电场和磁场的实体，而不是像牛顿所说的空间和时间那样的实体。我们之所以有“时空”的概念是因为我们所居住的地方是宇宙中一个引力场相对恒定的区域，因此我们把它作为一个方面的参照系了。另外在现代物理学中能够产生实体论的一个原因，还在于经典的广义相对论中定义了一个“连续统”，这样就可以想象事物可以“居于其中”，因此有着与牛顿的观念相似的模糊的地方。关系论对这一点的反驳在于量子物理学的发展，因为量子物理学的发展使得这种连续的观念只有在经典极限中才有意义。在量子物理学中，引力场有着量子特性，不能再定义时空的连续统。另一个反对实体论的论据在于，在牛顿物理学中，如果我们去掉动力学的实体，那么剩余的就是空间和时间了。但是在相对论中，如果我们去掉动力学实体，那么就什么也没有了。正像怀特海指出的，我们不能说没有动力学实体也有时空，就像我们不能说没有猫就有猫咧嘴一样。[①] 需要指出的是，在这里，关系论者并不是承认时空的实在性，而是认为我们不再需要绝对的优越框架来保持实在的适当性，而是认为实在自身在保持着自己的适当性。实在是实体之间相互关系的网络，并不需要一个外部的实体来保持这个网络。因此，现代物理学给我们的教义是，按照我们目前学到的知识考虑世界，其有效的方式是放弃"空间和时间的实体"的观念。

斯克拉认为关系论就是对实体论观点中时空作为独立于其内容的绝对存在的拒绝，因为关系论者认为"实体论者所称的'时空'仅仅是'对于表达存在通常的物质并且在材料事件中有着时空关系这样一个事实的误导'"[②]。总的来说，当代物理学语境中，关系论的含义主要在于如下几个方面。①所有的运动都是物体间的相对运动，因而空间和时间没有，也不能有支持运动的绝对量的结构。这是关于运动和时空结构的本质的说明。②物体和事件之间的时空关系是直接的，也就是说，它们并不需要更基本的空间结构，比如将空间点作为基底。物体或者时间并不是寄生于空间点之上。这是对时空实体论的否定。③在一个关于时空的正确分析中，没有不可还原的、一元的时空特性。比如"……定位于时空点 p 上"这样的句子是不对的。在关系论者看来，在基础水平上，只有物理物体和它们内在的非时空特性（如质量），以及它们的时空关系。时空的存在只是物体之间关系的结果。关系论的理论根据是，渴望把本体论限定在当前的经验范

① Whitehead A N. Concept of Nature：The Tarner Lectures Delivered in Trinity College，November，1919. Cambridge：Cambridge University Press，1983：171.

② Sklar L. Philosophy and Spacetime Physics. California：University of California Press，1985：10.

围之内，然而关系论的约定论描述遭受着使之最终陷入纯粹的现象论的强大压力。

三、时空结构实在论

科学哲学中的结构实在论出现于1989年，经过20年的发展，现在已经逐步成为当代科学实在论中比较有影响力的一种观点。最近几年，为了解决实体论和关系论之间纠缠不清的问题，一些物理学家开始把结构实在论的观点运用于时空实在论的研究，形成了结构时空实在论。比较典型的有2006年贝恩提出的时空结构论观点，以及2008年埃斯菲尔德和兰姆提出的温和时空结构实在论观点。

结构实在论是时空实在论中的第三种观点，其目的就在于结合时空理论的发展，寻找一种能够避免实体论和关系论在本体论上不可解决的矛盾，但能够分别保留它们有意义的那一部分内容。能够做到这一点是因为以下几个方面。

（1）实体论和关系论在当代物理学中对立的弱化。从表面上看，实体论和关系论从牛顿和莱布尼茨时代开始就是两种完全相反的观点。但是从人们对广义相对论的解读来看，实体论和关系论之间的对立并不像乍看起来那么强烈。因为从关系论的观点看，我们也总能够选择一种物理实体，来指明相对于这个实体的运动，并且把这种实体叫作“空间”。而牛顿也并没有遗漏这一点。牛顿的极端之处在于指定了被称作空间的那个东西必须“与运动物体真的有所不同”。他认为自己已经发现了这个实体“真的与运动物体不同”，也可以提出探测它的方法和它的效应。而广义相对论正是说明了牛顿发现的实体不是完全“与运动物体不同”。事实上它与其他的场几乎没有什么不同。这样，对这个实体和场以及它们之间的关系的理解就造成了实体论和关系论解释分歧的基础，但它们有着相同的根源。因此实体论和关系论的解释总是交织进行的。

（2）广义相对论展示了要清楚地区分时空实体论和关系论解释的内在困难。正如瑞克斯在他2004年的博士论文中指出的，“只要有实体论解释的地方，附近就会有一个潜在的关系论解释，反之亦然”[①]。有些物理哲学家把度规视为表示了实体的空间，比如胡佛等，但是爱因斯坦的下列表述也曾经让人以为他支持了关系论的理论：

> “如果我们设想一个引力场，也就是，函数 g_{ik} 被移走，那么就不会再有空间……而是绝对的什么也没有……不存在空的空间这样的东西，也就是，没有场的空间。时空并不独立地宣称自己的存在，而只是作为场的结构性质。”[②]

时空结构实在论得以出现的另一个非常重要的原因是 20 世纪 80 年代时空语义模型的建立使得人们发现实体论和关系论的共同结构基础成为可能。不仅仅是结构实在论，要了解当代时空实在论的任何一种表现形态的方法论实质，都要建立在对时空语义模型了解的基础上。时空语义模型是当代时空实在论研究的理性基础，也是我们接下来要分析的重要内容。

---

① Rickles D P. Spacetime，change and identity. Doctoral thesis，The University of Leeds，2004：5.

② Einstein A. Relativity：The Special and the General Theory. New York：Bonanza Books，1961：155-156.

第三章 时空实在论理性分析的基础

历史地看，当代时空实在论的讨论是建立在广义相对论基础之上的，因此就注入了比牛顿和莱布尼茨之争更多的内涵。而其中决定时空实在论发展方向的，则是方法论上的变化——争论脱离了直观思辨的讨论，开始把对时空的认识建立在时空理论的语义模型上。从某种意义上可以说，没有时空理论语义模型的建构，时空实在论的讨论就无法得到后来的发展。而从时空语义模型建立开始，当代时空实在论的方法论就实现了语义分析的转变，不可避免地与当代科学实在论的方法论相关了起来。

时空语义模型的引入，使得当代时空实在论有了两个非常显著的特征：第一，超越了对时空理论及其规律的真理性的信仰，把对时空本质的理解建立在坚实的科学分析方法的有效性和合理性之上；第二，在不放弃语言与形而上学相关研究传统的基础上，超越了牛顿和莱布尼茨时代对时空的思辨理解。这一章的目的是要引入时空理论的语义模型，这种模型方法与传统的方法相比，有着非常重要的差异，是理解当代时空实在论的理论基础。

第一节　时空理论语义模型的提出

一、时空理论语义模型的建立

在哲学内容上，当代时空实在论的中心问题仍然延续了从莱布尼茨-克拉克论战开始的时空实体论和关系论的争论，但其物理学基础则超越了牛顿物理学，建立在广义相对论的基础之上。事实上，当代时空实在论复苏的很长一段时期内并没有获得实质上的进步。因为从广义相对论中解读时空的本质并非一件很容易的事情，人们最初对广义相对论时空的解读在很大程度上是一种直观的断言，只能导致与莱布尼茨和牛顿时代一样无结果的状况。

20 世纪 60～80 年代，时空问题盛极一时，成为当时哲学杂志和博士论文的热门问题之一。但是热烈的讨论背后却存在着一种混乱，大家对时空的本质无法得到一致的意见，最终甚至连争论的目标都产生了争议，人们对面临的问题和目标充满了迷茫。当时人们普遍认为实体论和关系论的争论无疑触及了物理学、形而上学和科学认识论的某些最基本的内核，但是这个问题的纠缠不休也让一部分哲学家感到绝望。因为无论广义相对论如何成功，它引起的时空观念的变革都是认识论上的，而实体论和关系论对它进行解读的目的却是要断定时空到底是一种什么样的实在这样一个形而上学的问题。认识论和形而上学之间的鸿沟注定了对时空的本质无法得到一致的意见，最终甚至连争论的目标都产生了争议。形而上学和认识论的问题得不到解决，实体论和关系论之间的争论就不可能得到解决，他们似乎走入了一个看不到出路的死胡同。

在这种情况下，一些哲学家，如弗里德曼、厄尔曼等人意识到，要想在时空争论中找到一条统一的路子，就必须在方法论上有所创新。他们敏锐地看到，如果能找到一个使实体论和关系论的争论进步的方法，在这个问题上就可能有重要的突破。这促使了时空语义模型的提出。

1983 年，弗里德曼在他的《时空的基础》一书中，首次开始构造一种一致的“时空理论”，从而开了使用时空理论语义模型的先河。这种时空理论的实质就是将所有讨论到的物理学理论都用一种关于时空的理论形式表达出来，即就是“所有时刻的位置，或者所有实际的和可能事件的集合”[①]。

弗里德曼认为，时空理论有两个最基本的要素：其一是时空及其几何结构，其二是物质场，即质量、电荷等的分布等。它们表示了时空中发生的物理过程和事件。因此他构造模型的思路如下：首先设定一个事件集的背景，然后构造各种各样的几何结构嵌入这个背景之中，追求通过把具体的事件和过程与它们包含于其中的结构相关起来，从而去解释和预言它们。弗里德曼的方法与传统的方法形成了明确的对比：传统的方法中要用到参照系、光线、粒子轨迹、量杆和时钟等许多观察实体，然后尝试用这些相对的观察实体的行为来描述和定义几何结构。而在弗里德曼的表述方

① Friedman M. Foundations of Spacetime Theories. Princetion：Princetion Uinversity Press，1983：32.

法中，是把更加抽象的几何实体当作原始对象，然后用它们来定义更多的可观察实体。在这种表述中，参照系被处理为特别的一类坐标系，光线和粒子轨迹被处理为时空中特别的一类曲线，量杆和时钟是基本物质场的特别构型。这样构造的模型被后来的哲学家所接受并逐步加以完善，最终成了大家所公认的时空理论语义模型。我们最常接触的是广义相对论的语义模型$<M, g, T>$，代表着理论指向的一个可能世界。其中，M是一个四维微分流形，g是四维的洛伦兹度规，T是任何由这个模型表示的物质场的应力张量。认为时空是一个四维的微分流形 $\mathbf{R}^4$，可以对应于时空的两个特性。第一是时空的拓扑特性：给定时空中任一点p，就有p的邻域——与p"临近"的所有点的集合。第二是时空的可坐标化特征：时空可以由 $\mathbf{R}^4$ 坐标化，$\mathbf{R}^4$ 是四实数组的集合。也就是说，给定时空中任一点p，存在p的邻域A，以及A到 $\mathbf{R}^4$ 的充分连续的映射（ϕ把A中"相临"的点，映射到 $\mathbf{R}^4$ 中相临的点，反之亦然）。ϕ就叫作围绕点p的一个坐标系或者图表。这样一个坐标系使我们能够把关于时空中几何实体的陈述翻译为对实数的陈述。比如，可以通过描述数值方程来描述时空中的曲线。

二、时空语义模型的历史成因

弗里德曼时空语义模型的构造并不是偶然的突发奇想，而是有着深厚的历史和理论作为背景。

第一，广义相对论所引起的物理学几何化和几何学物理化的新传统对哲学研究的影响。20 世纪早期，克里斯曼（Kretschman）、外尔（Weyl）、嘉当（Cartan）等著名数学家着力于澄清广义相对论数学方面的意义，并且极力赞同物理学几何化的思想。这种思想很大程度上影响了时空哲学的发展。人们开始追求对时空的四维处理方法。

第二，安德森（J. L. Anderson）在 1967 年澄清了协变群和不变群的区分，并且找到了牛顿力学、电磁学、狭义相对论和广义相对论等时空理论的广义协变表达式，并指出它们之间的不同在于它们的不变性特征或对称性特征的不同。[①]在他的作品里，安德森明确地把理论当作了四维的微分流形加其上定义的各种几何结构，矢量场、张量场等，并且指出，理论内容的不同是对基本的几何结构选择不同的结果，这成为弗里德曼语义模型建立的最重要基础。

第三，斯克拉在1974年提出了对理论的形式和解释之间的断裂进行弥合时存在的问题。他指出，这种四维处理方式在数学的澄清上贡献不小，但是它并不能自动地一举解决理论解释中的基本矛盾。特别地，它并不能适当地处理相对论理论自身发展中的方法论变迁。[②]

第四，弗里德曼在1972年完成了他的博士论文，在论文中他追求对时空四维处理方式做出数学上的澄清。在这个过程中，他发现了这种四维处理方法对理论实在论态度进行辩护的重要性，他明确地提到，"它很好地符合了我的'实在论者'的偏见"，从而致力于追求阐明这种方式如何能对各种各样的时空理论的"实在论"解释做出贡献。

随着时空语义模型的提出，弗里德曼和厄尔曼等人所预言的方法论突破很快就出现了。时空实体论和关系论发展的方向在很大程度上得到了改变，时空实在论走向了一条超越直观思辨、注重语义分析的方法论创新的时代。

从形式上看，弗里德曼的模型非常简单，它何以引起时空实在论如此巨大的方法论变迁呢？这要求我们深入理解这个模型。

第二节　时空语义模型的内涵

诺顿曾经很详尽地探讨过这个模型的内涵[③]，在他1992年以"空间和时间的哲学"命名的文章中，专门以"理论和方法"作为一个部分来探讨

① Anderson J L. Principles of Relativity Physics. New York：Academic Press Inc.，1967.

② Sklar L. Space，Time，and Spacetime. California：University of California Press，1974.

③ Norton J. Philosophy of space and time//Butterfield J，Hogarth M，Belot G（ed.）. Spacetime. Aldershot：Dartmouth，1996：3-56.

时空语义模型的内涵。诺顿写道，这种方法成为“最近关于空间和时间的哲学中几乎唯一使用的方法”，[①]足见在当时物理哲学都看到了时空语义模型的方法论意义。按照诺顿的思路，我们试图把模型还原至最简单的一维理论，然后再逐步扩张到四维时空，以了解语义模型在何种程度上为当代时空实在论奠定了方法论转变的基础。

诺顿指出，时空语义模型的方法与以往时空哲学的方法论相比，不同在于，人们不再强调把时空理论当作类规则（law-like）句子的集合，而是以语义学的方法来处理理论。因此，理论家的积极性都开始转向建立模型。期望通过构造一个尽可能多地抓住理论特征的模型来反映实在的空间和时间特征。但是，“模型并不是用木材、胶水和绳子构造，而是用抽象的数学实体，比如数构造的”[②]。要这样做，就要求空间和时间的理论——包括牛顿的时间和空间的理论——都被写成时空的形式。这样，牛顿的理论就可以与它的相对论竞争者进行比较。所有的理论都以相同的方式形式化，保证了所有可以看到的不同都是真实的不同，而不是不同形式下偶然产生的。同时，因为在以往的理论中会出现很多任意和约定的元素，需要与“具有物理学意义”的真实元素区分开。时空模型中运用了“协变”和“不变性”的观念，达到了自动地在这两种元素中做出区分的目的。

一、一维时间理论和二维欧几里得空间的语义模型

从一维理论开始理解模型的原因在于，物理上最直观的一维理论就是时间理论，时空模型是从一维构造推广而来的。构造的模型都要符合广义协变的形式，这样才与广义相对论的模型具有可比性。

按照诺顿对时空语义模型的理解，如果把时空模型还原到一维时间理论，就是要选择实数域 **R** 组成的流形作为我们模型的背景要素，**R** 中的每一个实数表示一个特殊的瞬间。在这个表示关系中，物理可能世界的瞬间和数学结构 **R** 组成了一种坐标关系，因而形成了一个对应的坐标系，

①② Norton J. Philosophy of Space and Time//Butterfield J, Hogarth M, Belot G (ed.) Spacetime. Aldershot: Dartmouth, 1996: 18.

比如 **R** 中不存在最大实数，这对应着不存在最后的瞬间；**R** 的密度对应着时间的密度：给定两个实数，总存在一个位于其中间的实数，这对应于物理可能世界中每一个时间段都是可分的。

但同时，用 **R** 表示物理可能世界的特性，也有些直观上不相符的地方需要解释，比如 **R** 是各向异性的，实数增加的方向和减少的方向有区别，但物理瞬间是一个各向同性的连续统；**R** 是非均匀的，比如实数 0 对任何其他实数来讲都不同，但物理瞬间是一个均匀的连续统。诺顿认为，这两种直观上不相对应的情况，可以通过对 **R** 进行反射变换和平移变换得到解决。反射变换和平移变换可以构成一个协变群，它的作用在于可以分辨出物理理论中真正有意义的量。比如说在一个坐标系中，对某个瞬间赋值为实数 5，但这个值在坐标变换中并非不变，因而是没有物理意义的。但是两点之间的坐标差在此就是一个有意义的量，因为在反转和平移变换中，两点之间的坐标差是不变的，它的物理意义就是持续时间或者流逝的物理时间。

时空语义模型的构造中要求理论的广义协变形式。这就是说理论的允许变换不仅包括了坐标系的反射和平移，而且包括任何保留了坐标系的光滑性和所有瞬间的唯一性的“伸展和压缩”的变换。在这种变换中，坐标差不再是不变的了，要想使坐标差仍然能够表示持续时间，必须在理论中精确地引入一个新的数学结构。比如在坐标被线性拉伸为原始坐标系两倍的情况下，新坐标系中的坐标差变为原始坐标差的两倍。诺顿指出，要想找到保持不变的持续时间，必须把新的坐标差乘上一个比例因子 1/2。这个比例因子就是我们所需要的额外的几何结构。随着变换的幅度不同，比例因子也发生变化，如果用 ΔT 表示原始坐标中两点的坐标差（不变的持续时间），Δt 表示它们在新坐标中的坐标差，那么，

$$\Delta T = \text{比例因子} \times |\Delta t|$$

一个标准坐标系的比例因子是一致的。对于上述线性拉伸的坐标系而言，这个比例因子就是 1/2，但在任意变换中，这个比例因子的大小就由变换把原始坐标拉伸或压缩了多少而定。比例因子保证了理论的广义协变

性，这样的值就是弗里德曼追求的几何对象。

在此基础上就可以构造出线性时间理论协变表达的语义模型了。其模型的形式为<**R**，d*T*> 。这里，尖括号< >表示一个有序对。因为变换有无数种可能性，所以就可能有无数个比例因子 d*T*，这样理论的模型集包括了无数个模型

$$<\mathbf{R}, dT>,<\mathbf{R}, dT'>,<\mathbf{R}, dT''>, \cdots$$

这里，**R** 是所有实数组成的一维流形，比例因子及其所有变换 *d*T，*d*T′，*d*T″…被称为时间度规，它们最终表示了同一个协变量或几何对象，也就是两点之间的持续时间。

这个形式与弗里德曼构造的模型在形式上是完全相同的，即

<流形，几何对象，几何对象，…>

模型的第一个元素流形，表示时间、空间或时空的拓扑特性。它可以告诉我们空间有多少个维度，并且给予我们它的全域拓扑信息。模型的其他元素是几何对象，诸如时间度规 d*T*，被“画入”流形这个画布之中。它们提供空间的非拓扑特性，比如一维时间理论中的持续时间。类似地，扩展到空间理论中，要知道某条曲线上两点之间的距离，就要看空间度规。

用同样的思路，诺顿把时空理论的语义模型扩展到二维欧几里得空间。它的模型是有序对：

$$<\mathbf{R}^2,\gamma>$$

$\mathbf{R}^2$ 是有所有实数对构成的点组成的二维流形。理论是广义协变的，因而允许任何由原始坐标系通过光滑变换而来的物理空间之间的等同性。这些变换包括旋转、反射拉伸、压缩等。这里，可以把 $\mathbf{R}^2$ 描绘为二维平面上排列的所有实数对的集合。几何对象 γ 是空间的度规张量，度规张量 γ 定义在 $\mathbf{R}^2$ 上的每一点处，对应于一维时间理论中时间度规 d*t* 的角色，空间度规 γ 决定着空间两点之间的距离。

在标准坐标形式中，相邻两点 (x,y) 和 $(x+\Delta x, y+\Delta y)$ 之间的距离 Δl 由以下二次式给出：

$$\Delta l^2 = \gamma_{11}\Delta x^2 + \gamma_{12}\Delta x\Delta y + \gamma_{21}\Delta x\Delta y + \gamma_{22}\Delta y^2$$

这里，系数 γ_{12} 和 γ_{21} 相等。$\boldsymbol{\gamma}$ 就是取这些系数四个值的矩阵：

$$\begin{bmatrix} \gamma_{11} \, \gamma_{12} \\ \gamma_{21} \, \gamma_{22} \end{bmatrix}$$

由于要求理论是广义协变的，物理空间和流形 $\mathbf{R}^2$ 之间就可以存在无限多种坐标化方式。正如在线性时间理论中一样，当从一个坐标系向另一个坐标系变换时，就要修正形成 $\boldsymbol{\gamma}$ 的比例因子，以保留它所表示的两点之间空间距离的不变性。这样，理论的模型集就是无穷大的：

$$<\mathbf{R}^2,\gamma>,<\mathbf{R}^2,\gamma'>,<\mathbf{R}^2,\gamma''>,\ \cdots$$

这里的量 γ，γ'，γ''，…在不同坐标系之间的变换中都能相互变换，共同表示了同一个几何对象。

二、从牛顿理论到广义相对论的时空语义模型

按照诺顿的思路，牛顿时空的语义模型建立在一维线性理论和欧几里得空间的基础之上，因此可以把牛顿理论看作由线性时间理论、欧氏几何及少量的深层结构结合而成的。把牛顿时空想象为三维空间和一维时间组成的四维流形，它的每一个点（特定时间的空间点）都是一个事件。空间的结构由欧氏度规 γ 给出。时间结构由时间度规 $\mathrm{d}T$ 给出。在这个四维流形中，每一个瞬间是流形中一个三维面，是同时性事件的集合，叫作“同时性超曲面”。表示点的运动和静止线是它们的世界线。牛顿时空的语义模型可以用一个四元组来表示：

$$<M,\mathrm{d}T,h,\nabla>$$

式中，M 为四维流形，它的每一个点代表一个事件。这个流形被分割成瞬间，即同时事件的超曲面。$\mathrm{d}T$ 是时间度规，可测的时间就是我们从一个瞬间向另一个由 $\mathrm{d}T$ 给出的瞬间移动时流逝的时间。每一个同时性的超曲面是一个有着自身的欧几里得度规 γ 的欧几里得空间。因为理论中，γ 会随着坐标变换进行调整，所以需要结构 $\boldsymbol{h}$ 把所有的度规 γ 结合成为单个的几何对象。另外，我们还需要一个结构，这个结构就是时空的仿射结构

∇。仿射结构的作用是明确了四维流形 M 中哪一条曲线是直线。

相比之下，狭义相对论时空语义模型要比牛顿时空语义模型简单得多，因为狭义相对论使用的是闵可夫斯基度规 η，闵可夫斯基度规合并了时间度规和空间度规，因此 η 就可以实现三个牛顿结构 $\mathrm{d}T$、h 和 ∇ 的功能。狭义相对论的模型为

$$< M,\eta >$$

η 的特性与欧几里得度规 γ 非常相似。这是因为在狭义相对论标准坐标系 X、Y、Z、T 中，闵可夫斯基度规与以下微分形式相联系：

$$\Delta s^2 = \Delta T^2 - \Delta X^2 - \Delta Y^2 - \Delta Z^2$$

这与欧几里得空间中的微分形式 $\Delta l^2 = \Delta x^2 + \Delta y^2$ 完全类似。向广义协变形式的转换引入了四个任意的空间坐标 x^0, x^1, x^2, x^3，上述方程就推广为

$$\Delta s^2 = \eta_{00}(\Delta x^0)^2 + \eta_{01}\Delta x^0 \Delta x^1 + \cdots + \eta_{23}\Delta x^2 \Delta x^3 + \eta_{33}(\Delta x^3)^2$$

这与欧几里得空间中的

$$\Delta l^2 = \gamma_{11}\Delta x^2 + \gamma_{12}\Delta x \Delta y + \gamma_{21}\Delta x \Delta y + \gamma_{22}\Delta y^2$$

类似。度规 η 的确切表示是系数 η_{ik}（i，k=0，1，2，3）的对称矩阵。

广义相对论中引力场是非均匀的，爱因斯坦把狭义相对论的闵可夫斯基度规换成了更加普遍的黎曼度规 g。因此，诺顿得到了广义相对论的时空语义模型：

$$< M, g >$$

因为在广义相对论中，时空结构和物质场的分布相关了起来，因此，语义模型中引入物质场 T，就成为

$$< M, g, T >$$

这就是弗里德曼构造的模型。由于宇宙中每一个质量不同的分布都会产生一个不同的引力场，理论就会存在无数多个不同的模型。

时空语义模型内涵的分析表明，语义模型的建立是一个过程，这个过程与时空理论的物理过程相互联结，从而形成了它特有的可靠性。它内在地表示了从牛顿力学到广义相对论物理过程之间的必然联结。在这个基础上，模型的各个元素才具有确定的意义。由此我们也可以判定，时空理论

自身包含一种内在的语义分析框架，这个框架构成了尔后对它进行解释、论证和争辩的基础。

第三节　时空语义模型的意义

时空语义模型内涵的分析表明，语义模型的建立是一个过程，在这个过程中，时空理论被语义学地构造了，空间和时间的理论被形式化为时空公式。其优势在于通过构造一个语义模型，把理论以相同的方式形式化，尽可能多地抓住时空理论的本质特征。这样就可以通过语义模型去反映时空理论最普遍的特点，尽可能多地反映实在的空间和时间特性，因而保证了在把牛顿理论与相对论进行比较的时候，可以从两种理论的时空语义模型之间的差别得到理论内涵上真正的区别。

时空语义模型的意义在于提供了实体论和关系论的争论超越思辨的一个基础。争论从此转向语义分析方法，使得时空理论体系化的形式理性和抽象的概念统一起来，逻辑的理性分析和认识论的理性分析统一了起来，语义分析的认识论同语境性结合起来，实现了方法论的突破。从语义模型的建立开始，时空实在论的研究方法就不可避免地与当代科学实在论的研究方法相关了起来。要理解这种方法论转变的实质，我们首先从科学实在论中“实在”与语义分析方法之间的关联谈起。

一、“实在”和语义分析方法

时空实在论在时空实在认识上的困惑与当代科学哲学中对实在认识的讨论在本质上是一致的。在当代科学哲学的实在论和反实在论的争论中，不管是通过诉诸常识和经验的满足，还是通过诉诸理论的解释和科学实践，人们谈论的目标和焦点都集中在“实在”的问题上。分析 20 世纪科学哲学发展的各个阶段，我们不难得出科学实在论与反实在论关于实在问题争论的关键：

第一，经验定律、理论定律和实在知识的关系问题。从逻辑经验主义开始，经验定律和理论定律的问题就成为哲学家们开始关注的对象。前期逻辑实证主义者，如石里克主张感觉材料是个人直接体验到的现象，能提供并证明知识，是科学语言系统的基础。但量子力学中出现的无法直接体验或观察的电子、光子和引力场等的存在使得逻辑经验主义者否认了这种观点。卡尔纳普就曾经站在工具主义的立场强调，对理论定律的间接确证，并不等于理论是对“实在”的描述。在卡尔纳普看来，理论仅仅是把实验的现象系统化为能有效地预言新的可观察量的某种模式，理论术语只是约定的符号。基本原理中之所以采用理论术语，是因为它们是有用的，而不是因为它们是“正确的”。谈论“真实的”电子或“真实的”电磁场是没有意义的。因为不可能直接观察到电子或电磁波的存在。

总的来说，在逻辑经验主义者那里，理论术语与观察术语的区分对观察事实具有无错性与无奇异性的地位，它们维护的是经典实在论真理符合论的观点。

第二，形而上学的问题。逻辑经验主义拒斥一切形而上学的做法使之面临困难，因为科学哲学的研究中无法避开心与物、身与心、经验与理性、观察与理论等本体论和认识论的问题。对象的存在问题本身并没有完全被遗忘，在20世纪50年代，存在问题或说形而上学问题又被重新提了出来，并被看作分析哲学和语言哲学未来发展的出路。奎因重新肯定了哲学本体论在科学理论建构与发展中的作用，认为任何科学陈述都有承认某种存在的本体论含义，但他并不主张恢复传统的“第一哲学”，而是通过语言与逻辑分析提出了“本体论的承诺”说。接受一种本体论，对解释整体经验、建立科学理论“是基本的”，那就是根据承诺某种存在对象，“择定要容纳最广义的科学的全面概念结构”①。他用现代逻辑语言提出本体论承诺的公式：存在是约束变相的值。也就是说，一种科学理论整体的语言结构以特有的方式承诺其解释存在对象，也就决定了这种科学的取值范围。此时形而上学并不讨论世界的本质或终极存在的问题，也不讨论那些

① 奎因. 从逻辑的观点看. 江天骥等译. 上海：上海译文出版社，1987：15.

被看作属于纯粹思辨的问题。"形而上学"仅仅意味着通过揭示命题的逻辑形式可以显示在我们之外的世界结构，或者表明了我们固有的概念结构，而且这些结构是为所有的哲学传统和文化所固有的。"本体论的承诺"意味着一种"悬置"，把事物的存在问题搁置起来，使用的是一种实用主义原则。[①]奎因重新肯定哲学原则对科学理论的重要作用，这具有积极意义，能够促使科学哲学重视紧密结合哲学背景理论来研究科学的结构与发展规律。但实质上他主张本体论承诺只同使用的语言相关，也有相对主义倾向。总之，科学实在论的发展并没有抛弃"形而上学"的概念，但形而上学问题的解决方式，却成为新一轮争论所要面对的问题。

从以上分析可以看出，关于"实在"问题的争论是贯穿20世纪科学哲学发展的最基本的问题，这一问题虽然难以解决但不可回避。对它的回答，必须是在当代科学发展的基础上，在新的语词、新的方法论和认识论发展的层面上进行的新趋向的探索。江怡研究员在《简论20世纪英美实在论哲学的主要特征及其历史地位》中指出，20世纪英美实在论哲学的主要特征在于：①强调实在是不依赖于人类认识活动的客观对象，无论是物理的对象还是概念的对象，无论是科学的对象还是常识的对象；②对"实在"概念的理解更为宽泛，更看重把实在论理解为一种基本的哲学立场或思想背景，而不是一种统一的哲学主张或理论观点；③涉及对语言的使用和理解问题，带有明显的语言分析哲学特征[②]。也就是说，当代科学实在论不像朴素实在论那样，讨论语言之外的世界是否独立于我们对它的思考而存在，而是以实在的存在为思想背景来讨论我们的语言是否及如何描述语言之外的事态，我们语言的意义及真理是否依赖于语言之外的事实。其中，语义分析方法的重要性就越来越凸显了出来。事实上，在科学哲学发展的过程中，语义分析方法一直是一个很重要的方法论。20世纪30年代，卡尔纳普、赖兴巴赫及后来的亨普尔之所以放弃"逻辑实证主义"而高举"逻辑经验主义"的旗帜，就是要在科学理论的解释中强化语义分析

① 江怡. 现代英美哲学中的形而上学. 江苏行政学院学报，2001，(3)：8.
② 江怡. 简论20世纪英美实在论哲学的主要特征及其历史地位. 文史哲，2004，(3)：127-130.

的方法，从而解决不可观察对象的解释难题；就是要超越直接可观察证据的局限性，通过逻辑语义分析的途径达到对不可观察对象的科学认识和真理。虽然逻辑经验主义衰落了，但科学哲学中分析哲学的传统却被继承了下来。在分析哲学和解释学传统中，语义分析方法占有核心地位。“语言学转向”的发展及其最终衰落，标志着逻辑经验主义极端科学主义观念和绝对形式理性权威的失败，但它对于科学实在论的全面复兴和发展却具有重要的启示意义。科学实在论开始自觉地借鉴语言分析特别是语义分析方法，通过在实在论立场上的移植和运用，寻求到了与反实在论进行争论的有效手段。在20世纪的“语言学转向”、“解释学转向”和“修辞学转向”的“三大转向”运动中，语义分析的哲学传统贯穿始终。三种转向对科学实在论所产生的影响历史地交织在一起，潜在地构成了科学实在论走向的特定背景。但韦斯利·萨蒙（Wesley C. Salmon）的语义实在论断言——“真理是语义与实在之间的语义关联”[①]，至今仍然没有被打破。

当代西方科学实在论得以复兴的一个重要原因，就在于一大批科学实在论者在其理论的构造、阐释、评价和选择中，自觉地借鉴和引入了语义分析方法，从而强化了自身理论的合理性和可接受性，并由此推动了科学实在论的复兴和进步。当代科学实在论者不会再把“形而上学的第一原则”看作科学实在论最重要的特征，转而重视语义的认识论问题的研究。而今，语义分析方法已自然地植根于实在论的土壤中，成为科学实在论不可或缺的重要组成部分。[②]科学实在论的语义标准不是从确定科学认识的对象，而是从阐述科学理论的意义的角度做出的。语义实在论者认为理论是由涉及“实在的”或“存在的”实体之真或假的陈述所构成的。因此只要从语义分析（包括句法分析）上判定这些陈述的真值，便可确定相关理论实体的实在性。[③]

---

① Wesley C. Salmo. An empiricist argument for realism//Dowe P，Salmon M H（ed.）. Reality and Rationality. Oxford：Oxford University Press，2005：42.

② 郭贵春，殷杰. 科学哲学教程. 太原：山西科学技术出版社，2003：138.

③ 郭贵春，殷杰. 科学哲学教程. 太原：山西科学技术出版社，2003：51.

时空语义模型的建立说明时空实在论的情况也一样，在广义相对论成功之后，人们对时空实在论的讨论更多地转向我们对时空的理论描述与理论解释。这是科学理论发展到一定程度之后的一种非常自然的选择。正如郭贵春教授指出的："在当代人类科学知识和科学理性的蓬勃发展中，语义分析方法作为一种横断的研究方法，像血管和神经一样，渗透在语言学、哲学和科学理论的构造、阐述和解释中，特别是它所具有的那种统一整个人类知识的功能，使得人们将微观粒子和宇观天体、静态运动和耗散结构、自然界和人类社会、直观经验和理性思维，在语义分析的过程中内在地联结在一起，构成了把握科学世界观和方法论的新颖视角。"①

二、时空实在论的语义分析方法转变

时空语义模型的建立使得时空实在论的研究实现了从形而上学思辨向语义分析方法的转变，同时也得到了对时空形而上学思索和理性思考之间的最佳结合点。反过来，时空语义模型的建立及语义分析方法的运用也使得语义分析方法的优势更加凸显了出来。因为语义分析方法的对象就是要为给定理论的语言做出"意义"解释，解释特定语言与实在之间的本质联系。也就是说，语义分析的目的就是要通过对给定语言的分析，"来说明这一语言的句子如何被理解和解释，以及说明它们与陈述、过程和宇宙中的客观对象之间的相互关联"。因此，语义分析方法最根本的目的就是要揭示科学理论对物理实在的语言重构，确定"能指"与"所指"之间的指称本质。语义分析过程把理论术语从纯逻辑的理论形式转化为具有指称意义的表述，成为我们知识的可接受性和统一性的必不可少的环节。在物理学哲学中，语义分析方法已经被运用到经典力学、量子力学、隐变量理论的比较和争论中去，把物理理论所描述的世界图景看作由特定理论作为一个语义整体而系统地给出的具有真理性的语义图景，从而引申了基本问题的探索深度，扩展了物理学家的视野，强化了合理性理论的可接受性。时

① 郭贵春. 语义分析方法与科学实在论的进步. 中国社会科学，2008，(5)：54.

空语义模型的建立在时空实在论的发展中强化了这种趋向，要为时空提供一种更好的本体论说明，摆脱直观的时空存在与不存在的争论。时空实在论的发展是在承认历史上某一个阶段的某一种主流科学理论合理性的前提下，对时空可能的本质形式所做出的讨论。但这种讨论却不仅仅是表面上的关于时空存在形式的讨论，而是首先假定了时空的存在，然后关键在于我们在什么程度上可以认识时空的本质。而时空实在论的讨论也正说明了要对时空实在进行理解，就不能脱离对时空理论形式体系的语义理解。从20世纪60年代以后时空本体论从斯坦的直观论述向弗里德曼流形实体论的转变上就可以看出，时空实在论争论语义分析方法的实现。

斯坦是较早看到广义相对论时空并非简单地支持了关系论观点的人之一，他曾经指出，"通常说广义相对论证明了莱布尼茨关系论的正确性，这是一种极端过分的简单化。……如果广义相对论在某种意义上来说确实比经典力学更好地符合莱布尼茨的观点，这并不是因为它把'空间'归为莱布尼茨描述的理想状态，而是因为空间——或者说是时空结构——牛顿要求它是真实的，在广义相对论中可能有着令莱布尼茨可以接受它是真实的属性。广义相对论并不否认与牛顿'静止物'对应的某物的存在；但是它拒绝这个'东西'的刚性不可动性，并把它表示为与物理实在的其他成分相互作用"[①]。这段话很准确地抓住了广义相对论时空的特征，承认了时空作为自身的存在的特征，因而被看作20世纪60年代实体论的典型表述，是一种对理论的直观理解。

时空语义模型建立之后，弗里德曼对"时空实体"的看法率先脱离了最初的直观，他把时空实在的断言与时空理论的形式体系紧密结合起来，从语义分析的角度提出了流形实体论的观点。在构造广义相对论的时空语义模型时，弗里德曼曾明确指出，他建构时空语义模型的思路就是首先设置一个事件的流形，然后把更深层的结构分配给这些事件来表示时空的内容。这样一种对时空的定义直接导致了"流形实体论"的产生。流形实体论认为，在时空语义模型$<M, g, T>$中，流形M表示了时空，我们应当

① Stein H. Newtonian space-time. Texas Quarterly，1967，10：174-200.

对它保持一种实在论的立场，这样就可以把时空理解为一个实体，与物质一样有着独立的存在。流形实体论是对广义相对论语义模型很自然的语义解读，因为如果我们把所有的几何结构，比如说度规和导数算子，作为由偏微分方程决定的场，也就会很自然地把裸流形——这些场的"容器"——看作时空。流形实体论把广义相对论时空的语形和语义因素紧密地结合起来，超越了以往时空实体论和关系论直观思辨的争论，第一次提出了一种明确的实体论形态，深刻地影响了20世纪80年代以后时空实在论的发展。

传统实体论的立场在广义相对论中遇到的困难主要在于时空与物质统一起来了，不再是传统实体论者所理解的笼统的背景。关系论者据此力争时空只是物质之间的关系，没有物质就无所谓时空的存在。斯坦实体论表述过于直观，并不能从根本上有力地反驳关系论的观点。弗里德曼时空理论语义模型的提出无疑为实体论者带来了希望。正如弗里德曼自己所言，他所建立的这种时空理论完全符合他自己对时空的某种"实在论者的偏见"，为时空作为实体存在的哲学观点提供了某种方法论基础。

当然，弗里德曼的思想具有一定的局限性，因为自牛顿时代以来，"时空容器"的思想使他追求在广义相对论中找到这个描述运动的"背景结构"，这事实上还是在时空和物质场之间划出了界限。另外，实体论者认为时空有着独立于它的内容的存在，这种观点作为一种哲学的思辨很有力，但是在物理学语境中作为对时空本质的一种解释，却不够清楚。如果我们用事件的流形表示时空，那么我们怎么才能描述它存在的独立性呢？广义相对论的场方程说明时空必须和度规结构相连。因此，流形实体论的理解在现代物理学语境中显得没有什么力度。但无论如何，流形实体论的提出开了时空理论—模型构造—语义分析方法的先河，使理论的形式体系、概念结构与它的物理解释更有机地结合起来，强化了人们对时空理论的理性思考和认识。

可以看出，时空语义模型的建立是当代时空实在论进步的重要基础。这是因为，第一，它尽可能多地抓住了时空理论的本质内涵，简化了繁杂的时空理论形式体系，提供了整个理论语义分析的框架；第二，它使得当代时空实在论的语义分析紧密地联系了隐含着时空理论的逻辑，从而脱离了传统时空哲学的直观思辨；第三，它为时空解释中的语用因素设置了一个理性参照的基础，使得时空实在论与时空理论的物理本质紧密相关；第四，它明确地显示了时空理论变迁中“好”的结构的保留性，提供了时空实在论融合的基础。从某种意义上说，没有时空理论语义模型的建构，就没有后来的时空实在论的发展，时空实在论也就不可能与当代科学实在论具有今天的紧密联系。

从 1983 年弗里德曼建立时空语义模型开始到 20 世纪 90 年代初，运用语义模型来对广义相对论进行时空实在论分析的方法已经成为时空哲学中“几乎唯一使用的方法”[①]，足可见其意义之深。而其最重要的方法论价值，则是在随后的“洞问题”研究中体现出来的，开创了当代时空实在论争论的又一个阶段。

---

① Norton J. Philosophy of space and time//Butterfield J，Hogarth M，Belot G（ed.）. Spacetime. Aldershot：Dartmouth，1996：18.

第四章 时空实在论语义分析方法的运用

时空语义模型的建立为当代时空实在论的发展提供了方法论突破的基础，而时空实在论得以发展的另一个重要因素就是对广义相对论“洞问题”（hole argument）哲学意义的研究。时空语义模型在“洞问题”研究中的运用、时空语义模型在“洞问题”研究中的运用，鲜明地体现了当代时空实在论争论的方法论基调，展示了时空实在论的理性内涵。

洞问题是爱因斯坦在1913年寻找广义协变的场方程时提出的。20世纪80年代，斯塔彻等物理哲学家发现了它重大的哲学价值，对它进行了阐述和探讨。1987年，厄尔曼和诺顿时空语义模型的基础上，用现代微分几何的语言重新构造了洞问题，并且分析了它对时空实在论的重要影响和作用，成为物理学时空哲学论战的一个重要转折点。洞问题的意义主要在于对实体论的批判和促进。它所表明的是，实体论的观点在时空理论中会导致一些“令人讨厌”的非决定论的结论，这个结论在逻辑上并不矛盾，在经验上也无法反驳。按照诺顿和厄尔曼的观点，这种非决定论是由流形实体论的时空实在论观点而不是物理学本身引起的，因此，应当抛弃流形实体论的观点。这引起了时空实体论和关系论之间的又一次抗衡。在此次抗衡中，实体论者运用语义分析的方法，把关注的焦点集中在广义相对论时空模型中哪一部分表示了时空之上，最终产生了度规本质论、度规场实体论和精致实体论等一系列实体论观点的发展，明确地体现了一种语形制约和语用变换中的语义分析方法的特征，具有明确的理性决定性的特征。

第一节　洞问题的提出和发展

一、洞问题的提出和内涵

洞问题的提出是在1913年。当时爱因斯坦对广义相对论的探索遇到了障碍，而洞问题的提出使他认为这种障碍从根本上是无法克服的，因而曾一度放弃了对广义协变引力场方程的追求。当时的事实是，爱因斯坦从

1912 年开始就想找到一个广义协变的引力理论，即理论的方程在任意的时空坐标变换下保持不变。物理史学家的研究表明，爱因斯坦当时就已经考虑到了他后来在 1915 年 11 月最终建立的广义协变的引力场方程[①]，但是他没能完全看到这些方程的可行性。我们都知道，牛顿的引力理论在弱引力场情况下相当完美，因此，爱因斯坦的理论要成功，它的弱场极限应当回到牛顿理论。可惜的是，他当时并没能看到这些广义协变的方程和它们的许多变形可以与牛顿理论相吻合，而是认为他对广义相对论的探索遭到了无法克服的障碍。在 1913 年中期，他妥协了，他认为引力的相对性理论的图景不是广义协变的，甚至任何广义协变的理论都是不可接受的。

这里存在着一个爱因斯坦对广义协变性的思考和态度的转变。1912～1913 年，对可接受的广义协变理论探求的失败，对爱因斯坦造成的困扰相当严重。1913 年，他和格劳斯曼联合发表了《广义相对论纲要和引力理论》一文，提出了引力的度规场理论。在这里，用来描述引力场的不是标量，而是度规张量，即要用 10 个引力势函数来确定引力场。这是首次把引力和度规结合起来，使黎曼几何获得实在的物理意义。但是他们当时得到的方程只对线性变换是协变的，还不具有广义相对论原理所要求的任意变换下的协变性。这是由于爱因斯坦当时不熟悉张量运算，错误地认为只要坚持守恒定律，就必须限制坐标系的选择。他认为，为了维护因果性就必须放弃普遍协变性的要求。1913 年下半年，爱因斯坦试图表明任何广义协变的理论都是不可接受的，从而期望把在对广义协变理论的探求中遇到的失败转变为另一种意义上的成功。他指出，广义协变性失败的原因在于，任何广义协变的理论都要违背他所坚持的因果性原理，也就是我们现在所说的决定论。洞问题正是他为了证明他的这一论点而提出来的，在物理学上，一般把“hole argument”这个词翻译为“洞论证”，这更切合爱因斯坦的本意，他的目的就是要论证

① Norton J. How Einstein found his Field Equations：1912-1915. Historical Studies in the Physical Sciences，1984，14：253-316.

广义协变性的不可行性。但由于物理学的发展最终证实了广义协变理论的正确性，而且时空哲学的研究中，爱因斯坦的洞论证变成了时空实在论讨论的一个基本要素，在这里提及这一问题的目的已经完全发生了变化，因而我们把它翻译为“洞问题”更能表达这一问题在时空哲学研究中位置和作用。

爱因斯坦最初提出问题的方式如下：考虑一个充满物质的时空，其中存在一个洞区域，洞内是物质自由的。这样就会产生一个问题：洞外完全明确的度规和物质场是否能够确定洞内的度规场？如果我们从莱布尼茨等价性原理来看，不管洞内的度规场如何分布，只要它们在观察上无法分辨，那么它们就是同一的。但是爱因斯坦当然不是从哲学的角度来看待这个问题，而是从物理学的角度来看的，这样导致了一个直接否定的答案——他明确指出，洞外的度规和物质场并不能决定洞内度规场的分布，这个结果足以否认所有的广义协变理论。

1913 年年底或 1914 年年初，爱因斯坦完善了自己的想法，正式提出了广义相对论的洞问题。其目的就是要运用更强的论据来证明广义协变的场方程不可能存在—— 他要表明，“如果场方程是广义协变的，那么一个给定的应力-能量张量通过场方程不能唯一地决定引力场”[①]。

爱因斯坦对洞问题的表述一共有四种。前三种在本质上都比较相似，我们主要阐述第一种、第二种和第四种。

第一种表述是在爱因斯坦和格劳斯曼 1914 年 1 月 30 日在《物理学与数学杂志》发表的《对于广义相对论和引力论纲要的评注》一文中出现的。爱因斯坦写道：

> 当我们在写这些论文时，我们觉得因为未能成功地建立一个广义协变的引力场方程，也就是说相对论任何变换是协变的，而感到是一种缺陷。然而，随后我发现从 $\Theta_{\mu\nu}$ 可唯一确定 $\gamma_{\mu\nu}$，而且广义协变的方程根本不存在，这可以证明如下：

① Norton J. How Einstein found his field equations: 1912-1925. Historical Studies in the Physical Sciences, 1984, (14): 253-315.

假定在我们的四维流形中包含一部分 L，在其中没有发生“物质过程”，因此在这部分时空中 $\Theta_{\mu\nu}$ 为零。根据我们的假定，$\gamma_{\mu\nu}$ 处处被在 L 之外给定的 $\Theta_{\mu\nu}$ 完全确定，在 L 的内部也是如此。现在我们想象，引进如下的新坐标 x'_{ν} 以取代原先的坐标 x_{ν}。设在 L 的外面，我们要求处处成立；但是在 L 的内部，至少对 L 的一部分及至少一个指标，我们要求 $x_{\nu}=x'_{\nu}$ 成立。很清楚，利用这种变换，人们至少对于 L 的一部分可有 $\gamma'_{\mu\nu}\neq\gamma_{\mu\nu}$，而另一方面，处处将成立 $\Theta'_{\mu\nu}=\Theta_{\mu\nu}$，因为在 L 之外的区域 $x'_{\nu}=x_{\nu}$，而在 L 之内 $\Theta_{\mu\nu}=0=\Theta'_{\mu\nu}$。由此推出，在所考虑的情形下，所有允许的变换都是合法的，对于给定的 $\Theta_{\mu\nu}$ 的同一系统，可具有多于一个的 $\gamma_{\mu\nu}$ 系统。[①]

第二种表述出现于 1914 年 2 月发表于《物理学杂志》的《广义相对论和引力论的基础》一文中，表述如下：

如果参照系是任意选取的，那么通常 $g_{\mu\nu}$ 不能完全地由 $\mathfrak{T}_{\sigma\nu}$ [应力-能量张量密度] 决定。因为，把 $\mathfrak{T}_{\sigma\nu}$ 和 $g_{\mu\nu}$ 看作在每一处都是给定的，并且在四维空间的一部分 Φ 中所有 $\mathfrak{T}_{\sigma\nu}$ 为零。现在我能引入一个新的参考系，使它在 Φ 外与最初的参考系是完全一致的，但在 Φ 内却与它不同（不使连续性受到破坏）。如果人们现在将所有的一切都对新的参考系而言，在这里物质由 $\mathfrak{T}'_{\sigma\nu}$ 表示，引力场由表 $g'_{\mu\nu}$ 示。那么下式在任何地方都必为真：

$$\mathfrak{T}_{\sigma\nu}=\mathfrak{T}'_{\sigma\nu}$$

但相反地：

$$g_{\mu\nu}=g'_{\mu\nu}$$

在 Φ 内却肯定不能完全满足。这就证明了断言。

如果想要由 $\mathfrak{T}_{\sigma\nu}$（物质）来完全决定 $g_{\mu\nu}$（引力场），则只能

① Einstein A，Grossman M. Entewurf einer verallgemeinerten relativitaestheorie und einer theorie der gravitation. Zeitschrift fuer Mathematik und Physik，1914，(62)：260-261；爱因斯坦. 爱因斯坦全集. 第四卷. 刘辽译. 长沙：湖南科学技术出版社，1995：534.

通过限制对坐标系的选取才能够做到。[①]

爱因斯坦认为他通过这个论据证明了，如果场方程是广义协变的话，一个应力-能量张量就能决定两种不同的场，因此应该放弃对普遍的协变性的追求。但是，事实上爱因斯坦在这里是犯了一个错误，因为$g_{\mu\nu}$和$g'_{\mu\nu}$并不表示不同的引力场，实际上它们表示了相同的引力场，但这个引力场出现在了两个不同的坐标系中。这个例子事实上表明的只是，同一个给定的引力场从不同的坐标系会看起来不同，它并不能怀疑给定的应力-能量张量确实是确定了唯一的引力场。

后来，爱因斯坦和格罗斯曼也认识到，虽然度规张量的组分可能会发生变化，坐标系的变换并没有产生一个新的场。因此，在第四种表述中，“洞问题”被赋予了不同的内涵。第四种表述的基本部分表达如下：

> 我们考虑连续统Σ的一个有限区域。在这个区域中不发生任何具体过程。如果$g_{\mu\nu}$作为x_ν与坐标系K相关的函数给定的话，那么Σ中的物理事件是完全决定论的。这些函数的总体用$G(x)$标记。
>
> 引入一个新的坐标系K'，它与K在Σ之外一致。在Σ内以这样的方式与它不同：与K'相联系的$g'_{\mu\nu}$与$g_{\mu\nu}$一样在任何地方都连续（还有它们得导数）。我们用$G'(x')$表示$g'_{\mu\nu}$的总体。$G'(x')$和$G(x)$描述了同一个引力场。在函数$g'_{\mu\nu}$中我们用坐标x_ν代替x'_ν，也就是，形成$G'(x)$。那么，同样，$G'(x)$描述了一个关于K的引力场，而它却并不对应于真正的引力场（或最初给定的）。
>
> 现在我们假定引力场的微分方程是广义协变的，那么，它们相对于K'由$G'(x')$所满足，相对于K由$G(x)$所满足。而它们相对于K也被$G'(x)$所满足。那么，相对于K，就在解$G(x)$和$G'(x)$。这些函数是不同的，尽管它们在边界区域中都一致。也就是说，

① Einstein A. Prinzipielles zur verallgemeinerten relativitaestheorie. Physikalische Zeitschrift，1914，(15)：178；爱因斯坦全集. 第四卷. 刘辽译. 长沙：湖南科学技术出版社，1995：528.

引力场中的事件不能由引力场的广义协变的方程唯一地决定。①

第四种表述与前三种的不同之处是在最后一步，在这一步中爱因斯坦构造了一个新的引力场，这个新引力场也是有同一个应力-能量张量的场方程的解。他引入新的坐标系 K'，形成关于原场的可选择的坐标 $G'(x')$，就是为了构造一个新的引力场 $G(x)$。通过这种构造，爱因斯坦实现了他在前三种表述中想实现但没能实现的目标。这里要指出的一点是，在 $G'(x')$ 是否表示了新引力场的理解上并不存在混淆，爱因斯坦明确指出："$G'(x')$ 和 $G(x)$描述了同一个引力场"。

爱因斯坦在洞问题中构造新场的方式很简单。考虑时空流形在 Σ 中的一个特定的点 P_1，它在坐标系 K 中的坐标为 x_v，在 K'中的坐标为 x'_v。在 Σ 中存在另一点 P_2，它在 K'中的读数与 x_v 的读数相同。P_2 点的引力场在 K'系中由函数 $G'(x_v)$表示。现在考虑，如果 P_1 点描述场的函数不是 $G(x_v)$ 而是 $G'(x_v)$的话，那么新场在源点 P_1 就出现了。很明显，由 $G(x_v)$和 $G'(x_v)$ 描述的函数是与同一个坐标系 K 相联系的，因为两个函数有相同的数 x_v（P_1 在 K 中的坐标）。但我们可以明显地看出，它们不能描述同一个场，因为 G 和 G'不是同一个函数。如果我们以这样的方式对时空流形中所有的点都构造一个新场，那么因为我们没有对 $G'(x'_v)$的数学形式做任何的改变，这个新场仍然会满足场方程。因此，在构造新场的过程中，它仍然是场方程的一个解。然而，所有这些都只发生在概念水平上。也就是说，时空流形被看作属于一个给定的坐标集合，如果我们重新分配时空流形上的点（在这里，流形中的点 P_1 在坐标系 K'中被分配给了坐标 x_v），如果应力-能量张量在 Σ 中的任何地方都消失，它的新成分在新场中以确切相同的方式产生，也会在 Σ 中任何地方都消失。也就是说，新的组分与源应力-能量张量在 K 中任何地方都一致。这样，新场和旧场都是同一个坐标系 K 中有着同样的应力-能量张量的场方程的解。因此，爱因斯坦的结论就建立了。

① Norton J. Einstein A. The hole argument and the reality of space//Forge J（ed.）. Measurement, Realism and Objectivity. Dordrecht：Reidel，1987：163.

斯塔彻指出，爱因斯坦在第四种表述中做的最后一步工作就是从旧场通过一个点变换[①]产生了一个新场，但是，这最后一步是不正确的。因为在斯塔彻看来，爱因斯坦 1915 年发现的广义协变的场方程暗示了一个关于时空流形和度规场之间关系的非常重要的结论，那就是：时空流形的点没有独立的个体性，只能关于时空中的度规场（或者其他具体现象）而被区分。

二、洞问题与广义协变性

历史地讲，洞问题的提出是爱因斯坦在发展广义相对论的过程中出现的一种畸形的理论，它限制了协变性，也让爱因斯坦与这种畸形理论的斗争花费了两年时间。在 1915 年后期，残酷的错误使他绝望地再一次做出妥协，这次妥协的结果是他又开始重新研究广义协变的方程。最终，他在 1915 年 11 月完成了广义协变形式的理论，成功地发现了广义相对论的广义协变场方程，并且在后来获得了一系列实验结果的验证。

爱因斯坦最初是以一种沉默的方式改变了他之前对广义协变理论拒绝的态度。他并没有公布他认为洞问题失败在什么地方。到 1916 年年初，他在给歇尔·贝索（Michele Besso）的信中对这一问题做了首次解释，他写道：

> 洞考虑中的每一个东西都是对的，但最后的结论错了。关于同一个坐标系 K 而存在的不同的解 $G(x_v)$和 $G'(x_v)$是没有物理内容的。想象同一个流形中同时存在两个解是没有意义的，而坐标系 K 是没有物理实在性的。洞考虑只能给我们得到如下结论：实在就是时空点重合性的总体。比如，如果物理事件能够在“质点的运动之外单独成立，那么，点的会合，也就是它们的世界线交集上的点，才能是唯一的实在。也就是说，在原理上是可观察的。本质上，交集的这些点在所有变换中都保持不变（也没有增加新

① Stachel J. “The relations between things” and the “Things between relations”: The deeper meaning of the hole argument//Malament D (ed.) Reading Natural Philosophy: Essays in the History and Philosophy of Science and Mathematics. Chicago and LaSalle: Open Court, 2002: 231-266.

的），只有特定唯一的条件保留了。因此，要求只决定时空一致的点的总体的原理是最自然的。之前说过，这已经通过广义协变方程得到了。[①]

我们来解释一下爱因斯坦对贝索所讲的这段话。爱因斯坦在这段话中表达了他对洞问题的第四种表述中失误之处的认识。按照第四种表述，移除一个场 $G(x)$，可以留下裸时空流形，就像用坐标系 K 表示的那样，然后可以在这个裸流形上构造一个新场 $G'(x)$。但是广义协变性的成功告诉我们，这是没有意义的。因为这是预设了一个时空流形的概念，在流形中充满着独立于度规场而存在的点。而我们现在已经知道，时空点和度规是相关联的，去除度规场也就去除了它里面的时空点。因此，洞问题的失误之处就在于，认为引力场在变换到一个新的坐标系时表示它的数学函数发生了变化，因此就在物理上发生了变化。因此，爱因斯坦意识到，洞问题的理解中存在的失误只是一种天真的误解，并不足以说明广义协变的场方程是站不住脚的。

1916 年，爱因斯坦发表了《广义相对论的基础》一文，详细阐述了他对广义协变性问题的最终看法，认为广义协变性“去除了空间和时间最后一点残余的物理客观性”，用“对空间和时间上的重合所做的测定”来表达我们的经验上对时空的确定，以此消除对坐标系的依赖而达到广义协变性的要求。这次的解释被斯塔彻称为“点重合性论证”：

从下面的考虑可以看出，去除空间和时间最后一点残余的物理客观性的这个广义协变性的要求，是一种自然的要求。我们对时间空间的一切确定，总是归结到对时间空间上的重合所做的测定。比如，要是只存在由质点运动组成的事件，那么，除了两个或更多个这些质点的会合外，就根本没有什么东西可观察了。而且，我们的量度结果无非是确定我们量杆上的质点同别的质点的这种会合。确定时钟的指针、钟面标度盘上的点，以及所观察到的在同一地点和同一时间发生的点事件三者

① Speziali P. Albert Einstein-Miehele Besso：Correspondence 1903-1955. Paris：Hermann，1972：63-64.

的重合。

参照系的引进，只不过是便于描述这种重合的全体。我们以这样的方式给世界配上四个时间空间变数 x_1，x_2，x_3，x_4，使得每一个点事件都有一组变数 x_1，…，x_4，的值同它对应。两个相重合的事件则对应同一组变数 x_1，…，x_4，的值；也就是说，重合是由坐标的一致来表征的。如果我们引进变数 x_1，…，x_4，的函数 x_1'，x_2'，x_3'，x_4'作为新的坐标系来代替这些变数，使这两组数值一一对应起来，那么，在新坐标系中所有四个坐标的相等也都表示两个点事件在空间时间上的重合。由于我们的一切物理经验最后都可归结为这种重合，首先就没有什么理由要去偏爱某些坐标系，而不喜欢别的坐标系。这就是说，我们达到了广义协变性的要求。[①]

斯塔彻在历史上第一个发现了“点重合性论据”的重要物理意义和哲学意义，并且明确指出，爱因斯坦洞问题的经历得到的一个重要结果就是，广义协变的方程要求点重合论据。[②]可以说，在广义相对论建立的最初段时间，洞问题被爱因斯坦看作一个不重要的错误。是斯塔彻发现了它非常关键的特征并且将这个发现带入了历史学家和哲学家的现代团体。[③]

从时空哲学的角度，洞问题的提出和失败，等于证明了爱因斯坦最初认为广义协变的场方程就不能唯一地决定场的原因在于，他错误地把时空流形的点事件当作独立于场自身的个体。斯塔彻更尖锐地指出，广义协变性的成功甚至表明，如果把场移除，并不能只留充满个体点的裸时空流形，连裸流形的存在也不可能。20 世纪 80 年代，在时空哲学的

① Einstein A. The foundation of the general theory of relativity//Lorentz H A，et al. The Principle of Relativity. New York：Dover：1952：117-118；爱因斯坦. 爱因斯坦文集. 第二卷. 范岱年，等编译，北京：商务印书馆，1977：284-285.

② Stachel J. Einstein's search for general covariance//Howard D，Stachel J (eds.). Einstein and the History of General Relativity：Einstein Studies，Vol. 1. Boston：Birkhauser，1989：63-100.

③ Stachel J. What can a physicist learn from the discovery of general relativity? Proceedings of the Fourth Marcel Grossmann Meeting on Recent Developments in General Relativity. Ruffini R. Amsterdam：North-Holland，1986：1857-1862.

讨论中，洞问题被物理哲学家重新解释，成为时空哲学讨论的一个重要论据。厄尔曼和诺顿在 1987 年把这个论据改写为明确地反对时空实体论的论据。①

三、洞问题的现代表达形式

从语言上讲，爱因斯坦在最初提出洞问题时，用的是坐标系和坐标不变性的语言，还没有使用现代物理几何学的流形和微分同胚不变（广义协变）的语言。可以这样总结洞问题的物理意义：在场方程中，我们用 $G(x)$ 表示在 x 坐标系中满足场方程的度规张量场，$G'(x')$表示在 x'坐标系中的同一个引力场。如果度规张量的场方程是协变的，$G'(x)$就必须表示这个方程在 x 坐标系中的一个解。那么洞问题讨论的关键就在于：$G(x)$和 $G'(x)$表示同一个引力场还是不同的引力场？站在今天的角度去看，这个问题不仅仅与对广义协变性的理解相关，而且与时空本体论的争论有着密切的关系。

随着物理学和物理哲学的发展，洞问题被做出了一些不同形式的表述，代表性的有以下两种。

1. 阿兰·麦克唐纳的表述

麦克唐纳（Alan Macdonald）2001 年用史瓦西（Schwartzchild）时空重新阐释了洞问题，使其更加具体，更加容易理解，表述如下：②

在广义相对论中，球星系统中心质量的度规通常由史瓦西解：

$$G(r): \mathrm{d}s^2 = \left(1-\frac{2m}{r}\right)\mathrm{d}t^2 - \left(1-\frac{2m}{r}\right)^{-1}\mathrm{d}r^2 - r^2\mathrm{d}\Omega^2$$

表示（假设中心客体的半径 r_c 比史瓦西半径 $2m$ 要大，那么对于 $r>r_c$，解有效。）

定义一个坐标变换 $r=f(r')$，当 $r \notin (a,b)$，$r'=r$，但是当 $r \in (a,b)$，$r \neq r'$（洞）。取 $a > r_c$，其他坐标不变。如图 4-1 所示：

那么，$\mathrm{d}r = f'(r')\mathrm{d}r'$，在新坐标系中的解是：

① Earman J，Norton J. What price substantivalism? The hole story. Brit. J. Phil. Sci. 38，1987：515-525.

② Macdonald A. Einstein's hole argument. American Journal of Physics，2001，69：223-225.

$$G'(r'): \mathrm{d}s^2 = \left(1 - \frac{2m}{f(r')}\right)\mathrm{d}t^2 - \left(1 - \frac{2m}{f(r')}\right)^{-1} f'^2(r')\mathrm{d}r'^2 - f^2(r')\mathrm{d}\Omega^2$$

在这里，坐标的变换仅仅是时空中事件的重新标记。

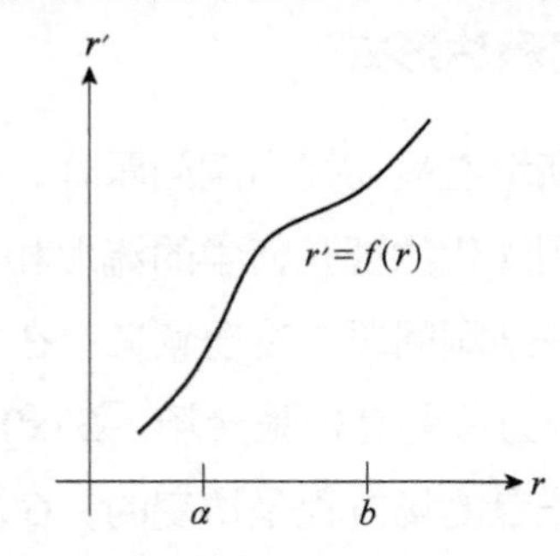

图 4-1 坐标变换

注：在 $a < r < b$ 的洞区域中，$r' \neq r$，其余区域 $r' = r$

由于真空场方程是广义协变的，$G'(r')$和 $G(r)$一样，也是一个解，这两个解表示了流形上的同一个度规，所以就模拟了同一个引力场。

在 $G'(r')$中，用 r 代替 r'，得到 $G'(r): \mathrm{d}s^2 = \left(1 - \frac{2m}{f(r)}\right)\mathrm{d}t^2 - \left(1 - \frac{2m}{f(r)}\right)^{-1}$ $f'^2(r)\mathrm{d}r^2 - f^2(r)\mathrm{d}\Omega^2$ $G'(r)$和 $G(r)$表示同一个流形上的不同度规。由于 $G'(r)$与解 $G'(r')$有着相同的数学形式，它是真空场方程的一个解。

洞问题讨论的关键就在于 $G(r)$和 $G'(r)$的关系，它们是物理上可区分的，还是物理上不可区分的？麦克唐纳指出，按照爱因斯坦提出洞问题时的理解，$G(r)$和 $G'(r)$是物理上可区分的。因为假设一个 $r=r_0$ 的事件。这个事件对于 $G(r)$是处于一个表面积为 $4\pi r_0^2$ 的球上，对于 $G'(r)$则处于一个表面积为 $4\pi f^2(r_0)$ 的球上。这样 $G(r)$和 $G'(r)$是物理上可区分的。解 $G(r)$和 $G'(r)$表明，场方程并不唯一地决定中心质量的场方程。而且，由于这两种度规在洞外是一致的，洞外的引力场并不决定洞内的场。这表明，史瓦西解 $G(r)$不是物理满意的，因此场方程也是不满意的。这就是爱因斯坦洞问题应用到广义相对论场方程的结果。

但麦克唐纳认为，按照广义协变性的理解，$G(r)$和 $G'(r)$应该是物理上不可区分的，因为关于广义相对论的所有预言都基于从度规得到的广义协变性方程，对于 $G(r)$和 $G'(r)$来说，理论的所有预言将都是相同的。因此，$G(r)$和 $G'(r)$虽然表示了同一流形上的不同度规，但是广义相对论不能区分它们，$G(r)$和 $G'(r)$场中的事件应该表示相同的物理事件。

如何解决广义协变性和洞问题的关系，关键在于对时空概念的理解。对于麦克唐纳来说，他强调只关心时空的概念问题，而不关心时空的本质。但是，在物理哲学界，洞问题引发的却是一场对时空本体论的深刻思考。

2. 厄尔曼和诺顿的表述

1987 年，厄尔曼和诺顿发表了著名论文《实体论的代价是什么——洞的故事》，他们基于弗里德曼在 1983 年提出的时空语义模型，结合现代物理学和数学的语言对洞问题的思想进行了重新形式化和解释，使其可以应用于所有的局域时空理论。时空语义模型的建立使得用流形和微分同胚不变性的语言来表述洞问题成为可能：在时空的三元组的语义模型<*M*，*g*，*T*>中，*M* 是四维微分流形，*g* 是四维的洛仑兹度规，*T* 是任何由这个模型表示的物质场的应力张量。在这个表述中，*g* 不像经典或狭义相对论时空的度规或仿射结构，它并不独立于物质分布而静止。因为广义相对论是一个广义协变的理论，我们可以在 *M* 上应用点的微分同胚（在这里用洞微分同胚）来满足某些限制。如果<*M*，*g*，*T*>是广义相对论场方程的一个解，或者说允许的模型，*h* 是洞微分同胚，那么就会得到另一个模型<*M*，h^*g，h^*T>，它也是场方程的一个解。这种新模型描述了一种与初始模型在观察上相当的宇宙，观察上是不可区分的。如图 4-2 所示，[①]存在无数种把度规和物质场在流形上展开的方式：

但是它们所代表的这两个宇宙是否具有物理可分性？这里讨论的关键和爱因斯坦对 $G(x)$和 $G'(x)$的关注一样，在于它们代表了同一个还是不同的世界？对这些问题的不同看法会导致不同的哲学结论。

---

① 图片引自 Norton J. The hole argument. Stanford Encyclopedia of Philosophy，Jan 9，2008. http://plato.stanford.edu/entries/spacetime-holearg/[2013-1-18].

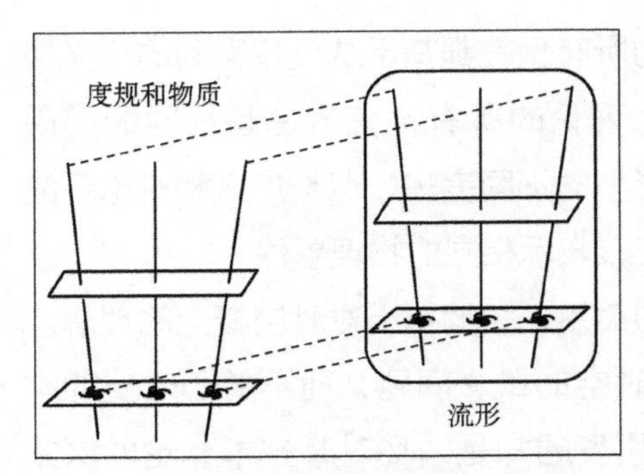

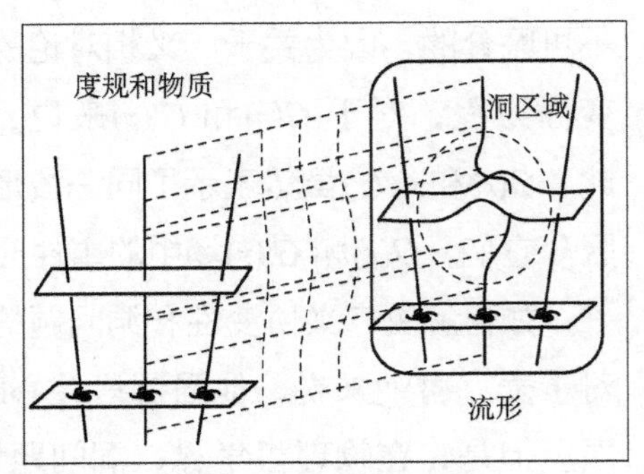

图 4-2　把度规和物质场在流形上展开的不同方式（它们在观察上等同）

具体来讲，想象一个模型：一个在膨胀的宇宙中做自由落体运动的星系，这个星系的路径会通过洞内某点 E。现在给这个模型一个洞微分同胚变换，我们能得到另一个模型。在洞外，两个模型中的星系运动轨迹是完全相同的，但是在洞内，星系的运动轨迹却发生了变化。在新的模型中，这个星系可能不再通过 E。星系在洞外的运动并不能决定星系在洞内的运动轨迹，如图 4-3 所示。[①]

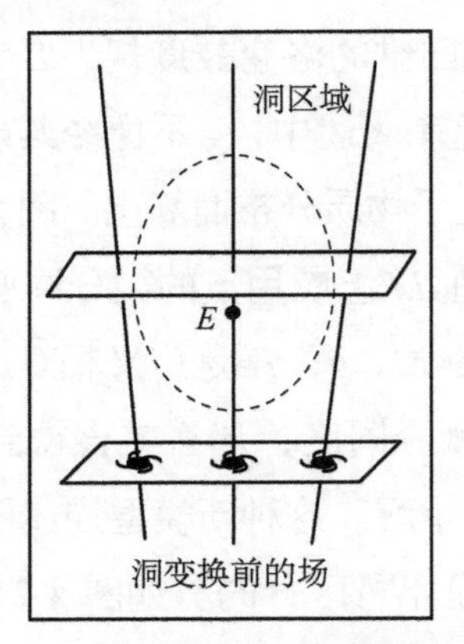

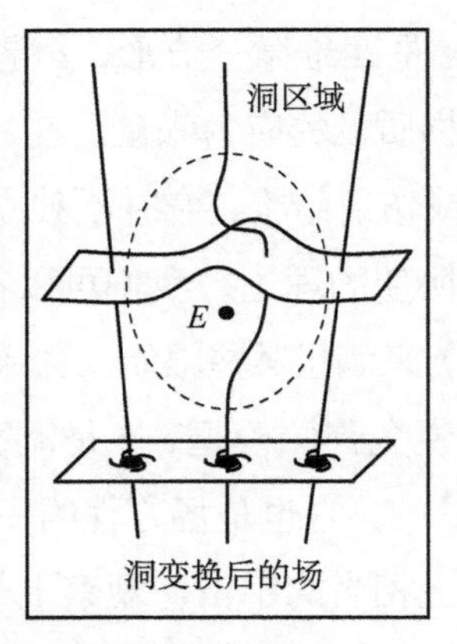

图 4-3　星系在洞区域的可能不同轨迹

但是，因为理论是广义协变的，变化前后的两个系统在观察上是等同的。我们并不能通过观察来判断我们处于其中的世界的星系是经过 E 还是不经过 E。

① 图片引自 Norton J. The hole argument. Stanford Encyclopedia of Philosophy，Jan 9，2008. http://plato.stanford.edu/entries/spacetime-holearg/[2013-1-18].

这就表明了洞问题的含义：我们可以明确度规和物质场在除洞的区域之外的整个事件流形上的分布，但是理论不能告诉我们场在洞内如何发展。模型在变换之前和变换之后的分布都可以说是洞外的度规和物质场向洞内的合理延伸。

厄尔曼和诺顿对洞问题的重新构造和讨论意义重大。首先，认识论上的冲击：20 世纪 60 年代之前，由于对相对论认识不足，很多人认为广义相对论支持了莱布尼茨的时空关系论立场。60 年代以后，随着人们对广义相对论认识的深入和实在论的复兴，实体论的观点逐渐占有主流地位，成为主流时空本体论观点。但洞问题的重新构造和研究提出了一个新的问题：按照洞问题的理解，如果坚持实体论，就会导致理论的非决定论，由此再次掀起了一场关于时空的实体论和关系论争论的热潮，揭示了广义相对论时空更深层次的哲学含义。其次，语义分析方法的运用：洞问题的阐释很好地运用了弗里德曼的时空语义模型，把语义分析的方法有效地贯彻到了当代时空实在论的研究之中，奠定了当代时空实在论争论的方法论基调，成为时空实在论发展中最重要的里程碑。

第二节 洞问题语境中时空实在论的困境

我们在第二章中曾经指出，广义相对论模型建立以后，时空的流形实体论展示了极大的优越性，逐渐为大多数物理哲学家所接受。而此时，洞问题的提出却对实体论产生了巨大冲击。一方面，按照诺顿的看法，爱因斯坦把洞问题等同于对莱布尼茨等价性的辩护；另一方面，按照洞问题，如果坚持流形实体论，理论借以表达的数学形式就会使得广义相对论面临“令人讨厌的非决定论”。这两个原因使得人们不得不面对实体论可能存在的缺陷，从而又一次引发了实体论和关系论之间的激烈论战。

一、实体论的证实主义者困境

1. 洞问题和莱布尼茨等价性原理

要理解洞问题的哲学意义，需要介绍两个背景。其一是莱布尼茨等价性原理在实体论和关系论争论中的地位；其二是传统实体论中最典型的实体论观点，叫作流形实体论。

在第一章我们曾经介绍过莱布尼茨等价性原理的提出。这一原理在传统的时空实体论和关系论的争论中非常重要。18 世纪牛顿和莱布尼茨的争论中最主要的对立之一就在于对他们对莱布尼茨等价性的截然相反的态度，这种对立一直延续了下来。莱布尼茨等价性原理是关系论的基础。虽然莱布尼茨对实体论质问的方式有着当时特定的思辨特点，但这个论据还是得到不少哲学家的支持。但是实体论者反对的正是这一点。按照亚历山大的评论，实体论的观点相信存在不同的世界，这种信仰是建立在“对空间的实在性自身一种空想的假设”[①]基础上的。因此对于传统实体论者来说，他们必须允许存在观察上不可分辨的事件不同态，否则就等于放弃了自己的实体论。这就意味着，传统实体论的本质决定了它不可能接受莱布尼茨等价性原理。

现在我们来分析流形实体论与莱布尼茨等价性原理在广义相对论语境中的冲突，并且探讨这次冲突的最终结果。

流形实体论是建立在对时空进行语义分析的基础上的。这与弗里德曼对时空本质的看法密切相关。弗里德曼认为，实体论与关系论论争的关键就在于能否把时空理解为一个实体，与物质一样有独立的存在。因此在广义相对论的结构中，什么表示了时空是决定其时空观的关键。他的流形实体论观点在$<M, g, T>$的解读中选取了流形 M 当作时空，即明确地认为广义相对论证明了裸流形与时空的等同性。在弗里德曼看来，这种选择是

---

① Alexander H G. The Leibniz-Clarke Correspondence. Manchester：Manchester University Press，1956：26.

很自然的，因为现代时空理论的建立首先要设置事件的流形 M，然后在它们上面定义更深层的结构，如果从字面上理解，流形就是一个独立存在的、需要特性的结构。弗里德曼曾说过，"这完全符合他自己对时空的某种'实在论者的偏见'"[①]。

但是对洞问题的研究引发了对流形实体论的质疑，这种质疑的方式与传统实体论和关系论争论中莱布尼茨等价性对实体论的质疑相似。

在洞问题中，当我们在事件的流形上不同地展开度规和物质场时，我们就把度规的和物质的特性以不同的方式分配给了流形的事件。在上一节提到的例子中，想象一个在膨胀的宇宙中做自由落体运动的星系，通过洞内某点 E。在洞微分同胚变换以后，这个星系可能不再通过 E。在这个例子中，对于流形实体论者来说，星系是通过还是不通过 E，两种分配表示了两种可能性，而这两种可能性在物理上是有区别的，这一定是客观的物理事实。也就是说，实体论者必须坚持两个系统表示不同的物理系统。但是从观察上来说，这两个系统却是等同的，观察并不能告诉我们是处于一个星系经过 E 还是不经过 E 的世界。对于关系论者，观察上不可区分的两个系统是物理上不可区别的，就是同一个世界。现在莱布尼茨等价性原理在洞问题的背景中可以理解为，如果两个场的分布由一个光滑变换相联系，那么它们表示同一个物理系统。

因此厄尔曼和诺顿对洞问题的研究得到的结论是，洞问题所反映出来的哲学思想非常重要，因为它会导致流形实体论遇到一种根本的非决定论。因此流形实体论遇到了一种两难困境，他们要么必须拒绝实体论，要么必须接受这种根本的非决定论。深究这种困境的原因就在于，实体论坚持事物的不可观察的空间和时间特性（即，某时刻在某位置）不能还原为可观察的物质之间的关系特性。

由此可以看出，洞问题在现代物理学语境中提出了另一种形式的莱布尼茨等价性论据，因此还给流形实体论带来了困惑。

---

① Friedman M. Foundations of Spacetime Theories. Princetion：Princetion Uinversity Press，1983：xiii.

2. 证实主义者的困境

证实主义的困境[①]也是厄尔曼和诺顿提出来的，其实质是从意义证实的不可能性的角度出发，重申了实体论者对莱布尼茨等价性原理的拒绝。这个困境的基础在于空间-时间位置自身不是可观察量。可观察量是定义在时空流形上的结构之间的关系的一个子集，我们是不能观察到物体 b 居于位置 x 的。我们能观察到的是物体 b 和尺子上的标记 x 相合，而尺子和标记自身则是另外一个物理系统。

厄尔曼和诺顿在这里准确地抓住了我们的测量数据与实在之间的鸿沟。广义相对论中，由于理论遵循广义协变性原理，这个鸿沟的困难就很明显地表现了出来。在第三章的介绍中，我们曾经描绘了表述二维欧几里得空间的流形的构造。在此，我们再形象地描述一下事件和流形之间的关系。我们通常是从事件的集合来构造事件的流形的，其方式是用数把事件光滑地表述出来，如图 4-4 所示。[②]

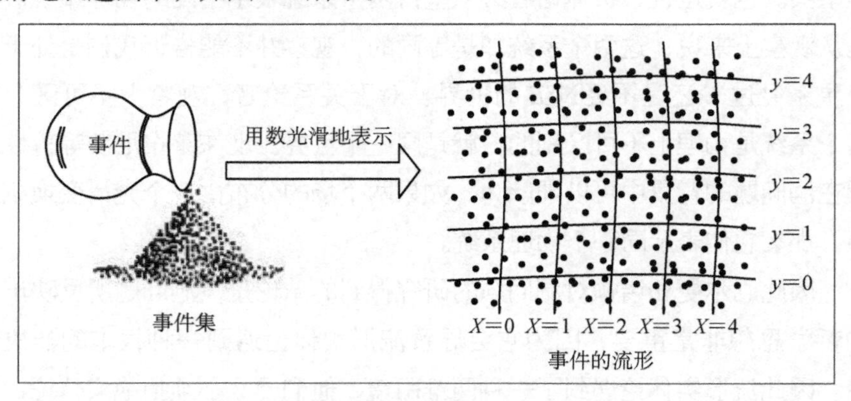

图 4-4 构造事件的流形

通过这种构造，我们就把不可观察的事件的空间-时间位置与时空流形上的可测量的量联系了起来，与度规场联系了起来，如图 4-5 所示。[③]

① Earman J，Norton J. What price substantivalism ？the hole story. British Journal for the Philosophy of Science，1987，(38)：522.

② 图片引自 Norton J. The hole argument. Stanford Encyclopedia of Philosophy，Jan 9，2008. http://plato.stanford.edu/entries/spacetime-holearg/[2013-1-18].

③ 同上。

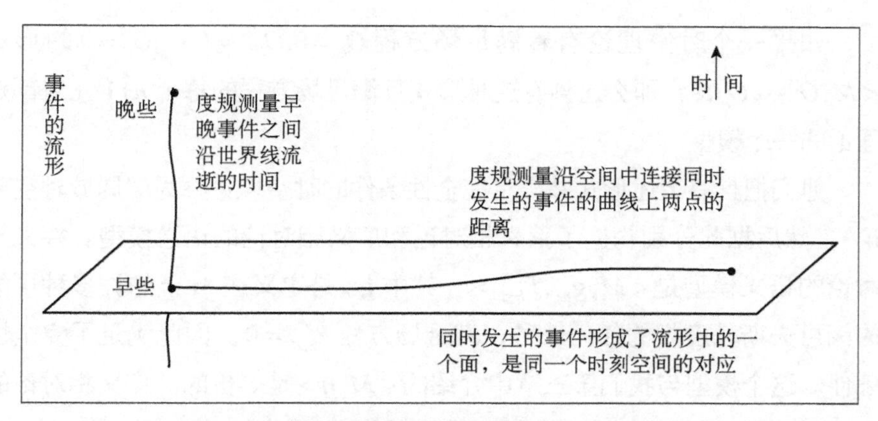

图 4-5 事件的空间-时间位置与度规场的联系

对于微分同胚的模型来说，可观察量在微分同胚下并不发生变化，微分同胚模型是观察上不可区分的。这样，我们观察到的世界是同一个世界，实际的世界可却有无数种可能。如果实体论者坚持反对莱布尼茨等价性原理，认为存在事物的不同态，这些态观察不可区分，那么他们就面临着无法用经验证实不同态的存在的困难。但如果他们接受了莱布尼茨等价性原理，认为观察上不可区分的世界是同一个世界，那么就等于否定了他们自己的实体论。

二、实体论的非决定论困境

在《实体论的代价是什么——洞的故事》一文中，厄尔曼和诺顿通过构造时空理论的语义模型，把洞问题运用于语义模型上，最后得到了时空实体论的非决定论困境。

厄尔曼和诺顿首先从时空理论的一般形式开始，设置了一个时空理论的语义模型，是一个 n+1 元组模型 $<M,O_1,\cdots,O_n>$。其中 M 是一个具有通常内在结构的微分流形，$O_1,\cdots,O_n$ 是定义在 M 上各处的 n 个几何对象，n 为正整数。每个模型都会满足一个场方程集，这些方程使定义的对象的子集等于零。就是说，对于某个小于等于 n 的整数 k，场方程是

$$O_k = 0, O_{k+1} = 0, \cdots, O_n = 0$$

接下来，厄尔曼和诺顿定义了一个完全性条件：

如果一个时空理论有着满足场方程$O_k=0,O_{k+1}=0,\cdots,O_n=0$的形式$<M,O_1,\cdots,O_n>$，那么这具有这种形式且满足场方程的每个 n+1 元组都是理论的一个模型。

他们把具有上述形式并满足完全性条件的时空理论称为“局域时空理论”，然后据此分别构造了狭义相对论和广义相对论的语义模型。狭义相对论的语义模型是$<M,g_{ab},R^a_{bcd}>$，其中g_{ab}是定义在M上的许多种可能的闵可夫斯基度规的任何一种，满足场方程$R^a_{bcd}=0$。因此满足了完全性条件。这个模型与我们第三章中介绍的$<M,\eta>$是等价的。广义相对论的语义模型即$<M, g, T>$，其中M是四维微分流形，g是四维的洛仑兹度规，T是任何由这个模型表示的物质场的应力张量，模型遵循广义协变性。

厄尔曼和诺顿这样描述广义协变性：

> 如果$<M,O_1,\cdots,O_n>$是局域时空理论的一个模型，h 是一个从 M 到 M 的微分同胚，那么拖曳而来的多元组模型$<M,h^*O_1,\cdots,h^*O_n>$也是理论的一个模型。

他们接下来指出，要达到非决定论的困境，还需要规范理论的一个简单的推论，就是所谓的洞推论：

> 令T是某个局域时空理论的一个模型，有着流形M，和M的任意领域H（洞）。那么，在M上存在任意多的不同模型，它们只在H中相互不同。

厄尔曼和诺顿指出，这个推论的名字就来源于爱因斯坦的洞问题。因为爱因斯坦在提出洞问题时指出，广义相对论中任何广义协变引力场方程的规范变换都允许洞内有多种度规场。厄尔曼和诺顿就从这一点开始，论证了他们的目标，也就是实体论对莱布尼茨等价性的拒绝导致了局域时空理论中非常基本的非决定论。因为对于实体论者来讲，洞推论的微分同胚模型必须表示不同的物理态。

他们论证的第一步是描述了拉普拉斯决定论的特征及它在洞问题中失败的原因。

首先考虑各种各样的拉普拉斯决定论。假定讨论的时空模型承认时间片断。在牛顿框架中，这样一个片断是绝对同时性的一个超平面，而在相对论框架中，它是一个没有边界的类空超曲面。拉普拉斯决定论者想要证明物理学的理论保证了时间片断 S 上的态唯一地决定了 S 未来的态。……如果时空是一个实体，那么在局域时空理论中就不可能得到这样的证明。因为，通过洞推论，H 位于未来的 S 之中，如果 $<M, O_1, O_2 \cdots>$ 是我们理论的一个模型，那么就存在另一个模型 $<M, O_1', O_2' \cdots>$ 与第一个模型有着包括在与 S 对应的瞬间上等同（即，对任何 M 中依赖于 S 的过去的 p，有 $O_i(p) = O_i'(p)$），但是却在 S 的未来上与第一个模型不同。

因此厄尔曼和诺顿指出，直觉地，拉普拉斯决定论失败了。在这种情形下，人们可能希望通过从纯粹的初值问题转向边界-初值问题而得到一个非平凡形式的决定论。也就是说，态是在 S 自身和在未来切过所有时间片断的管壁上具体化的。人们希望边界条件可以在理论的模型中唯一地绝定管子内部的情况。但是，如果站在实体论的立场上，只需要把洞设置在管内部，洞推论就使希望破灭了。因此他们得出结论："洞推论迫使实体论者断定在局域时空理论中不能得到非平凡形式的决定论。流形的任何临域中的态都永远不能被它外部的态决定。不管这个临域有多小，也不管这个外部有多广。"他们具体地描述了实体论观点造成非决定论的原因：

简单地说，坚持实体论意味着 $<M, g, T>$ 和 $<M, h^*g, h^*T>$ 是物理上可区分的，它们代表的是两个不同系统表示的不同的物理状态。因为，在实体论的观点中，虽然 $<M, h^*g, h^*T>$ 这种新模型描述了一种与初始模型在观察上相当的宇宙，实际上却有着巨大的分歧。它是物质和度规场在流形的点上以不同方式的蔓延。因此，同一个过程在时空中的位置就不同。因为有任意种可以对初始模型应用的微分同胚，宇宙的内容就可以有任意种方式置放于流形上。但是，在观察上，我们无法做出区分。从理论上讲，由于每一个洞都满足相对性宇宙学理论的原理，理论就无法允许我们坚持只有一个是可接受的，这意味着理论的非决定论。

这样，非决定论就是实体论观点的直接产物。正是因为这个非决定论的结果，使得许多流形实体论者产生了对实体论的怀疑，正如诺顿论述的：

> 这种形式的非决定论是令人不快的，因为它出现的特殊方式。由于微分同胚模型在所有的可观察量上一致，对莱布尼茨等效性的拒绝等于假设存在模型的超越观察证明的物理上有意义的特性。洞问题的构造重申了这些额外特征的可疑的本质。它表明了这些额外的特征不仅是观察上不明确的，而且对理论自身在以下意义上也是不明确的：理论不能决定这些特性在流形的一个任意小的临域内将如何发展，假定在任何其他地方都能充分确定这些特性。[①]

当然，厄尔曼和诺顿也指出，这种根本的局域非决定论仅仅通过接受莱布尼茨等价性就可以很容易地避免。那样的话，洞推论的微分同胚模型就表示了同一种物理情形，我们讨论的非决定论就会变为一种数学描述的非充分决定性，没有对应的物理情形的非充分决定性。但是，接受莱布尼茨等价性就意味着实体论的失败。

因为实体论要面对非决定论的特殊性，厄尔曼和诺顿认为，洞问题是用来反对时空实体论的一个有力论据。在他们看来，这是一个很特别的问题，因为洞问题中决定论的失败，并不在于失败的事实，而在于它失败的方式。我们知道，量子力学也是非决定论的，量子力学的非决定论不是由我们理论所持的哲学观点所造成的，而是理论自身造成的。但是在广义相对论中，能引起非决定论的，却是我们对时空的本体论地位所持的哲学态度，是一种形而上学的观点。这种非决定论不同于其他任何一种理论的非决定论："我们强调，我们的争论并不是源于决定论是或应当为真的信

① Norton J. The hole argument. Proceedings of the Biennial Meeting of the Philosophy of Science Association, 1988, (2): 59.

念。存在许多种方式能够使决定论失败，或者事实上已经失败了……我们要指出的是，如果一种形而上学迫使我们的所有理论是决定论的，那么它是不可接受的；同样，一种形而上学，自然地决定支持非决定论，它也是不可接受的。决定论可能失败，但是，如果要失败，它也应当因为一种物理学的原因失败，而不是因为承诺了不影响理论的经验结果就能根除的实体的特性而失败。”①

厄尔曼和诺顿对洞问题的分析表明，实体论者如果拒绝莱布尼茨等价性，就必须要面对局域时空理论中根本的非决定论困境。当然，人们可以选择去接受局域时空理论中的根本非决定论，这样就不必要再去考虑证明主义的困境，也可以保留实体论的观点。但是正如厄尔曼和诺顿指出的，选择接受局域时空理论中的根本非决定论必须付出的代价“太过于沉重”了。

总之，厄尔曼和诺顿对洞问题的观点包含三层含义②。第一，如果有两种由洞变换联系的度规和物质场的分布，实体论者必须坚持这两个系统表示两种不同的物理系统。第二，这种物理上的区别超越了观察和理论的决定力量，因为：①两种分布是观察上相同的；②理论的原理不能在洞内的场的两种发展中做出选择。第三，流形实体论者拥护一种我们物理本体论的无根据的膨胀，应当抛弃这种教义。

三、关系论的优势与不足

时空关系论坚持从形而上学的经济原则出发去考虑时空可能的本体论性。莱布尼茨等价性原理就是从经济原则的角度提出的。因此在关系论者看来，流形实体论观点要在观察上不可区分的物理态上进行形而上学的区别，这是一种本体论的过剩和膨胀。流形实体论是对时空理论模型的直观语义理解，它的致命弱点就在于把裸流形的点等同于时空点。与此不同，

---

① Earman J，Norton J. What price substantivalism? the hole story. British Journal for the Philosophy of Science 1987，(38)：524.

② Norton J，The hole argument. Stanford Encyclopedia of Philosophy. http：//plato.stanford.edu/entries/spacetime-holearg/[2013-1-19].

关系论认为流形上的点没有独立的存在，也就是说，时空没有自己的独立存在，只是物质之间的关系而已，没有物质，就不存在时空。这种实体论的优点在对洞问题的处理中表现得很明显。

对于洞问题，如果我们站在关系论的立场上，拒绝流形实体论而接受莱布尼茨等价性，那么洞变换所引入的非决定论就消除了。因为虽然不同的微分同胚模型在洞内的场在数学上有无法计算的不同可能性，但是莱布尼茨等价性原理认为它们是物理同一的。即是说，不同的微分同胚模型仅仅是同一种物理实在的不同数学描述，因此在观察上应该是等同的。这样，我们就不会再因为无法在观察上得不到它们的区分而感到困扰。

受此影响，在物理学家阵营里，许多关键人物断定由此必须放弃实体论而支持关系论，如斯莫林和罗威利等人的观点。斯莫林在他的《通向量子引力的三条途径》一书的开始，就形象地用句子和词的关系表达了时空关系论的观点：①

> 世界上脱离真实事物的空间是没有意义的。空间不是舞台，根据人或物的来去，舞台可能空也可能满。而除去存在的事物，空间就什么也不是了：它只是事物之间相互关系的一方面。这样看来，空间有点像一句话。谈论一句没有词的话是荒谬的。每句话都有词之间的关系，如主语-宾语关系或形容词-名词关系所确定的语法结构。如果我们去掉所有的词，剩下的不是一句空的句子，而是什么也没剩下。另外，为了满足词之间的不同排列和它们之间各种各样的关系，存在许多不同的语法结构，没有哪种绝对的句子结构，对所有的句子有效，由于其特定的词和意义无关。

这些关系论者在很大程度上只是把反对时空的实体论作为基本观念，并没有关于关系的严格论证，因此在某种意义上只是一种并不严格的假设。而这种关系论却成为现代物理学中圈量子引力理论的基本时空观念，

① 李·斯莫林. 通向量子引力的三条途径. 李新洲等译. 上海：上海科学技术出版社，2003：2.

从而极大地影响了量子引力理论的发展。背景无关性的圈量子引力的基础就是对广义相对论时空的关系论理解。

但是，尽管关系论的时空假设在物理学的发展中起到了重要的作用，关系论与生俱来的直觉和逻辑上的困难并没有因此而得到清晰的回答。洞问题所带来的要否定时空实体存在的结果，对于持有物理实在论观点的物理哲学家们来说是不能接受的。物理哲学界很大一部分哲学家仍然相信在洞问题面前可以继续坚持实体论，只是要对实体论的内涵做出一些修正，如比劳特、厄尔曼等人都持这种观点。为了克服洞问题所带来的流形实体论的形而上学困难，有人提出精致实体论，试图把时空等同于流形加某些能够提供这些时空观念的更深层结构，比如在相对论宇宙学中，那个更深层的结构就是度规结构。另外，马尔德林提出了度规本质论（metrical essentialism）的观点，这种观点把实体的时空看作与一种特殊的度规场是同一的；也就是说，时空点是由度规构成的。这样广义协变性的应用和理解就会发生变化，因而可以避免出现理论的非决定论结果。

无论如何，洞问题所引起的时空实体论和关系论的讨论给我们带来了一些特殊的思考：在物理学中，理论的解的多样性意味着什么？不同的物理系统？抑或只是同一种物理系统的不同数学表示？这是现代物理学哲学中值得讨论的一个话题。一方面，我们对时空本体论地位的认识要依赖于对这一问题的理解，另一个方面，这种理解的再语境化将会影响或说已经极大地影响了物理学理论的发展方向。

第三节　洞问题语境中时空实在论的发展进路

如上所述，在洞问题的非决定论困难出现以后，时空实体论者并没有轻易地放弃他们的时空实在论观点，而是对广义相对论形式体系进行了更加深入的语义分析，发展了各种形式的实体论观点以避免非决定论困境的出现。关系论时空观也在现代物理学语境中有了新的表现形式。在新的争论中，实体论和关系论都弱化了各自的观点，时空本体论也出现了第三种选择——时空结构实在论。作为一种实体论和关系论融合的方法，时空结构实在论更加清晰地表现了高度形式化的现代物理学语境中时空本体论的特点。

一、实体论的发展进路

流形实体论失败之后，实体论仍然坚持了对时空语义模型进行语义分析的方法论进路，只是争论的焦点变为在时空语义模型$<M, g, T>$中哪一部分才真正地表示了时空？是流形M还是度规场g？抑或是二者的综合？……我们知道，流形实体论者对M和g的区别有着很明确的说明：度规场作为物理场不能被看作其他物理场的容器，而流形却可以作为容器而存在。但实体论后来的发展证明，不同的哲学家对时空语义模型的理解是完全不同的。因此，虽然同样遵循了对一个模型进行语义分析的道路，但是最终的结果却大相径庭。可以看出，在对时空模型的语义分析中，语用因素是完全不能忽略的，实体论的发展，完全是一种语形制约和语用变换下的语义分析的结果。

1. 度规本质论

流形实体论在洞问题上陷入困境之后，马尔德林提出了与之相反的观点，叫作度规本质论（metrical essentialism）。他对流形实体论提出的批评针对的正是流形实体论对M和g的意义的规定。马尔德林指出，厄尔曼和诺顿之所以认为裸流形而不是度规在实体论中扮演了时空的角色，主要有两个原因。第一，在广义相对论中，度规和任何其他的场一样，既是数学的又是物理的，这与其他场（比如电磁场的张量表示）类似。它一方面受局域微分方程支配；另一方面又携带动量和能量。第二，在广义相对论中，度规变成了一个动力学对象，因此不应该把它考虑为时空的基础。马尔德林反对这两种理由。他一方面把流形排除在时空的表示者之外，另一方面把度规看作时空的基础。

马尔德林排除了流形表示时空的可能性的理由可以概括为两点。第一，他认为，微分流形只是从度规（和仿射）结构抽象出来的，没有任何时间-空间范式的特性：光锥结构没有定义、不能区分过去和未来、距离关系也不存在。因此流形可以属于“没有范式时空特性”[①]（距离、时间和空间间隔的不同、光锥结构等），不能考虑表示它，更不能说它等同于物理时空。第二，如果按照流形实体论，时空在本质上只是一个微分流形，因此只有拓扑结构。并且流形实体论中时空唯一可接受的特征就是它的非动力学特征，这样实体论者就连裸流形也保留不下，因为拓扑在这个意义上也是动力学的，实体论者只能拥有一些不相关的点的集合了。

马尔德林把度规看作时空基础的理由如下。其一，他认为度规和其他场相似可以支持度规本质论的观点，因为这样时空变成了一个遵循因果律的对象，通过潮汐力和引力波与其他传统的物理学实体相互作用。其二，度规具有不可或缺性。而这要回答的一个问题是，如果度规张量和电磁张量没有什么不同的话，那么为什么度规的特征可以被当作时空的基础，而地磁特征却不能？他认为这就在于度规的不可或缺性。人们可以描述一个完全为空、应力张量完全为零的宇宙，但是却不存在只有电磁场却没有度规结构的宇宙。因为没有仿射结构、光锥结构和协变微分，就没有办法书写控制其他场的那些原理。因此，度规和时空之间紧密纠缠的主要原因并不是哲学想象，而是物理学自身的要求造成的。其三，针对流形实体论在洞问题中遇到的非决定论困境，马尔德林认为，如果把度规看作时空或时空的一部分，广义协变性的应用和理解就会发生变化，从而避免了非决定论发生的可能性。

需要指出的是，度规本质论并不必然要求时空点的存在，因为本质是一种必要性，但并不是说有本质的东西就必然存在。比如说，我只是一个偶然的存在，但是我的人性对我来说是本质的。它只有在我出现或者能够出现的地方才是必要的。因此，我们说时空点必然地拥有它们的度规，这只意味着时空点是可能的实体，但并不是必然的存在。在度规本质论中，

---

① Moudlin T. The essence of space-time. Proceedings of the Biennial Meeting of the Philosophy of Science Association，1988，2：87.

点的度规本质被视作基本的。这与流形实体论有着本质的不同。在流形实体论中，一个给定的点能够在与其他点的不同度规关系中存在，而在度规本质论中，这种假设不再有意义。因此，如果采纳了度规本质论的观点，洞问题在形而上学上就是不可能的，因为洞问题中包含的点在数学上相同但在物理上与其他点具有不同的度规关系，这在度规本质论中不成立。从而，流形实体论面临的由洞变换产生的经验相等的可选择性就不存在，相关的决定论的失败就被转移了。

度规本质论依赖的是对时空的基本特征的分析，为实体论者提供了一种逃避洞问题的方法。但这种本质论并不是一个流形的形而上学观点，因为“从普通对象的偶然特性中把本质特征分离出来是一个没有希望、可能也是没有意义的任务”，因此对这种观点的最好的态度应当是马尔德林所说的那样，“不要丢弃本质，但是要着迷于它们”。最重要的是，度规本质说在避免洞问题提出的非决定论困境时，已经向我们展示了度规结构在为决定论的可能性进行辩护的时候扮演了一个非常独特的角色。那么，不管它的本体论意义到底如何，它在所有的时空理论中都将起着重要的作用。这种观点，对其他实体论形式的产生起到了重要的作用，可以说，以后的精致实体论和度规场实体论的出现，都建立在度规本质论的基础之上。

2. 精致实体论

在对传统实体论内涵的修正中，另一种有影响的观点是作精致实体论（sophisticated substantivalism）。精致实体论为了克服洞问题所带来的流形实体论的形而上学困难，试图把时空等同于流形加某些能够提供时空观念的更深层结构，最常见的是流形加度规结构。

概括起来，精致实体论有三个要求：第一，承认时空点作为基本的实体而存在，但是不承认它们有最初的同一性；第二，把$<M, g>$看作时空，用g来确定点；第三，同构模型M和M'表示了同一种物理系统。其中，第三个要求是建立在第一个要求的基础之上的，因为如果时空点有着最初的同一性，那么M和M'只能被看作表示了不同的世界。这一点是精致实体论突破传统实体论的关键，因为它意味着接受莱布尼茨等价性，也意味着实在论的弱化。

虽然精致实体论在一定程度上淡化了实体论和关系论的冲突，度规（加流形）获得了它作为时空的自然解释，并且在一定程度上避免了非决定论困境的出现，但由于它接受了莱布尼茨等价性，所以引起了许多实体论者的反对。比劳特和厄尔曼对它的评价是“关系论的一种苍白的效仿，只适合那些不愿意让他们对空间和时间的信仰面对当代物理学所提出的挑战的那些实体论者”[①]，而且诺顿认为，如果流形加深层结构实体论者选择的“深层结构”承认任何对称变换，那么他们就承诺了在局域时空理论中事物的观察上不可区分的态的区别。而且，如果“深层结构”包括某种通常的对称，比如说空间均匀和各向同性，那么类似于局域时空理论中的洞问题所达到的，我们就可以恢复一种形式的非决定论。

3. **度规场实体论**

度规本质论和精致实体论的出现，都把时空本体论争论的焦点由流形的实在性转向了度规场的实在性。胡佛认为，不同的哲学家对实体论理解有很大的差异，“有多少个写它（实体论）的人就有多少种实体论”[②]。但其中最容易辩护的一种，叫作度规场实体论（metrical substantivalism）。他认为广义相对论模型 $\langle M, g, T \rangle$ 中的度规张量 g 单独地表示实体的时空，而流形 M 表示的是时空的连续性和球形拓扑，并不表示“时空本身”。

度规场实体论的提出基于两种因素。其一是空间结构。从物理学家的角度讲，不明确全域拓扑也可能给出度规场，但是没有度规就给出流形的话，根本不能给出时空或时空的部分。其二是广义相对论的解释。一般来说关于广义相对论的解释工作，都是由度规场承担的，比如说对引力场和时空的惯性结构的解释等。胡佛认为度规场实在论最符合爱因斯坦的观点，因为爱因斯坦在 1952 年说过：“如果我们设想一个引力场，也就是，

① Belot G，Earman J. Pre-socratic quantum gravity//Callender C，Huggett N（eds.）. Philosophy Meets Physics at the Planck Scale. Cambridge：Cambridge University Press，2000：213-255.

② Hofer C. The metaphysics of space-time substantivalism. The Journal of Philosophy，1996，（93）：5.

函数 g_{ik} 被移开，那就不会存在第一类型的空间（闵可夫斯基时空），而是彻底的什么也没有，而且也没有‘拓扑空间’，因为函数 g_{ik} 不仅仅描述场，而且描述流形的拓扑和度规结构特征。”[①]在这里，度规场 g 在描述和预言度规的、惯性的和引力的现象时不可消除的作用使它承担了时空的实在性。

二、关系论的发展进路

在实体论发展的过程中，关系论作为一种时空的反实体论观点也得到了很大的发展。对于关系论者来说，他们也在广义相对论颠覆式的革命中经历了深刻的思想变化。当莱布尼茨和笛卡儿等人建立在牛顿时代物理学基础上的简单关系论根本无法对现代物理学的所有内容进行阐释的时候，当代关系论者就改变了莱布尼茨关系论的强硬策略，只坚持搞清运动及其影响的作用和意义所要求的空间结构，并不附加在一些潜在的、被称为“实体空间”的独立实体上。也就是说，当代关系论仅仅是从本体论上拒绝实体空间，把关注点聚集在时空点上，认为不存在时空点，事件之间的关系才是最原始、最直接的，并不依赖于时空点之间的时空关系。

除了对洞问题的回答，关系论还在现代物理学，尤其是量子引力理论中起到了重要的作用。其核心思想延续了传统关系论的思想，但形式发生了深刻的改变。现代关系论承认，可能存在多个模型有着唯一的事件态，但是观察上不可区分。由此关系论可以分为两类。第一类认为物理学只限制在物体之间的运动关系中。这种关系论的困难在于根本无法抓住现代物理学的所有内容。在广义相对论中，理论的形式使得要决定一个单独的物体在空的宇宙中旋转（或整个宇宙旋转）完全有意义，而这第一类关系论排除了这种可能性，不符合物理学的实际。第二类关系论只坚持要搞清运动和它的作用所要求的空间结构，这种空间结构并不附加在一些潜在的、被称为“实体空间”的独立实体上。这就允许关系论者自由地接近任何说明动力学行为所要求的空间结构，比如说仿射结构∇。只要承认这些结构

① Einstein A. Relativity：The Special and the General Theory. London：Mehtuen，1952：155.

可以由物体（或场）直接地例证就可以。但这种关系论与实体论之间的相似性使得两者之间的界限变得很模糊。

关系论反对实体论的意义在于否认空间或时空是种物质，但是我们不能完全否定这种观点的实在性，因为关系论者坚持时空的存在以某种方式依赖于物质世界和它的特性。并且，无论是实体论还是关系论者都承认时空的数学描述和表达，对现代物理学时空的认识，都建立在相同的数学结构基础上。因此，如果说在时空理论中，实在论和反实在论的区别在于事件世界是否"真实地展示了"某种几何结构的话，那么在认识论的意义上，关系论的主张是一种弱实在论的立场。另外，如果按照以保尔·泰勒为代表的关系整体论的认识，认为实在就是关系，实在的物理形式只有在特定的关系里凸现的话，关系论的时空观也在某种意义上承认了一种实在论的观点，因为承认时空作为物质之间的关系存在，就无法摆脱时空在物理世界中的凸现。

现代时空关系论最有代表性的是罗威利的观点。它的基础是，把对广义相对论引力场和几何之间的区别理解为，时空几何只是对引力场的证明。这也是他量子引力理论的基础。在此基础上，罗威利提出了一种自旋网络模型，在这个模型中没有时空点的存在，"直觉地，我们可以把（简单自旋网络上的）每一个节点看作一个基本的'空间量子块'……自旋网络表示了关系的量子态：它们并不位于空间中。局域化必须相关于它们而被定义。例如，如果我们有一个物质量子激发，这将会位于自旋网络上，而自旋网络并不位于任何地方"[①]。这种关系论时空模型极大地影响了量子引力理论的发展。圈量子引力的背景无关性打破了经典场论一贯把时空作为理论形式化的背景的传统，是对广义相对论时空关系论理解的直接产物。

但是，关系论也存在自身的问题，比如如何理解流形背景和物理学形式化的关系，度规场的地位如何，如何理解空的时空，等等。另外，关系

① Rovelli C. Quantum spacetime：what do we know? //Callender C（eds.）Physics Meets Philosophy at the Planck Scale. Cambridge：Cambridge University Press：110.

论本身的逻辑上和直觉上的困难仍旧无法解决。这一点能利施（Nerlich）后来进行过论述："空间关系要以空间为基础，关系论不能使得我们必须放弃绝对空间。"[①]这里所说的"绝对"，实质上便是指空间的实体性。更深入地分析，广义相对论可以用时空区域几何的变换来解释物质运动，这也使人们认识到关系论的解释具有的缺点。因为关系论者单独地用客体和客体之间的力和关系解释物体行为，不符合广义相对论的洞问题。因为在洞问题中，微分同胚的模型在洞内的不同是用几何结构的变换解释的，而不是用客体和客体之间的力和关系解释的。

三、时空结构实在论的发展进路

结构实在论是20世纪80年代兴起的一种实在论观点。由于其在时空物理学解释上的灵活性和实用性，结构实在论很快就进入了时空哲学的领域，时空结构实在论成为一种有影响的时空实在论观点。

厄尔曼和诺顿关于洞论题的探索对时空结构实在论的提出和发展起到了积极的作用。首先，洞问题在促进实体论和关系论发展的同时，也促进了人们寻找其他的方式来解决时空本体论的问题，因此促进了结构实在论在时空上的应用。其次，洞问题的研究表明，时空本质的争论必须关注度规场的实在性，但在很多哲学家眼里，度规场既不等同于时空也不等同于其他任何物质场。因此在实体论和关系论僵持的情况下要"召唤一种关于时空本质的新的哲学观点"。最后，洞问题研究中时空语义模型的运用为结构实在论融合实体论和关系论提供了结构基础。时空语义模型的应用使得结构实在论能够发现实体论和关系论依赖的共同理论结构。因而时空结构实在论得以成为实体论和关系论的中间道路，保留实体论和关系论各自的一部分，在支持关系论者辩护时空结构的关系本质的同时，也赞成实在论者说时空存在，至少部分地独立于特别的物理对象和事件。这成为时空结构实在论出现的一个直接原因。

---

① Nerlich G. What Spacetime Explains：Metaphysical Essays on Space and Time. Cambridge：Cambridge University Press，1994：216.

在洞问题之后的实体论和关系论之间的新争论中，我们可以找到这两种分歧的本体论解释所共同需要的结构。无论对于实体论者还是对于关系论者来说，度规场 g 都是与它们相关的结构。无论是在实体论观点下度规作为时空的“真正的表示者”，还是在关系论的观点下时空被看作是“场（g）的结构性质”，如果去掉 g，那么就不会再有时空。因而，在时空结构实在论的说明中，实体论和关系论事实上是对同一个潜在的关系做出了不同的本体论解释。我们可以举出一个大家都熟悉的例子。菲涅耳和麦克斯韦曾经提出不同的光学理论，从本体论性上来讲，菲涅耳认为光是一种横波，而麦克斯韦则揭示了光作为一种电磁波的存在。但是在这两种理论中，事实上包含了相同的形式结构，因此就包含了同一潜在的（结构）实在的不同本体论观点。广义相对论的实体论和关系论的理解同样是从不同的本体论假设立场抓住了同样的时空结构。

因此，时空结构实在论的主要目的就在于寻找实体论和关系论的共同基础，从而融合时空本体论争论中的不同观点。它找到的共同基础就是时空的数学结构。实体论和关系论之间的本体论争论是基于不同的形而上学假设的，显然无法得到解决。时空结构实在论方法的基本原理正是基于这种争论，在此基础上坚持在任何时候我们可以了解的是时空的数学和几何结构，而不是它的本体论可能性。这种数学结构和几何结构提供了时空实在性的平台。时空结构实在论主要有三种版本：德瑞图的时空结构实在论、贝恩的时空结构论和埃斯菲尔德与兰姆提出的温和时空结构实在论。总的来说，它们都承认：①度规场既是物质又是时空结构的一部分；②时空是一种由数学和几何结构表达的关系结构；③几何结构是真实的，独立于意识并可以由物理世界例证。

历史地看，结构实在论的观点也说明了时空理论发展中相互冲突的时空本体论承诺是如何可能在相同的必要结构上进行融合的。正是结构实在论这种减少表面上不能解决的本体论冲突的能力和聚焦于结构的关键作用，体现了它在时空本体论争论中真正的优势。时空结构实在论是当代科学实在论的一个重大转折，具有深厚的哲学意义，因此我们将在第六章进行专门介绍。

第四节　洞问题语境中时空实在论争论的特征

洞问题在广义相对论发展史上的提出，是物理学家进行物理学研究的同时进行哲学思考的结果。爱因斯坦的本意是用它来证明任何广义协变的理论都不能存在，但两年以后他还是选择了广义协变的场方程，改变了对洞问题的理解。在这个过程中发展变化的，除了理论的数学形式，更重要的是物理学家的哲学思想和对时空形而上学态度的改变，给后人带来无限的思考空间，引起了时空哲学上的巨大争论。可以明确的是，广义相对论的时空哲学讨论远没有结束，而是给我们带来了许多深刻的思考。我们需要在现代物理学语境中对时空本质的解释进行探究，因为这关系到我们对很多问题的理解。比如说，在物理学中，理论的解的多样性意味着什么样的本体论？在广义相对论模糊了几何和物理学之间的界限之后，我们对于时空，甚至是整个物理学和理论的数学、几何结构的本体论和认识论，要发生什么样的变化？实在论的形式又会发生什么样的变化等。一方面，我们对时空本体论地位的认识要依赖于对这些问题的理解；另一方面，这种理解的再语境化将会影响或说已经极大地影响了物理学理论的发展方向。归结起来，洞问题的影响和时空本质争论的发展有以下两点特征。

一、时空实在论争论中语义分析方法的主导作用

广义相对论时空的含义相当复杂和微妙，在实体论和关系论的争论之外，还有一部分物理学家认为广义相对论一劳永逸地解决了时空问题。瑞纳齐维兹在 1996 年发表了论文《绝对与关系的较量：一场过时的争论？》，认为在 19 世纪后期，更多的是在广义相对论语境中，已经不再发现最初的牛顿与莱布尼茨关于时空的争论。[①]但是，从对洞问题的讨论可

① Rynasiewicz R. Absolute versus relational space-time: an outmoded debate. Journal of Philosophy, 1996,(45): 407-436.

以看出，广义相对论的时空并不像雅莫理解的“从现代物理学的概念图解（scheme）中最后地消除了绝对空间的概念”，也不像20世纪60年代物理实在论者认为的时空实体有其独立的存在，而是一个继续争论的过程。其原因在于如下几个方面。第一，在时空本体论的问题上，爱因斯坦并非像一部分人认为的那样抛弃了实在论的观点，他指出时空没有单独地存在，它的存在与度规密切相联系，但是对于时空的本体论地位，他并没有做出明确的说明。目前，广义相对论面临的奇点困难、广义相对论与量子力学的结合问题，都暗示着广义相对论需要解释。第二，时空实体论和关系论都面临着需要解决的困境。对于实体论者来说，想要坚持时空实在论的观点，就要解决洞问题所带来的理论的非决定论的问题，对时空本体的理解必须和物理学形式化体系的语义理解联系起来；对于关系论者，要解释一系列直觉和逻辑上的矛盾。比如说，事物是具有空间意义和属性的，但空间本身却只是事物间之间的关系，这两个概念之间就存在着矛盾。因此，时空实在论的争论必然会继续下去，并且建立在对广义相对论更加深刻的解读之上。

而在这种延续的争论中，正是语义分析方法使得时空实在论，主要是实体论和关系论的论争获得了新的生机，洞问题之后实体论和关系论的发展就证明了这一点。这一次争论的最重要的特征就在于，时空实在论者对时空本质的断言切实地建立在了对弗里德曼时空语义模型的语义分析基础之上，因而也就获得了与广义相对论的理论形式的直接相关性。在针对洞问题提出的各种实体论和关系论的解决方案中，物理哲学家把语义分析方法前所未有地运用到了时空本质的断言中去，使语义分析方法成为时空实在论争论的主要方法。更加重要的是，语义分析方法使物理哲学家对时空本体的认识有可能更进一步，由绝对对立的传统实体论和关系论发展到融合了实体论和关系论各自关键特点的时空结构实在论，最终弱化了实体论和关系论各自的立场。

从时空模型的基础入手，错综复杂的时空实在论可以概括为图4-6。

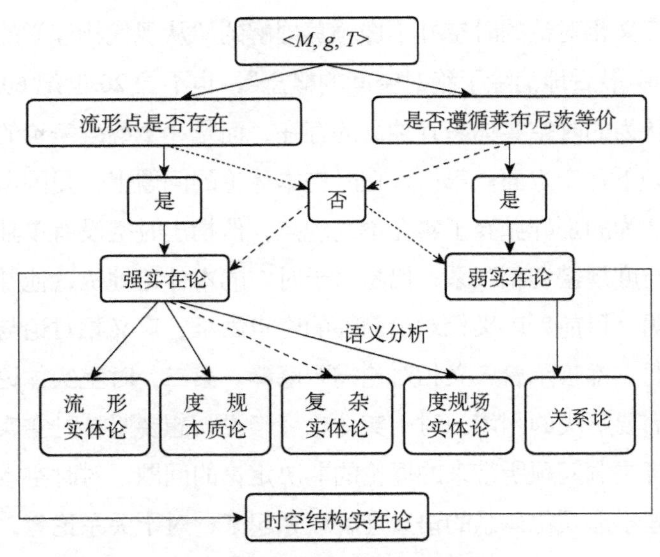

图 4-6 时空实在论关系图

图 4-6 中，对流形 M 点是否存在及对莱布尼茨等价性的理解不同，会直接导致两种对立的时空观。在实体论中，对 M 和 g 的语义分析的不同结果，又会导致流形实体论、精致实体论和度规场实体论等不同的实体论形式。精致实体论选择了遵循莱布尼茨等价性，这是时空实在论的弱化，是实体论者为了更完满地解释时空本质迈出的重要一步，也为时空实体论和关系论的融合奠定了重要的思想基础。

二、时空实在论形而上学诉求的不可决定性特征

洞问题的研究中，实体论的非决定性困难使人们不得不重新反思时空实体的可能本体论性。但其反思的途径却并非直接针对时空的实体进行，而是通过对广义相对论理论的微分同胚不变性的哲学内涵进行，进而对当代物理学理论解的多样性如何保证我们的认识与真实的世界之间的一致性进行，得到对时空的新认识。为了解决洞问题的非决定性，实体论发展出了各种各样的形式。我们可以看出的是，无论是度规本质论、度规场实体论还是复杂是体论，都是从语义实在论的角度来解释时空本质的。从而凸显了语义分析方法作为一种科学方法论的灵活性和重要性，但诸多实体论

形式的出现也暴露了语义分析过程中可能掺入的主观性带来的人们对真理问题的理解的困惑。正如物理哲学家们普遍指出的，有多少人去解释，就有多少种不同的实体论，而在每一种实体论周围，就会出现一种相应的关系论的观点与之对应。时空哲学发展的这种历史事实告诉我们，时空语义分析的结果是依赖于解释者和解释语境的，根据不同的语境选择，可以得出不同的时空本质的解释，广义相对论并不能唯一地决定时空的本体论地位。这是一个物理学思想与哲学思想调和的过程，作为理论发展的决定性因素，任一语境所需要的定律都不能唯一地决定抽象实体，各种语境因素之间的相互制约作用决定了，最终能够给予抽象实体一个合理的判断的，必然是一个具体的系统集合。

"洞问题"的研究反映了当代物理哲学家站在科学理性的角度对广义相对论时空的深刻思考。但是由于实体论和关系论的争论最终是一个形而上学的问题，得不到理论的证实或者证否，所以正如美国明尼苏达大学教授海尔曼所说，"今天时空哲学中的某些问题与 17 世纪牛顿和莱布尼茨所争论的那些问题并无很大区别"[①]。正因为如此，许多物理哲学家认为时空本质的争论前景是黯淡的。这种情况往往伴随着对目前时空哲学讨论状况的悲观情绪。因而，瑞纳齐维兹对比了时空哲学目前的状况与它辉煌的过去：[②]

> 对于实体-关系争论来说，引人注目的是，虽然它把 17 世纪的自然哲学家们卷入了 19 世纪并且继续在理论哲学中受到争论，但是 20 世纪物理学对这个争议的兴趣事实上已经衰落为零。

分析这种悲观情绪的深层原因不难发现，在对洞问题的研究中，物理哲学家几乎完全诉诸语义分析的方法，想要通过对理论的形式体系的语义分析，直接得到关于时空的形而上学本质的断言。结合科学哲学的发展可

---

① 海尔曼 G. 科学哲学的新趋势. 自然辩证法研究，1988，(3)：13.

② Rynasiewicz R. Rings，holes and substantivalism：on the program of Leibniz Algebras. Philosophy of Science，1992，(59)：588.

以看出，实体论和关系论争论的特征符合从弗雷格开始的将断定句的语义值论证为真值，把句子的语义值看作从可能世界到真值的函数的做法，这种做法是把自然语言的语义分析牢固地建立在了真值的观念上。但是这种做法是得不到结果的，因为在任何情形下，讲话者的言说意义并不能完全由真值确定，总存在一些语词字面以外的东西，如指示性、歧义性、模糊性，以及非真值内容。因此，总需要一些语用解释，即不只是通过约定的语言信息，而且需要通过与超语言信息相结合。[①]因此，在对理论的理解、解释和选择的过程中，不可避免地包含物理哲学家可能的心理意向性，语义分析并不能在理论和形而上学之间建立直接的语义对应关系。在这个意义上，“科学解释的条件主要是由语境和说话者的兴趣所决定的”[②]。不同解释者具有不同的知识网络，对理论进行解释的心理欲求也不相同，因此，单纯考虑语形学和语义学层面上的科学解释而不考虑解释者的心理意向性，这样的解释不具现实性。因此，实体论和关系论之争必然得不到确定的结果。

但是，物理学是不断向前发展的，对时空的思索也随着物理学的发展而不断受到冲击，即广义相对论洞问题之后，量子引力的出现及物理学家在其中对时空本质的思考完全推翻了关于时空实在论争论悲观的论调并且以一种明确的方式凸显了心理意向性的重要作用。量子引力中实在论思考的特征表明，时空作为物理学的逻辑基础，人们对它的哲学思考会永远随着物理学的发展而变化并显现其价值。关于这一点，量子引力不同方案的时空预设就是最好的说明：由于对广义相对论时空的理解不同，超弦和圈量子引力这个量子引力的主流理论存在着根本上相异的对时空的哲学理解。超弦理论中背景时空的存在从某种意义上说就是物理学家站在实体论的角度理解了时空的存在，而圈量子引力的背景无关性则是斯莫林和罗威利等物理学家所持的时空关系论的直接结果。

---

① 殷杰，郭贵春. 论语义学和语用学的界面. 自然辩证法通讯，2002（4）：13-14.

② van Fraassen B C. The pragmatics of explanation//Balashov Y，Rosenberge A. Philosophy of Science. London：Routledge，2002：66.

第五章 时空实在论语用依赖性的凸显

如果说洞问题的研究是推进当代时空实在论发展的一个重大因素的话，那么接下来对时空实在论带来冲击的一个非常重要的因素则是量子引力理论。量子引力理论出现于20世纪80年代，是物理学领域继广义相对论和量子力学革命以后又一场新的革命。这次革命的主要目的是要把引力量子化，也就是把广义相对论和量子力学相结合，发展一种量子化的引力理论。量子引力在基础上融入了物理学家对时空本体论的某种考虑，随着理论的发展，这些考虑得到哲学家的关注，必然会对时空实在论产生重要的影响。

量子引力的方案有很多种，目前最显生命力的是超弦理论和圈量子引力理论，我们所要关注的是这两种理论对时空的处理。超弦理论和圈量子引力理论对时空的处理有两个重要的特点：①都要求时空的量子化，这是关于时空结构的讨论在微观领域的延续；②超弦理论是背景相关的，而圈量子引力理论是背景无关的。这两种不同的时空态度是引发时空哲学讨论热潮的主要因素。量子引力时空凸显的问题主要有：第一，与广义相对论相比，量子引力的时空量子化范式不可避免地会对时空实在论带来冲击；第二，量子引力时空背景的选择影响了时空理论的发展，凸显了心理意向性的作用，时空实在论想要对时空实在进行一种合理说明，就必须考虑这种语用因素的存在。

第一节　时空实在论与量子引力的时空量子化

爱因斯坦广义相对论的提出是在宏观物理学发展的顶峰时期，曾经引起哲学界和物理学界关于时空本体论和认识论的巨大争论，同时也对哲学家和物理学家的时空观念和思维方式产生了巨大影响。但是从物理学的角度来讲，量子力学和量子场论的发展使人们的视线很快就发生了转移，对时空的关注减少了。1923～1926年，德布罗意、海森堡、薛定谔和玻恩等人通过努力建立了非相对论量子力学；1927年，狄拉克把狭义相对论和量子力学结合起来建立了量子场论，由此建立了相对论量子力学；1929年，海森堡和泡利建立了量子场论的普遍数学形式；1948～1949年，重整化理论提出，从而建立了量子电动力学；1954年，杨振宁和米尔斯提出规范场论；1967年，温伯格和萨拉姆提出SU（2）× U（1）弱作用和电磁作用统一模型；1973年，量子色动力学提出，建立了夸克之间强相互作用的SU（3）规范理论；70年代后期，学界提出了统一强作用、弱作用和电磁作用的SU（3）×SU（2）×U（1）的所谓标准模型[①]。在量子力学和量子场论的发展中，物理学所关注的重点并不是时空问题，它们对时空的考虑仍然建立在经典的时空观念上，因而，即便在80年代以后，物理哲学家对时空的讨论，仍然局限于广义相对论所带来的对时空本质的思考。

但是，在微观物理学发展到新的顶峰，即量子引力理论提出的时候，时空这个物理学和哲学之间悬而未决的问题又一次凸显并且仍然难以逾越。其深层次的原因在于，量子引力理论是把广义相对论纳入量子理论框架的尝试，实质上也就是时空的量子化理论。这就不可能不触及时空这个根本因素，不可能不对时空实在论的发展产生冲击。

一、广义相对论和量子场论时空概念的冲突

作为本章内容的基础，首先要了解量子引力构造过程中广义相对论和量子场论之间的冲突。广义相对论和量子力学是20世纪物理学的两大支柱理论，但是当物理学家尝试对它们进行结合以建立量子引力理论的时候却发现了无法调和的困难。这种现象的根源就在于广义相对论和量子场论时空概念等的冲突，表现在三个方面。

首先，广义相对论和量子理论时空概念的不相容性。我们知道，一个量子系统的波函数由系统的薛定谔方程：

$$H\Psi = i\hbar\frac{\partial}{\partial t}\Psi$$

① 冯宇，薛晓舟. M理论及其哲学意义. 自然辩证法研究，2000，（5）：2.

决定，方程式左边的哈密顿量 H 包含了对系统有影响的各种外场的作用。但是薛定谔方程属于非相对论量子力学，对于引力是不适合的。广义相对论的引力场方程将度规场和物质场统一了起来。这是一个经典意义上的方程。如果考虑量子效应，我们知道物质场都是量子化了的，从而方程右边的物质能动张量将不再是经典的量，而应该被量子化为算符。但是在弯曲时空量子场论中讨论空间时间度量性质的时候，方程左边描述时空的爱因斯坦张量仍然是经典的，这在理论上极不自洽。

其次，虽然广义相对论和量子理论在各自的领域中都获得了巨大的实验上的成功，但是它们也都面临着一些尖锐的问题。比如广义相对论所描述的时空在很多情况下——比如在黑洞的中心或宇宙的初始状态——存在所谓的“奇点”。在这些奇点上，时空曲率和物质密度都趋于无穷。这些无穷大的出现是理论被推广到其适用范围之外的强烈征兆。无独有偶，量子理论同样被无穷大困扰，虽然由于所谓重整化方法的使用而暂得偏安一隅，但从理论结构的角度看，这些无穷大的出现预示着今天的量子理论很可能只是某种更基础的理论在低能区的“有效理论”。因此广义相对论和量子理论不可能是物理理论的终极解[①]。

最后，从物理学概念的发展上来说。从牛顿时代到 20 世纪初，物理学一直建立在很少数关键概念，如空间、时间、因果律和物质等之上。在 20 世纪上半叶前期，量子理论和广义相对论的成功把这些简单的概念基础进行了深刻的修正。而这种修正在它们各自内部的一致性和适用性却无法运用到它们之间的融合中去，没有一个新的一致的概念可以同时包容这两个理论。这是目前物理学的发展必然要解决的一个问题。因此，必定会发生一场大的概念革命，最终为物理学概念找到一个新的综合点，这个综合点就是时空的概念。

从量子场论的“微观因果性条件”可以看到量子场论时空概念在量子引力中会遇到的困难。首先介绍微观因果性条件的内涵。我们知道，因果性在宏观物理学中已归纳成为一条基本规律——因果律。实践证明，任何

---

① 卢昌海. 追寻引力的量子理论.《三思科学》电子杂志，2003 年夏季合刊，2003：7.

宏观物理现象都不会与因果律矛盾。物理学中，因果律可一般地表述为：对于任何线性“信号发生器”来说，“输入”到达以前不可能先有“输出”。由狭义相对论得知，任何物体运动或信号传播的速度都不可能超过（真空中的）光速。因此又可将物理学中的因果律表述为：如果两个事件之间的间隔是类空的，则它们不可能相互影响。从本质上说，微观因果性的研究是与相对论密切相关的，因此在非相对论性量子力学中，要给出因果律的确切表述是困难的。而量子场论中，因果律体现在对场算符对易关系式的约束上：采用海森伯绘景时，如果两个玻色场算符 $\hat{\Phi}(X^i)$ 和 $\hat{\Phi}(Y^j)$ 之间的间隔是类空的，则它们的对易子等于零（相应地，对于两个费密场算符，则是它们的反对易子等于零）。其表达式为

$$\left[\hat{\Phi}(X^i),\hat{\Phi}(Y^j)\right]=0$$

由此引申出，对于微观可测量，当两次测量点之间的间隔是类空的，则不会彼此干扰。这就是所谓的“微观因果性条件”，它包容了理论的狭义相对性基础，也暗示了度规在量子场论中对理论的概念基础和数学形式的关键性。度规场对除引力场结构之外的时间几何学结构负责，暗示了它也对因果结构（包括微观）负责。

现在，我们考虑微观因果条件的量子引力类似，就可以看出量子场论和广义相对论之间的基本概念冲突。在引力的量子理论中，时空的度规将会是一个算符。由于因果结构依赖于度规，并且因果结构决定了两个事件是否是类空的，所以量子场论中如果假设度规倾向于量子涨落，就会断定类空的观念，并且因此微观因果性本身也要遭受量子涨落。这样，量子场论的基本公理之一就没有意义了。①

量子场论出现困难的一个根本原因就在于其半经典的时空背景，但广义相对论奇点问题的存在，也说明时空的结构存在着微观尺度。因此，在量子引力中，必然要对时空进行量子化处理。

① Wald R M. General Relativity. Chicago：University of Chicago Press，1984：381-382.

二、量子引力的时空量子化

量子场论中物质的量子化描述和时空的几何化描述之间的矛盾性，以及广义相对论的奇点问题都说明，我们需要一个时空的新概念，超越我们在量子场论和广义相对论中发现的概念。这就是量子引力中出现的时空量子化。

整体来说，量子引力时空所具有的与以往任何物理学中都不同的最显著特征就是时空的量子化。所谓时空量子化就是说，在微观尺度下，时空的结构是离散的而不是连续的。这里的微观尺度指的是普朗克尺度。量子引力要能够对黑洞内部及极早期宇宙的情形做出充分的描述，而其中的引力和相关的时空几何需要用量子化的语言来叙述。

时空量子化最初是量子场论发展中出现了紫外发散的困难后提出来的一种解决方案。1948 年，施奈德在《物理学评论》上发表了一篇题为"量子化时空"的文章，首次提出了他的时空量子化的思想和方法，到目前在量子引力理论的超弦理论和圈量子引力理论中，时空量子化已经是一个基本的概念框架了，其基本情况如下：

超弦理论改变了描述时空的几何工具，其中描述量子化的工具主要是非对易几何。由不确定性原理可知，空间时间的不确定关系为 $\Delta T \cdot \Delta X \geqslant l_s^2$，其中，$l_s^2$ 是通常所说的弦特征长度。这是非对易几何的一个指示。从而粒子的位置和时间将不再具有确定的意义，它们已经不能认为是纯粹几何学中点的概念内涵。从这种不确定关系给出的某种非对易空间时间关系的存在，是超弦理论和 M 理论的基础。在超弦/M 理论中，非对易几何已经被证明对 D-brane 动力学起着关键作用。人们据此猜测，非对易几何给出了关于空间时间量子本性的重要启示。①

圈量子引力理论预言空间就像原子一样，预言测量实验会得出一组离散的数据，证明空间是不连续的，它只是以面积和体积的特定量子单元而存在。体积和面积的可能值以称为普朗克长度的量为单位来测量。普朗克

① 李玉琼，薛小舟. 论 21 世纪空间时间观念的量子革命. 自然辩证法研究，2002，(7)：13.

长度非常小，只有 10^{-33} 厘米，它用于测量不再连续的空间几何构型。可能的最小非零面积大约是普朗克长度的平方，即——10^{-66} 平方厘米。最小的非零体积大约是普朗克长度的立方——10^{-99} 立方厘米。因此该理论预言在每立方厘米空间中有 10^{99} 个原子体积。量子体积如此之小，以至于每立方厘米中的这种量子数比可见宇宙中的立方厘米数（10^{85}）还要多。

在物理学中，一个理论的正确性只有通过实验的证明才能确立，在远离实验的量子引力理论中，我们无法找到可以验证时空量子化结构的实验，但是，我们可以给出相关理论发展的支持。

最直接地讲，1971 年，彭罗斯提出了一个具体的量子化空间模型，叫作自旋网络。1994 年，罗威利和斯莫林研究圈量子引力中的面积与体积的本征值算符，结果发现这些值都是量子化的，它们对应的本征态和彭罗斯的自旋网络存在密切的对应关系。以面积算符为例，其本征值为

$$A = L_p{}^2 \sum_1 [J_1(J_1+1)]^{1/2}$$

式中，L_p 为普朗克长度；J_1 取半整数，是自旋网络上编号为 1 的边所携带的量子数。这些本征值都是离散的，是迄今有关普朗克长度物理学最具体的结果。

间接来说，迄今为止对量子引力理论最具体的“理论证据”来自于 20 世纪 70 年代初开始的对黑洞热力学的研究。我们知道，黑洞是广义相对论最重要的预言结果之一，是经典理论的成果。广义相对论著名的“黑洞无毛定理”表明，黑洞内部的性质由其质量、电荷和角动量三个宏观参数完全表示，不存在所谓的微观状态。而贝肯斯坦和霍金对黑洞热力学的研究结果却达到了普朗克尺度下量子化性的最引人注目的证据。

1972 年，贝肯斯坦受黑洞热力学与经典力学之间的相似性启发，提出了黑洞熵的概念并估算出黑洞的熵正比于其视界面积。稍后霍金发现了著名的霍金辐射。霍金辐射的产生建立在一门半经典半量子的学科之上，即用以广义相对论时空为背景的半经典近似方法研究了黑洞视界附近的量子过程。他发现在考虑了量子场论的效应之后，黑洞不再是“绝对黑”的

了，它们通过量子力学中的“隧道效应”向外界进行热辐射，从而表明黑洞真的有物理温度，有熵。由此出发，霍金也推导出了贝肯斯坦的黑洞熵公式，并确定了比例系数。这就是所谓的贝肯斯坦-霍金公式：

$$S = \frac{Kc^3}{4\hbar G_N} A$$

式中，K 为玻尔兹曼常数，它是熵的微观单位；A 为黑洞视界面积；$\hbar$ 为普朗克长度。我们从普通的统计力学可知，任何宏观的熵都有它微观的统计解释，它是一个衡量系统微观自由度的多少的量。但是在半经典近似范围内，只有物质场是量子化了的，而时空背景却依然是经典的，所以无法做到从统计学角度来理解黑洞熵产生的根源。要理解黑洞的熵，必须进一步理解时空本身的微观自由度，即要探索时空的微观结构。这是半经典方法的局限性，却正是量子引力所要解决的一个中心问题。在这个问题上，超弦理论和非微扰量子引力理论已经取得了突破性的进展。

圈量子引力对黑洞熵计算的基本思路是黑洞熵所对应的微观状态能够由给出统一黑洞视界面积的各种不同的自旋网络位形组成的。按照这一思路进行的计算最早在 1996 年由克拉斯诺夫（K. Krasnov）和罗威利分别完成，结果为

$$S = \frac{\beta}{\gamma} \frac{Kc^3}{4\hbar G_N} A$$

式中，γ 为任意常数；β 为实数（$\sim 1/4\pi$）；显然如果取 $\gamma=\beta$，则可以得到上述贝肯斯坦-黑洞熵公式。[①]

超弦理论对黑洞熵的计算利用了所谓的“强弱对偶性”（strong-weak duality），即在具有一定超对称的情形下，超弦理论中的某些 D-brane 状态数在耦合常数的强弱对偶变换下保持不变。利用这种对称性，处于强弱耦合下原本难以计算的黑洞熵可以在弱耦合极限下进行计算。在弱耦合极限下与原先黑洞熵的宏观性质相一致的对应状态被证明是由许多 D-brane 构成的，对这些 D-brane 状态进行统计所得到的熵和贝肯斯坦-霍金的黑洞

① 卢昌海. 追寻引力的量子理论.《三思科学》电子杂志（2003 年夏季合刊），2003：7.

熵公式完全一致。

黑洞热力学的另一个问题是黑洞信息丧失悖论。黑洞信息丧失悖论指的是一个系统的熵可以与描述它所需的信息总量联系起来，当物质被抛入黑洞时它们所携带的信息对于外界观察是隐藏的，因为没有信息可以从内部逃逸。而黑洞在霍金辐射下最终会蒸发，如果黑洞蒸发掉了，这些信息最终就会消失，这与热力学原理相抵触。关于黑洞信息丧失悖论的解决方案大致有如下几种[①]。

（1）丢失的信息逃逸进入其他宇宙。

（2）黑洞的蒸发最后会停止下来，遗留下的残余物中包含了信息。

（3）任何空间区域所包含的信息总量都有一个严格的限制以确保进入黑洞的信息不会超过它的熵代表的总量。

第一种解决方案暗示着量子相干性的丧失，我们将不得不完全改变量子力学的原理来对应于这种方法；第二种方案似乎暗示着黑洞必须有无限小的量子数；对于第三种方案，如果信息的总量是限定的，那么一个量子引力场论的自由度也一定是有限的。受此鼓舞，特霍夫特、苏斯坎特等提出物理学的原理从一个定义在时空表面而不是穿越时空的量子化场论的角度去描述。因为在微小的时空内储存的信息是有限的，特霍夫特坚持这种熵和信息的有限性是时空量子化的证据。

三、时空实在论与时空量子化

时空量子化会对时空实在论带来什么样的冲击呢？这一点目前很少有人研究。但是可以看出的是，量子引力中，我们在广义相对论背景中建立起来的时空语义模型不成立了，因为描述时空的几何语言由传统意义上的连续几何语言变成了量子化的几何语言，而由于量子引力并没有发展成为一个单一成熟的理论，我们并不能建立起一个新的语义模型，但是时空的量子化无疑应当为我们带来一些时空认识论的启示。

---

① Gibbs P. The Cyclotron Notebooks：The Quantum Gravity Challenge. http：//www.weburbia.com/pg/qugrav.htm[2013-1-18].

在量子力学中，测不准关系就表明，只要采用坐标和动量这样的经典力学量来描述微观粒子的运动，在原则上必然造成这种不准确性。因此启发人们，适用于宏观客体的坐标、动量等力学量，并不适用于微观客体，宏观时空观念已经不能正确地反映微观领域的时空。另外，按照量子力学中波函数的几率解释，某一时刻，宏观空间的某一位置上微观粒子出现的概率。运动函数所描述的乃是宏观时空中微观粒子出现的"概率波"，这颠覆了宏观运动中通过时空关系的变化来表现客体运动的范式。在这个意义上，量子力学的波函数并未涉及微观时空本身，它只是通过后者在宏观时空背景上的"投影"，即波函数的时、空坐标而间接地反映了微观客体的运动规律。在量子场论中，由于出现了"虚粒子"和"虚过程"，它们对于通常的宏观时空尺度来说，在原则上是不可观察的，因而通常的宏观时空坐标在这里已经根本无从谈起。

20 世纪 20 年代末，相对性量子力学的诞生直接导致了时空量化的观点。按照相对性量子力学，即使不考虑粒子的动量，其坐标在原则上照样是不能以任意精度测定的。因为当借助于光子来测量粒子的动量时，为了提高精度必须减小光波的波长，可是随之光波的频率和光子的能量必将增大，当其能量达到一定的限度时，光子和粒子之间的作用能量就足以产生出相应质量的新粒子。因此，对任何粒子的坐标测量，其精确度都有一个上限。这就意味着比这个上限更小的空间间隔在原则上的不可观察性。所谓空间量子或者海森堡所说的"普遍长度"的假说，即与这种所谓最短空间间隔相对应。与此同时，关于时间量子的假说亦出现了。

量子化时空的出现，一方面克服了量子力学和量子场论把连续时空作为背景的局限性；另一方面告诉人们在不同世界层次中，不同的时空结构和时空特性的存在是可能的。

时空量子化很重要的一个因素是量子化几何语言的出现，因而才有可能建立量子化空间的数学模型。但这并不能仅仅归结为一个纯数学的问题，大多数人认为，这种数学模型的建立必须以具有量子结构的客观时空作为存在的依据，这无疑会影响到时空实在论的观点。

第二节　量子引力的时空背景与时空实在论选择

除了时空量子化，量子引力与时空背景的选择密切相关的另一个特征是超弦理论和圈量子引力对时空是否作为背景的选择的差异。差异的根源联系着两个与时空密切相关的概念：背景无关性（background-independence）与背景相关性（background-dependence）。这两个对立的概念最直观地反映了广义相对论所带来的时空观念的深刻变革，同时也最直观地反映了量子引力的超弦理论和圈量子引力理论对时空不同处理的根本基础。

在牛顿理论和狭义相对论中，时空作为固定的背景出现。这种拥有背景结构的理论被称为“背景相关”的理论。目前已知的量子力学和量子场论，都是背景相关的。它们都有固定的度规，依赖于固定的时空背景。

与此相反，广义相对论首次从形式上明确了时空结构与物质分布和运动的紧密关系，它所带给我们最重要的启示就是时空没有固定结构，不存在固定的时空背景，这就是背景无关性的含义。背景无关性认为时空的几何构型不是固定的，相反它是变化、动态的量。[1]广义相对论拥有背景无关性，它的数学表现是爱因斯坦方程的微分同胚不变性。关于微分同胚不变性可以进行这样的描述，即系统 S 的非微分同胚不变理论描述的是 S 中的客体就 S 之外客体所组成的参照系而言的演变；而系统 S 的微分同胚不变理论描述的是 S 内部客体之间就对方而言的动力学。在此，局域化只是内部相关地定义的。一个客体定域在某处只是对于理论内部的其他动力学客体而言，而不是对其之外的参照系而言的。[2]

虽然一系列实验的成功及物理学的发展证明了广义相对论的正确性，

① 李·斯莫林. 量子化时空. 孙学峰译. 科学，2004，(3)：42.

② Rovelli C. Strings，loops and others：a critical survey of the present approaches to quantum gravity. Plenary Lecture on Quantum Gravity at the GR15 Conference，Poona，India，April，1998.

证明了时空的动态结构，因而说明物理学理论应该是背景无关的，但是，从牛顿物理学开始的时空作为背景而存在的情况，在 20 世纪量子力学和量子场论的形式体系发展中却没有得到改变。量子力学与量子场论同样延续了这样一种对时空的处理方式。量子力学一开始就是在固定的时空背景中提出的，其时间从一开始也是给定的，而且是非动态的。在相对论性的量子场论中，充当理论固定背景的是闵科夫斯基时空。现代物理学语境中，背景结构的概念可以看作具有以下特征：①不遵循“作用-反作用”原理；②在理论的拉格朗日量中出现，但是在解决运动方程时并不变化；③在一个理论的（多个）模型之间不变。在经典物理学中，如在麦克斯韦电动力学中，拉格朗日量包括了一个时空上的固定度规，度规在运动或动力学方程中起作用且不随拉氏量中的其他变量变化，对其他变量的任何值的分配都允许度规不变。总之度规在理论的动力学模型中是固定的。场论中，虽然量子化把场变量都变成了算符，但是这些算符都是时间和空间的函数，物理态依赖于时间和空间。简言之，为了定义态、算符，甚至是基本公理，量子场论仍然依赖于传统的时空背景。

量子力学的背景相关性与广义相对论的背景无关性注定了 20 世纪的这两大支柱理论之间存在不可调和的不相容性。事实上，物理学的发展已经多次表明修正时空观念的必要性，举几个例子就可以看出。第一个例子，弯曲时空（非闵可夫斯基时空）量子场论的提出：作为粒子物理学的基础，通常意义上的量子场论是建立在平直的闵科夫斯基时空中的，这对于处在向地球这样的弱引力场中的微观粒子的描述而言是一个非常好的近似，但是在某些情形中，引力场的强度足以影响到其中量子化的物质但不足以要求引力场本身也被量子化，为此物理学家发展了弯曲时空中的量子场论。这就显示了通常量子场论中的一些假设无法被延伸到弯曲时空中。第二个例子，1976 年提出的盎鲁效应预言：一名加速运动的观察者可以观测到惯性参考系中观察者无法看到的黑体辐射，即加速运动的观察者会发现自己处在一个温暖的背景中，其所表示的意义为惯性参考系中观察者所看到的量子基态（即真空态），在一名加速参考系的观察者看来则是处在热力学平衡态。这即是说真空和观察者所经过的路径相关。第三个例子，史蒂芬·温伯格（Steven Weinberg）的著作《量子场论》就与闵科夫斯基空间中所发展出的量子场论相矛盾，因而支持了物理学中场本体论的观点。场本体论认为场的概念比粒子的概念更加基本。场处于激发状态时表现为出现相应的粒子，场的不同激发状态表现为粒子的数目和运动状态的不同。这几个例子都说明，时空与物质是紧密相关的，因而不可能作为固定的背景存在，物理学理论应当追求背景无关性。

量子引力中，超弦理论起源于夸克禁闭问题的研究，是从扩充量子场论出发的，因而超弦理论继承了量子场论对时空的处理方法，把时空当作物理学研究的背景。其中用一维的弦代替了点粒子，在固定的时空背景中作传递。后来因为弦论的频谱中被发现包括了引力子，所以转而发展成为量子引力理论。而圈量子引力理论则直接把相对论量子化，建立了背景无关的量子引力理论。这也表现了物理学家在建立量子引力时对时空的思考和态度。这样的哲学思考与广义相对论中时空实在论的思考紧密相关。量子引力的两种不同进路的竞争酝酿了时空实在论新的延续和发展。

一、量子引力两种进路的时空背景问题

要理解超弦理论和圈量子引力理论不同的时空态度，必须从最初建立量子引力的几种方法谈起。量子引力最初有很多种方案，其中，超弦理论则通常被视为协变量子化方案的发展，而圈量子引力是正则量子化方案的发展，

协变量子化方法试图保持广义相对论的协变性，其基本的做法是把度规张量分解为背景部分 η_{ab} 和涨落部分 h_{ab}，所以

$$g_{ab} = \eta_{ab} + h_{ab}$$

式中，h_{ab} 为平直背景 η_{ab} 中的一个小激发；η_{ab} 为闵可夫斯基度规 diag（−1，1，1，1）。这种方法和广义相对论领域中传统的弱场展开方法一脉相承，思路是把引力相互作用理解为在一个背景时空中由引力子传递的相互作用。在低级近似下协变量子引力很自然地包含自旋为 2 的无质量粒

子，即引力子。

这种展开用的主要是微扰处理。[①]其思想是要像处理电磁场的量子化那样来处理引力场的量子化，把引力场量子化以得到一种引力作用的媒介子（引力子）。然而，正如光子要求背景度规结构一样，引力子也需要背景结构。因此，微扰处理按照弱引力波在闵可夫斯基时空中的运动来分析，尝试把量子引力建立在微扰理论基础上。人们把微扰方法延伸到了量子引力理论中，最初这种方法由于不可重整化而失败了。但是由于超弦理论把场论中的点粒子改变成了一维延展的弦，所以可以处理发散，超弦理论就是一种微扰的量子引力理论。在这种量子引力方法中，时空的拓扑和微分结构就像矢量空间 R^4 一样，是固定的。弦被看作在背景空间中运动的客体。

引力的微扰量子化是背景相关的，它运用的窍门在于把弯曲度规的变化当作一个固定背景度规的微扰。但是在普朗克尺度下，量子效应变得非常重要，当能量越来越大（尺度越来越小）的时候，度规涨落会变得不可忽略，因此就越来越难支撑微扰量子化方法把各种各样的度规处理为平直、固定背景的小微扰的思想。

还有一种建立量子引力的方法是正则量子化。正则量子引力是只有引力作用时的量子引力，它不包括其他力的作用。正则量子化方法一开始就引进了时间轴，把四维时空流形分割为三维空间和一维时间，从而破坏了明显的广义协变性。时间轴一旦选定，就可以定义系统的哈密顿量，并运用有约束场论中普遍使用的狄拉克正则量子化方法。正则量子引力的一个很重要的结果是所谓的惠勒-德维特方程，它是对量子引力波函数的约束条件。量子引力波函数描述的是三维空间度规场的分布，也就是空间几何的分布。[②]

圈量子引力是正则量子化方案的发展，它深深地植根于广义相对论产生的概念革命之中。我们说，广义相对论远远不只是关于引力的场论，从

---

① Ashetkar A，Stachel J（eds.）. Conceptual Problems of Quantum Gravity：Proceedings of the 1988 Osgood Hill Conference. New York：Birkhauser，1991：1.

② 卢昌海，追寻引力的量子理论.《三思科学》电子杂志（2003 年夏季合刊），2003：7.

物理学的概念革命上讲，它是一种发现，是关于时间和空间的经典观念在基础水平上已经不充分并且需要深刻修正的发现，而这些不充分的观念就包含物理学发生于其上的背景度规（平直的或弯曲的）的观念。圈量子引力在微分流形（一种没有度规结构的空间）上建立了量子场论，而一旦量子场定义在流形之上，那么一个经典的度规结构就由引力场算子的期望值来加以定义，这样它完全避免使用度规场，从而不再引进所谓的背景度规，是一种背景无关的量子引力理论。同时，圈量子引力理论中微分同胚不变性的广泛应用是广义相对论思想在微观领域的扩展。与超弦理论的背景度规相比，一些物理学家认为圈量子引力的这种背景无关性是符合量子引力的物理本质的，因为根据时空度规本身是由动力学规律所决定的这个广义相对论最基本的结论，量子引力理论作为关于时空度规本身的量子理论，其中经典的背景度规不应该有独立的存在性，而只能作为量子场的期望值出现。

二、时空实在论的实体论和关系论选择

背景相关性与背景无关性之间的选择无疑反映了物理学微观世界的时空态度，值得深入思考，因而为哲学家们所关注。这种哲学介入也受到了物理学家的欢迎，罗威利作为圈量子引力理论的代表人物就很明确地支持物理哲学家在这种状况下发挥自己的功能。他说："作为一个卷入这种努力的物理学家，我希望对世界的科学描述感兴趣的哲学家不要限制自己评论和改善目前支离破碎的物理学理论，而应该冒险往前看。"[①]正因如此，量子引力逐渐成为时空实在论争论的重要理论基础之一。

那么，量子引力语境中，时空实在论的争论又会如何发展呢？目前可以看到的是，关系论在新一轮的时空革命中重新占据了上风，而且这一次，物理学家的观点起到了很大的作用。

首先来看实体论在量子引力中可能获得的地位。斯克拉曾经明确地把

① Rovelli C. Halfway Through the woods//Earman J，Norton J（eds.）. The Cosmos of Science. Pittsburgh：University of Pittsburgh Press，1997：182.

实体论定义为“时空支配并高于处于其中的物质……即使没有物质存在于其中，时空也存在”[①]。这样的定义给予时空以独立存在的容器的地位，无疑很符合牛顿物理学的情况。在广义相对论中语境中，流形实体论观点的得出也正是受到“时空容器”的传统的影响。洞问题之后，裸流形能够完全代表时空的观点被完全推翻了，可变的度规在时空的表示中起到了重要的作用，因而消除了“时空容器”的思想。但是在量子力学和量子场论中，度规却仍然有着优越的地位，因为在量子力学和量子场论中，空间和时间拥有固定的度规和联络结构。度规在理论的形式体系中具有优越的地位，在解决其他场的任何运动学问题和作用中不发生变化。虽然量子场的行为是相对于度规而定义的，但度规并不受量子场行为的影响。如果从时空实体论中的度规场实体论及度规本质论的角度来看，这种背景相关的理论很明显可以支持实体论的观点。

在量子引力理论中，超弦理论把度规分为背景部分和涨落部分，在很大程度上延续了时空背景的思想，希望能够设置一个引力子在其中运动的固定背景，而背景部分和涨落部分的假设，也似乎给我们提供了一种可以想象的时空图景。或许我们可以把这种路径看作实体论观点的支撑。但是由于超弦理论目前遇到了各种各样的困难，这种时空处理方式是否能够成功也没有最后的断言。相反地，圈量子引力对时空的处理方式受到更多的支持。圈量子引力的背景无关性使得很多物理学家，如斯莫林、罗威利等把它解读为一种关系论时空哲学的基础。

斯莫林在量子引力语境中详细描述了背景相关性和背景无关性理论的区别。他指出，在背景相关的方法中，理论的态、算符和内积的定义要求确定经典的度规几何，然后量子理论在这个背景中描述量子运动。理论可能允许描述背景周围的量子涨落，但在描述任何物理情形或进行任何计算之前必须确定经典的背景。在背景无关的方法中，理论的态、算符、内积的定义和态空间、动力学或者规范对称的定义中不出现经典度规，度规和联络仅仅作为算子进入理论。显然，斯莫林认为背景无关性暗示了时空的

① Sklar L. Philosophy and Spacetime Physics. California：University of California Press，1985：8.

关系论。他很清楚地写道：

> 我们经常把背景无关的和关系的看作是同义的。过去哲学家之间常常被表达为空间和时间的绝对与关系的争论，在物理学家对背景相关和背景无关的理论的争论中继续了。①

另外，圈量子引力语境中自旋网络的应用非常重要，这是由罗杰·彭罗斯（Roger Penrose）引入的，而在彭罗斯最初的思想中，就包含对时空的关系论理解，因为他在理论中去除了连续的时空流形，用一个组合的结构替代了它。彭罗斯写道：

> 特别地，空间和时间因此也不得不被消除，必须调用所谓的马赫原理：一个对象与某个背景空间的关系不应当被考虑——只有对象之间的关系才有意义。②

罗威利从理论数学方程的微分同胚不变性的角度详细谈论过对背景无关性理论和关系论之间关系的理解。他认为微分同胚不变性导致了经典决定论的失败。如果要坚持决定论，我们就必须把微分同胚不变的位形（configuration）看作物理地不可区分的。因此，微分同胚不变性是时空关系论的根源：

> 出于以下原因，（微分同胚不变性）暗示了时空的局域化是关系的。如果(ψ, X_n)是运动方程的一个解，那么$(\phi(\psi), \phi(X_n))$也是。（这里ϕ是一个微分同胚）。但是ϕ可能对于所有坐标时间t在一个给定时间t_0之前是同一的，而在$t > t_0$时是不同的。一个场在M中给定一点的值，或者一个粒子在M中的位置，在主动微分同胚ϕ下变化。如果它们是可观察的，决定论就失败了，因为相同的初始数据能够发展为关于运动方程的物理上可区分的路线。因此，经典的决定论迫使我们把$Diff_M$下的不变性解释为一种规范不变性：我们必须假定微分同胚位形是物理地

① Smolin L. Towards a Background Independent Approach to M-theory. ArXiv：hepth/9808192，1998：22.

② Penrose R. Angular Momentum：An approach to combinational space time//Bastin T（ed.）. Quantum Theory and Beyond. Cambridge：Cambridge University Press，1971：151.

不可区分的。[①]

时隔三年，罗威利更加详细地讲述了这种思想，并且完全排除了流形在时空中表示中的作用：

关键是，只有广义相对论中对位置的有物理意义的定义才是关系的。广义相对论把世界描述为包括了$g_{\mu\nu}(x)$的相互作用场，可能还有其他客体的集合。运动只能通过这些动力学客体相对于对方的位置和位移而被定义……所有这些都被编码进了广义相对论的主动微分同胚不变中……由于主动微分同胚不变性是规范的，广义相对论的物理内容只由源于基本动力学变量的那些量表示，它们完全独立于流形的点……（微分同胚不变性）摆脱了流形。[②]

那么，一旦我们用微分同胚的作用消除了对流形坐标的依赖性，抹去对点的参照的话，我们将把流形归于什么样的地位呢？罗威利的建议是，流形是一个“辅助的数学工具，用来描述动力学对象之间的空间时间关系”[③]。

斯莫林也看到了微分同胚的等价类和时空关系论之间的直接联系：

使得广义相对论成为关系的理论的一个基本的假定是，物理时空的定义不是对应于一个单独的(M, g_{ab}, f)的，而是对应于$Diff(M)$所有作用下的流形、度规和场的一个等价类。[④]

可以看出，或者有意，或者无意，物理学家在建构理论的过程中，潜在地暗含了对时空本体论性的某种考虑。物理学中背景相关性和背景无关性的争论与时空哲学中实体论和关系论的争论在量子引力中几乎变为一体了。很明显，背景相关性和背景无关性的争论与时空的实体论和关系论的

① Rovelli C. Loop quantum gravity. Library of Living Reviews. http：//relativity. Livingreviews.org/Articles/lrr-1998-1[2016-1-18].

② Rovelli C. Quantum spacetime：what do we know? //Callender C，Huggett N（eds.）. Physics Meets Philosophy at the Planck Scale. Cambridge：Cambridge University Press，2001：108.

③ Rovelli C. Quantum spacetime：What do we know? //Callender C，Huggett N（eds.）. Physics Meets Philosophy at the Planck Scale. Cambridge：Cambridge University Press，2001：108.

④ French S，Rickles D，Saatsi J（eds.）. Structural Foundations of Quantum Gravity. Oxford：Oxford University Press，2006：206.

争论具有两点类似之处。其一，不管争论的结果如何，它们都在“时空”和“物质”之间做出了的明确区别。换言之，度规场和物质场是两种不同的场。其二，背景相关性类似于实体论赋予了时空优先的本体论地位，而背景无关性则被解读为与关系论者一样，赋予了物质本体论优先的地位。

但是，我们同时也要看到，这里物理学家的观点占了主流，而物理学家的观点与物理哲学家观点之间的统一，也许还需要一个过程。因为按照洞问题中时空实体论的发展路径来理解，微分同胚不变性并不能等同于实体论的失败和关系论的胜利。因而，时空本质的争论在这里并不因为物理学家的意见就能达成共识。无论如何，超弦理论和圈量子引力理论在时空态度上的这种分歧，会走向一个什么样的方向呢?

三、时空实在论的结构论选择

从超弦理论和圈量子引力理论目前的发展看来，它们的成功和缺陷是互为补充的。超弦理论的微扰展开包含引力子，在一阶近似上给出了广义相对论，但是它缺乏完备的非微扰和背景无关的公式；圈量子引力理论在提供一个非微扰、背景无关的量子时空自洽的数学和物理学图景上是成功的，但是它与低能动力学的联系目前还不明确。现在有些物理学家正在致力于从基础上融合这两种理论的巨大分歧，虽然只有一小部分人在做这种工作，但无疑这种努力显示了两种理论可能统一的趋向性，而努力的主要途径是寻找一种背景无关的超弦理论。从目前的发展来看，一方面，超弦理论有五种最成功的方案：Ⅰ型、ⅡA型、ⅡB型、杂化E型和杂化O型，它们都预设了背景度规的存在决定着时空的因果结构；另一方面，超弦理论中存在两种对偶，如果A理论在强耦合下和B理论在弱耦合下相同，则它们是S对偶的。S对偶下，如果f是任何可观察的物理量，λ为耦合常数，则

$$f_A(\lambda)=f_B(\frac{1}{\lambda})$$

类似地，如果在大尺度R空间下的紧致化理论A与小尺度$1/R$空间下

的紧致化理论 B 相同，则它们就是 T 对偶的。计算表明，ⅡA 型和 ⅡB 型、杂化 E 型和杂化 O 型弦论分别是 T 对偶的，而 Ⅰ 型和杂化 O 型、ⅡB 型理论自身，分别是 S 对偶的。这种耦合之下不同弦论之间等价性的发现使得人们期望在弦理论的计算中能够得出背景无关的结果。威藤在 20 世纪 90 年代初就曾经在这方面做过详细计算，并且给出了背景无关的开弦场论公式。1995 年，威藤根据诸种超弦间的对偶性及其在不同弦真空中的关联，猜想存在一个根本的理论能够把它们统一起来，他把这个根本理论取名为“M 理论”。人们研究了五种超弦理论与 M 理论之间的关系，如图 5-1 所示：

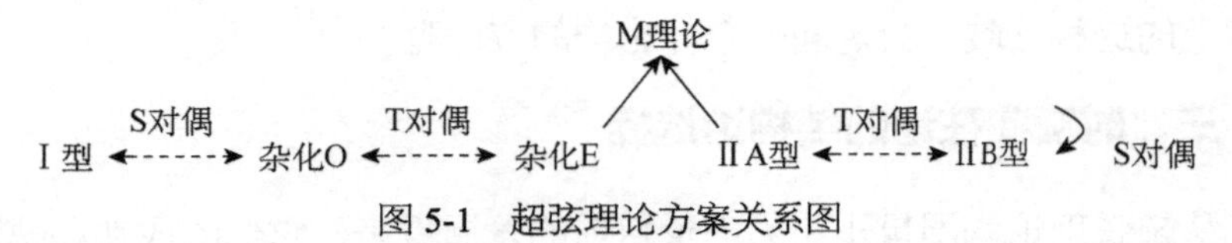

图 5-1 超弦理论方案关系图

图 5-1 中，实箭头表示 S 对偶，虚箭头表示 T 对偶。弦论的五种方案由于对偶性而和 M 理论在一个对偶网中联结在了一起，它们分别是单一 M 理论的特殊情形。当然至今 M 理论的具体形式仍未被给出，它还处于初级阶段。[①]有学者认为，要完成对弦理论的理解，人们必须独立于时空来系统地阐述弦理论，其结果可能是一种模型，而时空可能是此种模型中相互作用的弦的关系的结果。就像戴维·格劳斯所说的那样，“原则上，我们可采用弦论并解出方程，然后把弦方程的解作为时空结构的理论，来决定时空拥有什么样的几何”[②]。虽然这只是许多看法中的一种，最终的方案并不确定，但是可以看出，背景无关的超弦理论的思想在目前具有给出与圈量子引力理论关于时空态度一致答案的可能性。

与物理学上的融合相应，物理哲学界关于量子引力时空的看法也趋于寻找一种统一的出路。2007 年，瑞克斯和弗兰奇在《量子引力遇到结构论：物理学基础中的交织关系》一文中指出，“从我们的观点看，在保留

① 薛晓舟. 当代量子引力及其哲学反思. 自然辩证法通讯，2003，(2)：104.

② Davies P C W，Brown J (eds.). Superstring：A Theory of Everything? Cambridge：Cambridge University Press，1988：141-142.

时空的实在论的同时要尊重洞问题的最好方式是接受一种结构论的立场”[①]。而且他想证明的是，洞问题之后的精致实体论和关系论等都属于结构论立场的范畴。结合超弦和圈量子引力理论，瑞克斯和弗兰奇论证了结构论是通过诉诸背景无关性的途径获得成功的。

瑞克斯和弗兰奇首先分析了背景相关方法的缺陷。他们指出，协变微扰量子化方法中，运用了和处理电磁场相同的方式来处理引力场。“正如光子要求背景度规结构一样，引力子也需要”[②]，因此人们按照弱引力波在闵可夫斯基时空中的运动来分析，把时空度规 $g_{\mu\nu}$ 分为背景部分和微扰部分。但是微扰方法导致了一个不可重整化的理论。用罗威利的话来解释这种结果的原因就是：“广义相对论对空间和时间的观念改变得太彻底，很难赞同平直空间的量子场论。”[③]大部分物理哲学家也都赞同，最初的协变微扰出现发散困难的原因主要在于理论强加的背景相关性。

超弦理论运用了这种固定和经典的度规背景，虽然它对理论的基本客体进行了修正，增加了基本客体的维度，由此来避免发散的问题。但这种方法要面临的问题是，引力效应在普朗克尺度下会变得很重要，因此当能量越来越大（尺度越来越小）的时候，度规的涨落会变得不可忽略。这样就越来越难以支撑把度规处理为平直、固定形背景的小微扰的思想。

因此瑞克斯和弗兰奇还是赞同背景无关的理论方法，主要是圈量子引力的方法。但是，与斯莫林和罗威利把背景无关性等同于时空的关系论不同的是，瑞克斯和弗兰奇在这里提出了一种结构论的方法。他们指出，“背景无关性和结构论是相符得很好的伙伴，比传统的实体论和关系论符合得更好”。

斯莫林支持自己关系论的基础是，他认为广义相对论的微分同胚数学结构不提及点，因为点不是微分同胚不变的实体。因此，不存在某种场作

---

① Rickles D，French S R D. Quantum gravity meets structuralism//Rickles D，French S，Saatsi J (ed.). Structural Foundations of Quantum Gravity. Oxford：Clarendon Press，2006：4.

② Rickles D，French S R D. Quantum gravity meets structuralism//Rickles D，French S，Saatsi J (ed.). Structural Foundations of Quantum Gravity. Oxford：Clarendon Press，2006：16.

③ Rovelli C. Quantum gravity. Cambridge：Cambridge University Press，2004：4.

为流形上给定的点 x 值的形式的可观察量。简言之，广义相对论的广义协变性使得理论中不存在局域的可观察量。瑞克斯和弗兰奇指出，这种观点是相当正确的。他们认为“这是洞问题的真正‘教义’”，但他们同时指出，“然而，斯莫林错了。……从这里到关系论和点的缺失还有很大一步”[①]。这种从“关系的局域化”到关系论的推论相当普遍，但却是一个“不符合逻辑的推论”，因为精致实体论的发展证明了实体论也可以和这种“广义相对论的可观察量是关系的”的观点达到完全一致，并且与它对等价类的观点也是一致的。因此，在这里仍旧会出现形而上学的非充分决定性：实体论和关系论都可以对此做出解释，但与理论的形式都相容。因此瑞克斯和弗兰奇提出，我们的责任在于通过采纳一种结构论的形而上学来逃避非充分决定性。要做到这一点，他们转而求助结构论的方法：“忘记点，忘记个体的物质场，像被度规的等价类所描述的那样的结构，才是我们应当做出本体论承诺的地方。”

总而言之，超弦和圈量子引力理论的不同时空预设及其复杂的形式体系使得人们要完全理解它们的物理和哲学含义还需要一定的时间，但我们可以看出，物理学家和物理哲学家在这个问题上的步调是一致的：他们在处理相异时空认识的态度上已经远离了形而上学的针锋相对，而是致力于寻求其统一的可能性。这是理论发展中科学理性作用的鲜明体现，是一种趋于成熟的科学研究方法的展示。

第三节　量子引力语境中时空实在论的特征

一、时空实在论的回归性和超越性

量子引力对时空实在论的冲击是显而易见的。但与洞问题语境中不同的是，在量子引力时空的哲学问题上，哲学家的介入比物理学家要少。也

① Rickles D，French S R D. Quantum gravity meets structuralism//Rickles D，French S，Saatsi J，(ed.). Structural Foundations of Quantum Gravity. Oxford：Clarendon Press，2006：24.

正因为如此，量子引力中时空实在论的表达出现了些许的回归性。这种回归性表现在，这些物理学家对背景无关性的解读有些直观。物理学家认为背景无关性等同于支持了关系论的时空观点，这有些类似于 20 世纪 60～70 年代广义相对论时空语义模型建立之前人们对广义相对论的解读方式，认为广义相对论把时空和物质场统一起来就代表广义相对论支持了时空是物质之间的相互关系。

时空实在论出现这种回归性，是因为量子引力目前并没有得到一种统一的方案和形式体系。因而不可能像洞问题中对广义相对论建立时空语义模型那样对它进行模型化和语义分析。但是，虽然具有些许的回归性，量子引力中的时空解读并没有完全脱离从广义相对论洞问题而来的语义分析方案。因为罗威利在否定实体论的时候，也是首先从否定流形对时空的表征开始的。在时空实在论经历了几十年发展后的今天，量子引力中的时空实在论并非是 20 世纪中期人们所理解的那样了，它具有了很大的超越性，主要表现在两个方面。

其一，物理学家解读的超越性。斯莫林和罗威利等物理学家对背景无关性的解读使他们坚定地站在时空关系论的立场上，但这种解读与 20 世纪 60～70 年代人们的直观解读相比已经具有了更加深厚的理论和理性的基础，并非表面看起来那么直观。

其二，物理哲学家解读的超越性。虽然目前哲学家对量子引力时空的介入少于物理学家的介入，但是，由于理论发展之间的连续性，物理哲学家很敏锐地看到了在量子引力中，实体论和关系论的争论必将会面临形而上学非充分决定性的问题。因而，量子引力语境中时空实在论必将超越实体论和关系论的争论而走向结构实在论。量子引力时空具有它的典型特征，而这种情形的出现，具有它独特的时代特征。

第一，物理学新革命的要求。历史地看，每一个时代科学的基础革命都发生在物理学领域，比如说牛顿力学、相对论和量子理论等。17 世纪的牛顿物理学和 20 世纪的相对论和量子力学都有领先于它们当时研究传统的基本哲学分析。正如赖兴巴赫指出的，“经典哲学家与他们时代的科学有着紧密的联系”[①]，莱布尼茨、马赫等人就是很好的例子。与物理学的革命相联系，对理论的构造会向着更加严谨、更加沉思的态度转变。事实上库恩就曾经指出这种转变的必然性。[②]量子引力也不例外。当代量子引力理论的发展，很好地印证了库恩的下一段论述：

> 当面临反常或批评时，科学家对现存的范式持不同的态度。而他们的研究性质也随之改变……相互竞争的明晰度的增加、积极地尝试任何事情、直率地表达不满、求助于哲学和对基础的争论，所有这些都是从正常到特别研究的症状。[③]

量子引力理论是将广义相对论和量子力学相结合的理论，但是在各自领域内分别都取得了极大成功的量子力学和广义相对论这两大 20 世纪物理学的支柱，在结合的时候却遇到了难以克服的困难。这种困难预示着物理学需要一次概念的变革，一些基础的理论需要修正。而这些需要变革和修正的概念中，首当其冲的就是时空。量子引力的不同形式体系，就包含物理学家对时空的不同态度。正如库恩所说，当科学面临反常或批评时，科学家对现存范式持不同态度，他们的研究性质也随之改变。[④]我们正是要从时空的角度来发现广义相对论和量子引力的许多问题在何种程度上、在它们的本质和起源上是“哲学”的。

第二，实验数据缺乏的要求。时空观的这几种形式，在量子引力物理学家中都有着不同的代表人物，他们的观念导致了不同的理论研究方向。这一点在量子引力的研究中显得尤其重要。因为，量子引力是一种不同于以往任何一种物理学理论的研究。如果我们说在以前的所有物理学理论，包括量子引力和量子场论中，存在理论的数学框架，存在着实验数据来证实这个框架，物理哲学家的任务只是检验和揭示这种框架及其与世界的关系，那么量子引力挑战哲学家的独特之处便确切地在于它缺少这样一个建

① Reichenbach H. The Philosophy of Space and Time. New York：Dover Publications，1958：xi.

② Kuhn T S. The Structure of Scientific Revolutions. Chicago：The University of Chicago Press，1970：88.

③ Kuhn T S. The Structure of Scientific Revolutions. Chicago：The University of Chicago Press，1970：90-91.

④ Kuhn T S. The Structure of Scientific Revolutions. Chicago：The University of Chicago Press，1970：90.

立好的框架并且在目前没有可以证明的实验检验。量子引力理论的特点就在于哲学家在它的物理学基础构造的部分起到了作用，主要在于理论构造的一致性和物理概念的澄清方面，因为量子引力经验的缺乏造成概念和数学的一致性在理论中占据了中心舞台。由于这个特点，它需要更多的来自哲学的思考和支持。正如曹天予指出的，“对于哲学家来说这是一种很珍贵的事态可以介入，有很好的机会做出积极的贡献，而不仅仅是对物理学家已经建立的东西作出哲学分析”[①]。

第三，数学应用极限的要求。从广义相对论以来的现代物理学，越来越倾向于依赖复杂的数学结构。但是这种数学上的应用有其极限，它不能单独地给出一个理论物理解释。事实上，广义相对论和量子场论就基于对实在本质的某些深邃的洞察。这些洞察在数学的形式下具体化了。但是，数学的极限要求我们回到广义相对论和量子场论背后的哲学洞见上去。对于量子引力，复杂的数学结构背后同样隐藏着物理学家对世界的认识假设，哲学的反思必定是有用的。

第四，理论解释的要求。物理哲学家的一个主要职责，就是解释物理学的数学结构。因此，有人经常谈及“关于量子力学的解释”“关于统计力学的解释”等等。但是解释一个物理学理论是非常困难的。因为数学的复杂性和物理对象领域经常具有“不可观察性”，因此就有大量的自由空间来填充这些方面的细节。物理学解释的一个基本部分是：选择一个形式的哪一部分来表现某事，然后必须给出它们在表现什么的说明。也就是说，必须给本体论提供一个说明。那么，对于量子引力，选择了它们最基础的分歧点，对时空这个最基本的假设的本体论地位的解释，也就是试图对整个物理学理论的基础做出解释。

二、时空实在论语用依赖性的凸显

从广义相对论、洞问题中的时空实体论和关系论的争论到量子引力理

---

① Cao，T Y. Prerequisites for a consistent framework of quantum gravity. Stud. Hist. Phil. Mod. Phys，2001，32（2）：183.

论对时空解释的运用表明，在最初，时空实在论的解释是把时空的实在性特征作为一个“未明事件”融于主体的视域，成为作为主体的解释者和求解者的视界融合。而这一融合的过程是通过意向性的语言交流和构造经验来实现的，并且因为语用的因素产生了不同的结果，而解释的不同结果必须放在理论发展的整体性语境中，才具有实践的意义。

量子引力中突出的是物理学家对广义相对论时空的不同解释被融入了新理论的形而上学预设之中，从而影响了物理学理论本身的发展与我们对时空实在论的理解。这种时空预设的不同选择及物理学家的时空看法对理论形式体系的影响则在更加深刻的程度上凸显了心理意向性在理论发展中的作用，揭示了为什么洞问题中语义分析方法过强的形而上学诉求导致的实体论和关系论之间的不可决定性注定，也从事实上表明单纯建立在语义分析方法基础之上的形而上学断言解决不了时空实在的问题，我们必须关注语义分析中心理意向性的作用。

在物理学家对时空的不同解释中，可以明显看到的是，每一种语义解释都不是出于单纯的直觉，而是出于对理论中的流形、微分同胚不变性等一系列的物理概念的深刻而不同的理解。解释依赖于主体，由于解释语境的差异，不同解释主体形成不同的提问方式，因而形成特定的回答方式、特定的解释形式。因此，在这里，强调“语用性”所体现出来的是一种与作为认识主体的物理学家的背景信念、价值取向、时空情景等相关的对话认识论。这种由语用性主导的对理论的不同解释在实体论和关系论争论的层面是不具有实践意义的，但是在从广义相对论向量子引力理论的发展过程中，却显示出非常关键的作用。因此，对科学理论的解释，在这里是对时空实在的合理认识，应当是站在整体的角度，在科学理论发展的关联与变化过程中来理解。而在这个强调心理意向性的整体作用的语境中，对科学理论的形式体系所进行的语义分析才可能是有意义的。[①]

广义相对论时空解释的心理意向性在量子引力时空预设之中的延伸成为时空实在论必须要面对的一个事实因素，也是我们最终追求时空语境实

① 卡尔-奥托·阿佩尔. 哲学的改造. 孙周兴，陆兴华译. 上海：上海译文出版社，1997：111.

在论方案的一个基础。如果从理论发展的整体角度来看，忽略了这一点，时空实在论的方案就不可能得到成功。

时空实在论正是看到了实体论和关系论形而上学诉求过强的弱点，企图寻找一种能够融合争论的道路。这种策略主要通过本体论弱化的方式，企图回避时空解释中的心理意向性作用，超越对时空形而上学的追求。它转变了时空实在论的思路：不再追求对时空本质的言说，而是为理解时空的实在性提供一种合理方案。

第六章 时空实在论本体论后退的策略

从时空语义模型的建立到洞问题中语义分析方法的运用，再到量子引力中语用依赖性的凸显，这一系列分析清晰地呈现了当代时空实在论发展的理性特征及其所要面临的问题。毫无疑问，单纯的思辨不能给出时空本质的正确解释，而语用预设的重要作用也告诉我们，单纯地诉诸理论自身的数学形式体系及其解释，彻底地排除形而上学的意义和功能更不是理性自身的本质。时空实在论的上述努力注定无法跨越形而上学与认识论之间的鸿沟。因而，实体论和关系论永远无法得到例证，谁也无法真正地说服对方。事实上，这种情况与当代科学实在论在微观理论实体问题上所面临的难题并无本质的不同。与科学实在论一样，时空实在论也在 21 世纪初开始寻找解决问题的出路，它们在方法论的选择上趋于一致，都是走向结构实在论。

总的来说，时空结构实在论的探讨包含了三个方面的特点：第一，时空结构实在论基于时空理论高度数学化的基础，强调数学结构在理论发展中的连续性；第二，从结构实在论的角度去关注时空争论中存在的本体论不连续性问题和非充分决定性问题，以求给出合理的解决方式；第三，时空本体论争论中对时空点的看法，直接影响了时空结构实在论的具体形式和内容。

本章就从阐述结构实在论的方法论特征开始，继而分析结构实在论在时空本体论争论中的作用，最后探讨时空结构实在论的方法论特征，指出它基于语义概念的整体论的方法论趋向及其不足之处。

第一节　结构实在论的基本形式

结构实在论是 20 世纪 90 年代至今非常流行的一种科学实在论形式。从其提出的根源上来讲，结构实在论是想要平衡当代科学哲学中科学实在论的无奇迹论证和反实在论的悲观主义元归纳这两种相反但是却很有力的争论而提出的。结构实在论从一提出来就受到了很多的关注并引发了一系列探讨，发展出了不同的结构实在论形式。总的来说，结构实在论是把特定理论的数学方结构看作科学理论的实在基础。按照对“结构”的认识论作用和本体论态度的不同，结构实在论大致可以分为三种版本。第一种叫作认识的结构实在论（epistemic structural realism），这是沃热尔的观点，认为只有在世界中例示了的关系的意义上的结构才能为我们所知，但是它并没有承诺结构的本体论地位[①]。第二种是雷德曼和弗兰奇的观点，被称作形而上学结构实在论或本体的结构实在论（ontic structural realism），认为只有在世界中例示了的关系的意义上的结构才是真的。这也就是承诺了结构的本体论地位。第三种是曹天予的综合结构实在论，或者有人称之为知识论的结构实在论。[②]不同版本的结构实在论，具有不同的方法论特征，我们首先需要依次对它们进行分析，才能更好地理解结构实在论是如何运用于时空本体论争论的，也才能够更好地理解时空本体论争论对结构实在论的深刻影响。

一、认识的结构实在论

认识的结构实在论是沃热尔在1989年提出的。其目的是要解决科学实在论的“无奇迹论证”和反实在论的悲观主义元归纳论题之间争论的僵局。“无奇迹论证”是一种科学实在论的立场，它认为如果我们的科学理论不是按照真理的轨迹的话，那么其预言的成功将会是一个奇迹。换言之，只有站在实在论的立场来解释实验现象与科学的成功，才不会使其成为一种奇迹。而悲观主义的元归纳论题则在反实在论的立场上提出，由于过去我们有很多成功的科学理论后来都被证明是错误的，所以我们目前的和将来的科学理论很可能会遭受同样的命运。因而可以得到如下结论：理

---

① Worrall J. How to remain（reasonably）optimistic：scientific realism and the “luminiferous ether” // Hull D，Forbes M，Burian R M（eds.）. East Lansing：Philosophy of Science Association. Chicago：The University of Chicago Press，1994：336.

② 这种称呼来自于王巍的《结构实在论评析》一文，在文中他把结构实在论分为三种版本：Worral 的形而上学版本、French 和 Ladyman 的本体版本以及曹天予知识论或者认识论版本。而在陈刚 2008 年的博士论文中，则把 Worral 的结构实在论称作是认识或认识论版本的结构实在论，把 French 和 Ladyman 的结构实在论称作是本体或形而上学版本的结构实在论，把曹天予的结构实在论称为综合（synthetic）版本的结构实在论。

论名词的指称都是虚妄的，理论发展过程中对理论的本体论性的表征是不连续的。沃热尔的认识的结构实在论想要做到的就是要找到一条中间道路，如他所说，“既充分承认科学革命所带来的反面论证，又能对当前科学中的被接受的理论采取某种实在论的态度[①]”。

在沃热尔对认识的结构实在论的阐述和论证中，最重要的一个例子是光学理论从菲涅耳到麦克斯韦的发展。19 世纪初，光学理论处于微粒说和波动说之争的时期，以牛顿为代表的光的微粒说概念面临很多严重的问题，特别是它不能解释各种各样的衍射现象。波动说的代表人物菲涅耳表明，如果把光看作在发光以太中传播的横波，原理上许多问题就能够解决。泊松是微粒说的支持者，他运用菲涅耳的方程推导出关于盘衍射的一个奇怪的结论：如果这些方程是正确的，那么当把一个小圆盘放在光束中时，就会在小圆盘后面一定距离处的屏幕上盘影的中心点出现一个亮斑。泊松认为这当然是十分荒谬的，所以他宣称已经驳倒了波动理论。菲涅耳接受了这个挑战，立即用实验检验了这个理论预言，非常精彩地证实了这个理论的结论，影子中心的确出现了一个亮斑。这是物理学发展史上一个著名的事件，一个令人惊奇的预言得到了令人惊奇的确证。结果似乎证明波动理论取得了成功，光应当是像菲涅耳所描述的那样是在发光以太中传播的横波。

但后来的物理学家和哲学家并没有支持这一点。因为麦克斯韦和爱因斯坦的工作彻底消除了以太的存在。那么，如果没有以太，就不存在以太中的振动，在这个世界上也就不存在菲涅耳所描述的那样的光。电磁学理论的发展最终表明，光是一种电磁波。

在从菲涅耳到麦克斯韦的理论发展过程中，泊松亮斑这个令人惊奇的结论似乎支持了科学实在论的无奇迹论证，因为从泊松实验的结果来看，菲涅耳理论预言虽然令人惊奇，但却被验证了，说明菲涅耳的光学理论是对光的本质的一种近似为真的解释，因此光是一种在以太中传播的横波的理论曾经获得了很大的成功。而随着麦克斯韦光的电磁学理论的发展和爱

① Worrall J. Structural realism：the best of both worlds? Dialectica，1989，(43)：99-124.

因斯坦的狭义相对论的成功，以太被证明是不存在的，这样科学史的知识却把我们推回到了反实在论的悲观主义的元归纳。因为菲涅耳的理论在一定的历史阶段成功了，但后来却被证明是错误的。依此类推，很可能我们目前的和将来的科学理论也无法保证其正确性，可能在未来也被证明是错误的。

在这样一个实在论和反实在论争论的例子中，沃热尔找到了他的结构实在论的关键基础。他声称，如果我们更接近地去看菲涅耳的理论，就可以发现，它的一些特别的方面在光学理论的发展中保留了下来。特别是菲涅耳理论中描述反射光和折射光的强度的方程在后面的麦克斯韦理论中重新出现了。菲涅耳的方程组可以写为

$$\begin{cases} R/I = \tan(i-r)/\tan(i+r) \\ R'/I' = \sin(i-r)/\sin(i+r) \\ X/I = 2\sin r \cdot \cos i/(\sin(i+r)\cos(i-r)) \\ X'/I' = 2\sin r \cdot \cos i/\sin(i+r) \end{cases}$$

在菲涅耳看来，光是由弹性媒质以太中传播的振动构成的。该振动垂直于光在媒质中的传播方向（横波）。通常的部分偏振光可分解为两束振动方向相互垂直的线偏振光。方程组中，I^2, R^2, X^2 分别为入射光、反射光和折射光与入射面平行分量的强度；I'^2, R'^2, X'^2 分别为它们与入射面垂直的分量的强度；i 和 r 分别为入射角和折射角。媒质中的振动越剧烈，光的强度就越大。I, R, X 的作用就是度量这些以太中振动的振幅和由这些振幅的平方给出的光的强度。

从麦克斯韦的角度看来，这是完全错误的，根本就不存在这种弹性的以太。但是沃热尔指出，菲涅耳的理论却有着正确的结构——根据麦克斯韦理论，振动的是电磁力。如果我们要把 I, R, X 分别解释为入射光、反射光和折射光平行于入射面的电矢量振幅，把 I', R', X' 分别解释为它们垂直于入射面的电矢量振幅，那么菲涅耳的方程就直接和完全地包含在麦克斯韦的理论中了。

显而易见，在理论的发展中，关键术语的意义已经发生了变化。对于菲涅耳来说，方程描绘的是一种弹性媒质里的机械振动，而对于麦克斯韦电磁学理论的支持者来说，方程描述的却是一种电场中的交替的流。但是在理论的这种变化中，哲学家却发现了数学方程结构的连续性。因而我们可以理解，菲涅耳完全错误地理解了光的本质，但他的理论并不是碰巧做出了正确的预言，理论得到了实验的成功也并非奇迹。它能做出正确的预言是因为它揭示了光学现象之间精确确定的某种关系。这些关系通过正确的数学结构表达了出来。如果我们把自己限制在数学方程的层面而不是解释的层面，那么在菲涅耳的理论和麦克斯韦的理论之间就完全存在全连续性。

这个例子既可以为实在论者所用，也可以为反实在论者所用去解析理论。究其原因，这个例子包含两个方面的含义：其一是结构的连续性——菲涅耳正确的地方在于数学方程中所体现的光的结构，因而得以与后续理论连续起来；其二是结构对于本体论的非充分决定性——同一种数学结构可以有不同的本体论解释。在沃热尔看来，非充分决定性的问题完全可以由数学结构的连续性来解释，我们应当是关于科学理论数学结构的实在论者。沃热尔运用这个例子的最大作用就在于把无奇迹论证和悲观主义元归纳之间的张力戏剧化了。当然，菲涅耳和麦克斯韦的例子是典型的，并不是所有的后续理论都有与前面的理论完全相同的方程。但是很多理论发展的过程中，数学结构在后续理论中都得到了某种程度的继承。通过数学结构，我们确实能够更加清楚地看到理论在发展变化过程中的连续性。

沃热尔在他的结构实在论中提出了三个论题①。

（1）我们所有能够知道的，就是在物理对象之间的关系的意义上，由科学理论的数学方程而获得的结构。

（2）虽然理论会发生变化，但是我们对结构的观点存在连续性，对前任理论结构的观点可以解释为对成功理论的结构的观点的近似。

（3）我们不能知道结构所描述的物理对象的本质特性。

① Worrall J. Structural realism：the best of both worlds? Dialectica，1989，43：117-123.

科学哲学中有一种观点认为，科学理论揭示了物理客体之间的关系，而不是它们最基本的本质特性。这种观点建立的根据是，认为我们之所以能够得到关于客体的知识，是因为我们能够得到客体和我们的感官或测量工具之间的因果关系。这种观点虽然不排除认为关系也会基于物质的本质特性，但物理客体的本质特性是超越于我们知识范围的。在沃热尔的结构实在论中，结构是由数学方程获得的，用来表达某种关系。因此，在他的三个论题中，第一个论题得到了广泛的支持。这个论题并没有承诺任何结构的本体论地位，但是却指明了一条：我们的知识被限制于结构——也就是物理客体所处的关系中，因此，科学理论包含的自然定律的陈述就自然地描述了这些关系。

但是认识的结构实在论的困难正在于第一个论题。因为如果科学理论描述全部局限于关系范围之内的话，那么在理论中，我们就不能在什么描述了关系、什么描述了客体的本质特性之间划出清晰的界限。因此，如果理论变化了，事实上我们关于结构的观点也就发生了变化。相应于第一个论题，第三个论题表明了沃热尔对物理实体的不可知论的观点，切断了我们和世界本体之间的联系。普遍的看法是，认识的结构实在论并不能真正地拯救科学实在论。但是作为结构实在论最早最完善的形式，我们仍然要了解认识的结构实在论的方法论特征，以便了解结构实在论的发展及时空结构实在论的提出。

认识的结构实在论具有三个层次的方法论特征。

第一，提出了理论的数学结构在认识论上的重要地位，为其实在论立场找到了基础。沃热尔强调，“结构实在论鼓励一种从科学的理论变化的历史中进行的乐观的归纳，但这是一种关于数学结构的发现，而不是个别本体论的乐观归纳”[①]。在对菲涅耳理论的评价中他指出，“他的理论精确描述的不仅仅是光的可观察效应，还有它的结构”。进而他通过对两个理论进行分析得出结论，虽然在理论的变化中对光的本体论性的表征发生了

① Worrall J. How to remain（reasonably）optimistic：scientific realism and the “luminiferous ether” // Hull D，Forbes M. Burian R M（eds.）. East Lansing：Philosophy of Science Association. Chicago：The University of Chicago Press，1994：336.

彻底的改变，但是菲涅耳理论的数学结构在麦克斯韦的理论中得到了完全的继承。因而他指出，“在这些（本体论的）转移中存在着连续性或累积性，但这种连续性是形式的或结构的连续性而不是内容的连续性”[①]。

第二，从数学形式体系的结构的连续性上去解决本体论表征的不一致性问题。这是认识的结构实在论的基础。因为虽然理论变化过程中对本体论性的表征会发生变化，但是我们对结构的观点存在连续性。这就是从逻辑的连续性上去解决形而上学断言的不一致性，解释了科学理论变化过程中的连续性和累积性。

第三，局限于对世界的认识论研究，认为我们只能认识理论的结构。在沃热尔看来，科学理论只是告诉我们不可观察世界表现出的宏观可观察的形式或结构，而不是关于世界的实体（entity）或本质（nature）。对于结构表征的世界的本体，即不可观察的客体，持不可知的态度。

总的来说，认识的结构实在论是试图通过强调结构的认识论地位来支持科学实在论，避免科学实在论和反实在论的争论。该方法的两个关键在于：其一，把数学形式体系的结构连续性用到了科学实在论的无奇迹论证中去，阐明科学实在论的实在性基础；其二，认为反实在论的悲观主义元归纳关注的是对于我们不可知的世界内在特性，因此是无用的，从而避免了悲观主义元归纳的问题。但这种立场因此也暗示了在结构之外还存在着我们不能知道的东西，也就是说，承认客观世界是由不可观察的客体组成，也承认客体之间的相互作用形成关系、结构和属性。但我们只能认识这些关系、结构和属性，而世界的本体，即不可观察的客体，是不可断言的。正是这种不可知论，使认识的结构实在论遭受了众多的反对。

二、本体的结构实在论

1998年，雷德曼发表了论文《什么是结构实在论》。在这篇文章中，他从科学哲学的角度区分了认识的结构实在论和形而上学（本体

① Worrall J. Structural realism：the best of both worlds? Dialectica，1989，43：99-124.

论）的结构实在论。2003 年，他和弗兰奇一道提出了一种比较激进的本体的结构实在论。他们认为，沃热尔认识的结构实在论的基础在于理论变换中形式和结构的连续性，其实质是通过坚持一种“本体论的转移”来反对悲观主义的元归纳。它之所以是“认识的”，是因为它的中心主张是我们所有知道的只能是“形式或结构”，而本体的内容虽然保留却不可知。弗兰奇和雷德曼指出，沃热尔的结构实在论引起了两个基本的问题：第一，我们如何适当地描述这些结构；第二，我们如何描述（本体论）内容？

本体的结构实在论认为，只有关系意义上的结构，没有位于关系中的客体。该立场基于的理由有三个。

（1）一致性理由。弗兰奇和雷德曼认为，我们的形而上学与我们的认识论应当是一致的。如果假定不可知的本质特性（客体），会导致形而上学和认识论之间的鸿沟。

（2）经济理由。对于弗兰奇和雷德曼而言，一方面必须承认我们的形而上学中的关系（也就是结构）；另一方面又不可能把所有的关系都还原到本质特性。根据奥卡姆剃刀的经济原理，不应该承认必要实体之外的实体。因而，结构实在论的形而上学应当是经济的，除了必要的关系（结构）之外，它没有要承认任何其他的东西。

（3）从量子物理而来的经验理由。弗兰奇和雷德曼指出，量子物理学里很多例子都可以用来支持本体论非充分决定性，比如量子场论中粒子本体和场本体的争论。造成这种结果的原因就是把客体（在此是粒子或者场）放在本体论范畴内考虑了。

本体的结构实在论是在对认识的结构实在论继承和批判的基础上建立起来的，其方法论特征可以用以下几个层次概括。

第一，强调数学结构的连续性。和认识的结构实在论一样，本体的结构实在论也认为在科学理论的更迭中连续的是数学结构，不是物理结构，更不是物理实体或本体。以牛顿力学和爱因斯坦相对论为例，弗兰奇和雷德曼认为，两者关于时间、空间和本体的看法完全不同。但在牛顿力学和爱因斯坦相对论之间，在数学结构层面上的连续性要明显大于在本体论层面上的连续性。牛顿力学的数学表达式是爱因斯坦相对论的数学表达式的一个特例。

第二，试图用结构的“形而上学包裹”（metaphysical package）消解作为个体或者非个体的本体论之争和本体论性的非充分决定性。弗兰奇和雷德曼认为，悲观主义元归纳观点的基础在于认为理论变换中存在着本体论性的不连续性，因此实在论的关键是应当能从目前的科学，特别是物理学中“读出”本体论，这样就可以得出一些关于世界的本质到底如何的结论。这里一个很重要的问题就在于我们如何理解“本体论”这一术语。在他们看来，传统实在论的问题和困难的核心在于它的客体概念，回避这个困难的途径就是将客体本身用结构性的词汇重新概念化：

> 我们把本体的结构实在论看作提供了对本体论的重新概念化。在最基本的形而上学水平上，它的作用在于从客体向结构的转移。现在，这种重新概念化在一个什么样的术语下进行？这依赖于我们对“客体”的先验观念，如我们所提到过的，这种先验观念和个体性的形而上学相关。假定了上述的形而上学非充分决定性，一个对于物理学充分的实在论形式需要在一个可选择的本体论基础上被构造，这种本体论用某种形式的结构代替了作为个体或者非个体的客体观念。①

不难看出，这种概念化的实质就是通过结构形成一个“形而上学包裹”，在基本的形而上学层面达到从客体向结构的转移。因为，要避免形而上学非充分决定性，就要求重新概念化以后的“客体”用某种形式或结构代替个体性/非个体的客体的形而上学观念。他们用上述量子场论中的粒子本体和场本体之争的例子来说明：“个体性和非个体性的形而上学包裹就可以被看作与量子场论中的粒子和场相似的方式——也就是说，看作对同一种结构的不同（形而上学）表述。”②卡斯特拉尼（Castellani）1998

①② French S，Ladyman J. Remodeling structural realism：quantum physics and the metaphysics of structure. Synthese，2003，136：37.

年探索用群理论不变量来对物理学中的基本客体做本体论的表征，在弗兰奇和雷德曼看来也是用“形而上学包裹”来代替基本客体的形而上学的一个典型。这种群理论不变量的工作是由外尔（Wyel）、温格（Winger）、派伦（Piron）和耀科（Jauch）等物理学家和数学家完成的。

第三，强调结构的本体论地位。本体的结构实在论者强调结构在本体论上是基本的，并不存在超越于结构的客体。他们把指称客体的变量或者常项仅仅当作占位者，运用它们，我们能够定义和描述关系并得到结构，而关系和结构才具有本体论的权重。客体仅仅起到了一个导引或者启发的作用，它的结构性才是它真正的本体论性。关于这一点，弗兰奇和雷德曼用了一个例子来说明：我们屏幕上可以看到光的闪烁，这看似一种个体性的闪烁，如果坚持传统的实在论，这种观察现象似乎能够支持量子力学客体的个体性的形而上学。但是，事实上量子力学中我们对粒子交换的处理方式与经典力学是很不相同的。因此就产生了一种结构对本体论的形而上学非充分决定性。在这里我们事实上运用了一个（个体）客体的形而上学包裹，在其上运用的是量子理论的而不是经典数学和物理学，因此，这就破坏了我们一开始对包的看法。弗兰奇和雷德曼认为，“从这个角度看，客体仅仅起到了一种启发的作用，它允许我们运用（经典）数学从而使我们能够达到（群理论的）结构，而一旦我们达到了这一点，就再也无须客体”[①]。

正如弗兰奇和雷德曼所言，“在现象（包括可能的和事实的）之间存在着独立于心灵的模态关系。但是这些关系不是附生于不可观察的客体和它们之间的外在关系，相反，这个结构是本体论上基本的”[②]。

本体的结构实在论承认的是一种柏拉图意义上的普遍抽象的实体，很明显不符合我们的日常经验。我们都知道，虽然我们在谈论物理世界的时候关注的实质是在物理世界中例示的具体关系，但这种关系正是与一种世

---

① French S，Ladyman J. Remodeling structural realism：quantum physics and the metaphysics of structure. Synthese，2003，136：37.

② French S，Ladyman J. Remodeling structural realism：quantum physics and the metaphysics of structure. Synthese，2003，136：46.

界的普遍性相对照的特殊。对于这些在物理世界中被例示的关系来说，必须存在承载它们的东西，也就是关系之中必须存在物理客体。

认识的结构实在论和本体的结构实在论在本质上的区别就在于对结构的本体论地位的看法不同。在这里要指出，在很多结构实在论者那里，“结构”和“关系”是等同的。结构描述的就是客体之间形成的关系。因此强调结构，也就是强调结构所表达的关系。那么，强调关系，就离不开对形成关系的关系项的考虑。所谓关系项就是形成关系的、作为个体的本体论。很明显，我们可以推论出认识的结构实在论和本体的结构实在论对关系项的不同态度。

从认识的结构实在论可以得到对关系项态度的推论。

（1）客体（关系项）可以有自身的特性，但这种特性独立于它们所处于其中的关系。

（2）客体之间的关系并不依赖于客体自身的特征。

（3）客体自身的特性是不可知的。

本体的结构实在论承诺了结构的本体论地位，对于“关系项”物理客体，则完全拒绝，认为不同的形而上学解释都是理论数学结构的不同表达而已。不存在关系项，也就不存在关系项自身特性的问题。

在这里，本体的结构实在论会引起一个困难，就是数学结构的本体论地位的问题。本体的结构实在论只承认数学结构的本体论地位，这在一定程度上模糊了数学对象和物理学对象的界限。理论的数学结构变成了抽象实体，与物理结构无法做出区分，因此在其他哲学家眼中，弗兰奇和雷德曼最终变成了柏拉图主义者。这也是曹天予批评本体的结构实在论的主要原因之一。曹天予在“本体论”（或者他称之为“本质”）和“结构”之间进行了明确的二分。他把弗兰奇和雷德曼描述为反本体论者。当然，弗兰奇和雷德曼完全否认这种批评，他们说：“我们不会那样描述自己的观点，我们也看不到任何二分。我们把本体的结构实在论看作提供了对本体论的重新概念化，在最基本的水平上，它的作用在于从客体向结构的转移。"[①]他们认为，在本体的结构实在论中最关键的是，用某种形式的结构代替了作为个体或者非个体的客体的观念，而不是持一种反本体论的立场。

三、综合的结构实在论

曹天予在2003年提出了第三种版本的结构实在论，我们称之为"综合的结构实在论"。他将自己的结构实在论与弗兰奇和雷德曼进行了比较，认为自己的结构实在论与本体的结构实在论一致的地方在于：①都是为科学实在论辩护，都要解决库恩在本体论和解释层面的失败；②对于本体论都采取一种结构论的进路。而不一致的地方主要在于：在本体论的层面上，弗兰奇和雷德曼试图用数学结构来解决物理实体的问题，而曹天予认为，这种观点将会使弗兰奇和雷德曼偏离科学实在论而走向一种柏拉图的唯心主义道路。

曹天予对于本体的结构实在论的批判主要针对两个方面，其一是数学结构的本体论地位问题；其二是数学结构和物理实体的关系问题。他在综合的结构实在论中明确区分了数学结构和物理结构。他说，"我认为，必须在数学结构和物理结构之间做出明确的区分。"在曹天予看来，弗兰奇和雷德曼试图把物理结构融入数学结构，最终在谈论中要消除物理结构，但他们却忽略了两个事实：

> 弗兰奇和雷德曼忽略了两个重要的事实。第一，数学结构或逻辑结构、集合论的结构。对于事物来说，作为形式的结构在没有附加的物理输入的情况下，不能处理世界的质的方面。这样一来，是因果上无效能的。相比之下，物理结构，比如超导体、原子和核子，始终涉及有因果效能的质的属性。第二，所有形式（数学）的结构是纯粹关系的。也就是说，它作为占位者的关系项是完全从它们在本体论上优先的结构中的功能和地位派生出来

① French S，Ladyman J. Remodeling structural realism：quantum physics and the metaphysics of structure. Synthese，2003，136：46.

的，并且不能被当作持续存在的。相比之下，物理结构只能被定义为由本体论上优先的成分所组成的结构，并且由一定的结构定律所规定。这些结构定律支配着这些成分的行为并将它们结合成结构。没有成分的优先存在，物理结构是不能被定义的。而且这种讨论层次上的成分被正确地看作是无结构的。[①]

曹天予认为，本体的结构实在论存在很多问题。其一，如果没有诠释，任何数学结构都没有物理意义，而诠释本身不可能是结构的。相反，它涉及质的方面。他以“群”为例：“物理学理论中，没有规定表征，所有抽象的群都是没有物理意义的。否则就等于是设想没有猫却有猫笑。”[②]其二，虽然数学结构的意义在没有假设关系项的情况下以纯粹关系的方式能够被完全穷尽，物理结构（曹天予把它看作是实体）具有开放性，因而是不可能穷尽的，并且其成分的存在是本体论上被预设好了的。其三，也是最重要的，一个数学结构（比如波动方程），如果没有因果效能和相关的质的属性（比如电磁属性）等物理输入，尽管可用于描述物理实体（比如电磁场）的行为，仍然不能说明和预测任何物理现象（比如光）。

总之，在曹天予看来，结构应该是物理结构，只有物理结构才是真实存在并具有因果效能的。结构由关系组成，而关系是有关系项的。曹天予的综合结构实在论的特点在于如下几个方面。

第一，强调物理实体优先的本体论地位。认为物理实体具有本体论性上的优先地位，而结构只有派生的地位，因为结构由实体构成，没有实体，我们无法说明结构。[③]

第二，认为（数学）结构具有认识论优先的地位，是一个认识的通道。他在多处提到这一观点：“我把结构知识当作非可观察实体的认识通道……实体的实在性和关于它们的客观知识都是由我们关于包含

① Cao T Y. Can we dissolve physical entities into mathematical structures? Synthese，2003，136：58-59.

② Cao T Y. Can we dissolve physical entities into mathematical structures? Synthese，2003，136：60.

③ Cao T Y. What is ontological synthesis? ——A reply to Simon Saunders. Synthese，2003，136：107-126.

这些实体的结构和结构关系的知识所保证的。”[①]“只有非可观察实体的结构知识，而非数学结构本身（群，等等）或理论的作为整体的结构，才能赋予我们对非可观察实体，尤其是科学理论的基本本体论的认识通道。”[②]“对不可观察实体的结构进路所蕴含的不是物理实体化解为结构命题，更不会是纯形式的和纯关系的逻辑的数学结构，而是从我们的结构知识而来的不可观察实体的概念，或者更合适地讲，这种进路证明从我们的结构知识而来的不可观察实体的可修改的概念：如此构想出来的实体与从我们直接观察而构想出来的实体（比如桌子和椅子）享有同样的实在地位。”

第三，对实体知识的获得走向建构。在强调了结构的认识论通道角色以后，曹天予谈论了我们获得实体知识的方法：“首先，我也接受，这（关于结构的知识）可能是唯一的保障。这意味着通往非可观察实体的任何直接进路都被关闭了，实体的任何概念都必须通过运用我们不断增长的结构知识来建构或者重新建构。其次，非可观察实体通过我们结构知识的建构，虽然是可能的，但也是易错的，并会面临修正。因此，获得基础本体论水平的客观知识，只能通过在经验研究者、理论推演者和形而上学解释者相互协商的历史过程来实现。”[③]

综合的结构实在论明确了作为关系项的基本客体的本体论地位，在数学结构和物理结构之间划出了明确的界限。正如曹天予所说，这种实在论是对传统的科学实在论的一种回归。但是，综合的结构实在论的薄弱环节恰恰就在于此。它在划分两种结构的同时限定了数学结构在本体论地位上对物理结构的依附关系，给予了物理实体本体论优先的地位。这就造成了与传统实在论同样的困难，数学结构何以能够表达物理结构的真实本质？综合的结构实在论对物理实体的内在特性和存在方式，以及我们如何由结构认识这些基本实体等问题并没有给予有力的讨论和论证。曹天予认为对

---

① Cao T Y. Structural realism and the interpretation of quantum field theory. Synthese，2003，136：16.
② Ibid，10.
③ Cao T Y. Structural realism and the interpretation of quantum field theory. Synthese，2003，136：16.

基本实体的认识是可以随着科学和实验的发展逐步得到的，但是事实上，这种实在论并不能真正解决传统科学实在论所面临的问题，也不能回答我们对于理论实体及其指称之间的关系问题。

分析可以得出，三种版本的结构实在论之间的差异主要集中在对数学结构和物理实体（或者关系项）的本体论态度上：有没有关系项的存在？如果存在，它具有什么样的特性和本体论地位？结构实在论在从认识的结构实在论到本体的结构实在论再到综合的结构实在论的发展中，一步步提出了作为“关系项”的物理客体的本体论地位问题及我们对它认识的可能性问题，但是都没有对它进行任何质的规定。综合的结构实在论则走向了建构论。事实上，直观来讲，作为一个好的实在论观点，在承认关系项存在的同时，还应当回答关系项的本质特性及我们如何获得关于它们的知识的认识论问题。这一点对于时空理论来说是非常重要的，因为时空哲学关注的焦点就在于作为关系项的时空点的本体论地位和内在特性。不同的时空实在论观点，对时空点的看法完全不同。这一点也影响到时空的结构实在论的发展。我们将在第三节详细分析。

第二节　时空实在论与结构实在论的结合

从对上述三种结构实在论的分析可以看出，结构实在论在解决本体论不连续性和非充分决定性问题时，依托的是理论的数学结构的连续性。而不同版本的结构实在论之间的关键分歧在于对数学结构、物理客体及关系项的本体论地位的看法并不相同。

在时空理论的发展中，数学结构的连续性毋庸置疑，而实体论和关系论的争论就是一种典型的本体论非充分决定性问题（参见第八章），那么，能不能把时空实在论与结构实在论的方法结合起来呢？如果能，它能否真正解决时空实在论面临的困境？而时空结构实在论作为一种特定实在论方式，又具有什么样的特征和优势呢？

一、时空实在论与结构实在论结合的可行性

从时空理论的特点来看，把结构实在论的方法运用于其中是有着很好的理论基础的。

首先，在时空理论发展的过程中明显能够找到数学结构的连续性。从时空理论的历史来看，牛顿力学和爱因斯坦相对论在数学结构上的连续性毋庸置疑，牛顿理论是相对论的特例。因此，用数学结构的连续性去化解本体论不连续性的问题是可行的。

其次，时空实体论和关系论之争是一种典型的本体论的非充分决定性。从牛顿和莱布尼茨时代到广义相对论洞问题的求解，到量子引力理论的时空实在论解释，实体论和关系论的争论经历了形式的变化，却无法改变其形而上学诉求的本质带来的困境。我们可以看到的是，虽然牛顿和莱布尼茨直观和思辨的争论早已不足以解释现代物理学的所有内容，但实体论和关系论之争却从来没有停息过。现代实体论和关系论在新的物理学形式中得到了新的表述，但总的来说还是僵持不下。因此，结构实在论运用于时空理论是一种必然的趋势。

在这里需要换一个角度去重新理解洞问题及其后的时空实在论对时空本体论的看法，主要是它们对时空点的看法。洞问题之后，时空实在论关注的焦点集中在了对时空点的本体论地位的理解上。这与广义相对论的数学表征有着直接的联系。事实上，正如我们在第二章所阐述的，广义相对论成功确立以后，关于时空的最初的流形实体论观点认为广义相对论时空语义模型$<M, g, T>$中裸流形M单独地表示了时空。这是一种关于广义相对论数学表述的语义实在论的理解。时空由微分流形M表示，物理场由M中的点上量化的张量场表示，对于一些人来说，这就在本体论上承诺了时空点的存在[①]。认为时空和裸流形M同一就意味着流形点与时空点

① 持这种观点的物理哲学家很多，典型的可参考 Field H H. Realism，Mathematics，and Modality. Oxford：Blackwell Publishers，1989；Earman J. Spacetime and World Enough. Cambridge and London：The MIT Press，1989 等。

在本体论性上是等同的。虽然说这种思想是传统实体论者把时空看作一种容器的观念影响的结果，但在洞问题出现以前，它曾经是时空本体论的主流观点。

第四章曾经指出，洞问题的出现使得流形实体论遇到了非决定论的困难：因为广义相对论是一个广义协变的理论，我们可以在 *M* 上应用点的微分同胚（在这里用洞微分同胚）来满足某些限制。如果<*M*，*g*，*T*>是一个允许的模型，*h* 是一种洞微分同胚，那么就会得到另一个模型<*M*，*h***g*，*h***T*>。按照洞问题，新模型与旧模型虽然是两个不同的模型，但是它们在观察上却是不可区分的。导致这种非决定论困难的是流形实体论关于时空点的观念。因为流形实体论裸流形的点与时空点是同一的，这就是承认了 *M* 中的时空点作为真实的物理个体的本体论地位。这样在洞内，微分同胚的不同模型就表示了对于事件可以分配不同的时空位置。那么，这些不同的模型就表示了不同的物理态，它们代表了两个不同的物理世界。但流形实体论又无法解释它们在观察上的同一性，因此厄尔曼和诺顿认为，这就形成了理论的非决定性。

针对流形实体论的困难，有些人认为对时空本体论应当持关系论的观点。因为现代关系论的观点就直接建立在两个基础上：①不存在时空点，事件之间的关系才是最原始的；②物理对象之间的关系是直接的，并不依赖于时空点之间的关系。因此就可以避免流形实体论因为时空点的观念带来的困难。但如我们所论述的，由于关系论只是一种直观的看法并且存在自身的逻辑困难，更多的人还是通过修正实体论来克服洞问题所带来的困难。可以看出，时空实体论争论和修正的核心就在于时空点的观念。修正后的各种形式的时空实体论，包括度规实在论、精致实体论和度规场实体论等都对时空点的本质做出了一定的规定。不管在哪一种实体论中，时空点和度规都具有紧密的联系。

如前所述，在实体论和关系论争论僵持不下的时候，一些物理哲学家采用了本体论后退的策略，提出把结构实在论运用于时空，把目光集中在时空理论的数学结构上，可以暂时避免时空实在论争论的困难。洞问题告诉我们，微分同胚的理论模型具有相同的数学结构，但是却可以引起不同的本体论解释，很多时空结构实在论者正是基于这一点困难来构造自己的观点，认为我们认识的平台和我们需要解释的核心在于结构而非本体论。时空实在论的关注点因而转向了数学结构。更有许多物理哲学家完全把目光放在时空数学描述上来消除本体论的讨论。这种本体论后退策略的优势在于避免了传统的时空实体论和时空关系论在时空的本体论问题上不可解决的矛盾，在一个新的数学结构的层面上承诺了我们对时空实在性进行把握的可能性。

因此，此时时空结构实在论提出的意义就在于要通过数学结构之间的等价性或连续性化解时空本体论的非充分决定性问题。事实上，雷德曼在提出他的本体的结构实在论时就提到了时空本体论的争论，指出实体论和关系论的困难正是对广义相对论时空点的本体论地位的解释。雷德曼认为，结构实在论正是在数学结构的层面上，为实体论和关系论提供了一种新的可能出路。但是不难发现，本体的结构实在论在赋予数学结构基本的本体论地位的同时就切断了我们对时空点进行探讨的道路，成为理论的一个弱点。

二、时空实在论与结构实在论结合可能存在的问题

无论时空结构实在论的具体表述形式如何，关于时空点的本体论地位的问题都是应当回答的问题。因为时空点在时空的结构实在论中扮演的就是关系项的角色，时空的数学表述和时空点之间的关系就是结构实在论者所应当关注的结构与关系项之间的关系问题。在上一节讨论传统的认识的结构实在论、本体的结构实在论和综合的结构实在论的时候已经了解到，三种形式的结构实在论都有其不能圆满回答的问题。现在如果把它们应用于时空理论，则分别会出现不同的结果。

第一，认识的结构实在论运用于时空理论。认识的时空结构实在论认为我们所能了解的就是时空的数学结构，但同时承认作为关系项的时空点的存在。按照认识的结构实在论的推论，它要求我们承诺时空点具有基本

的内禀特性，并且这种内禀特性不可知。我们了解的时空的结构是时空点之间的关系的意义上的结构，与时空的内禀特性无关。现在，把这种时空结构实在论应用到时空的标准张量表示的框架，我们可以得出结论。

（1）时空的数学结构表示的是时空点之间的某种关系。

（2）时空点作为关系项存在，它具有基本的内禀特性。

（3）时空点的基本内禀特性独立于时空结构，也就是度规。

从结论（3）可以看出，时空点的内禀特性独立于度规，就等于承认了时空点的内在个体化。这样在洞问题中，认识的时空结构实在论会遇到与流形实体论相同的困难。即是说，微分同胚的不同模型表示的是事件在不同时空点上分布的不同世界，而我们无法在其中做出选择，因此理论会出现非决定论的结果。

第二，本体的结构实在论运用于时空理论。对于本体的时空结构实在论来讲，只承认数学结构，不存在作为度规张量场定义在其之上的客体的作用而存在的时空点，这样，就不存在时空点的基本内禀特性的问题，避免了洞问题的困难。但是我们需要回答一系列问题。

（1）如何能够不涉及任何元素（关系项）就能设想时空的数学结构？

（2）假设度规张量场被定义为度规张量在每一个流形点上的分配，那么时空结构是如何不涉及任何时空点就被度规表示的？

（3）时空数学结构描述的时空关系到底阐述了什么？

（4）如果只承认时空数学结构的本体论地位而不承认时空点的本体论地位，那么我们如何来区别数学结构和物理结构？

这些问题都说明，数学结构和时空点之间的关系是不可避免的，这是由数学结构和物理结构之间的本质区别决定的，忽略了这种区别，也就必然走向柏拉图主义，必然要面临曹天予所提出的困难。

第三，综合的结构实在论运用于时空理论。知识论的时空结构实在论的缺点在于承认物理客体的本体论优先地位，就等于承认了时空点的本体论优先地位。这样就等于认为有了时空点才有时空关系，也才会有我们能够把握的时空数学结构，但关于时空点和数学结构之间是如何发生关系的，并不能给予说明。

综上所述，三种传统的结构实在论在运用到时空理论时，都存在不能回答的问题，因此，如果要满意地解决时空理论中存在的问题，时空实在论就必须拥有自己的特点，针对时空点的问题给出合理的回答，同时对时空本体论的非充分决定性问题给出合理的解释。

第三节 时空结构实在论的出现及发展

在洞问题和量子引力语境中，我们都曾经提到，结构实在论已经成为物理哲学家目前开始关注的一个方向。作为对僵持不下的实体论和关系论进行融合的选择，时空结构实在论很快就成为时空实在论中最被认可的观点。从时空结构实在论的提出和发展看来，它正处在一个不断完善的过程之中。这里，我们把它的发展分为三个阶段。第一个阶段，以德瑞图的时空结构实在论为代表。这时的时空结构实在论注意到时空“几何结构”的实在性，试图以此为平台来融合实体论和关系论的争论；认识到时空结构与数学结构的区别，坚持时空物理结构的存在，但对时空点与时空数学结构之间的关系问题回答比较笼统。第二个阶段，以贝恩的时空结构论为代表，关注不同时空理论数学表述的等价性，强调数学结构的平台，反对实体论的“点基础主义”。第三个阶段，以埃斯菲尔德和兰姆的时空结构实在论为代表，重点澄清了时空点和时空的数学结构之间的关系，也就是，回答了结构实在论的结构与关系项之间的关系问题，较之前两个阶段更加全面地回答了传统实在论所面临的困难。

一、德瑞图的时空结构实在论

德瑞图（Mauro Dorato）于 2000 年提出了一种时空的结构实在论的观点来解决现代物理学哲学中时空本体论争论的问题。他在《实体论、关系论和时空结构实在论》一文中写道：“关于广义相对论的本体论内涵的争论长期以来游移在时空实体论和关系论之间。我这样评价这些争论：我主张我们需要第三种选择。我指的是时空结构实在论。这第三种选择支持关系论者为时空结构的关系本质辩护，但同时赞同实体论者争论时空存在，并且至少部分地独立于独特物理对象和事件。'独立'的程度由几何规律在何种程度上'支配并高于'例示它们的物理事件决定。"[①]

德瑞图认为，时空结构实在论之所以成立，最关键的原因在于，时空的实体论和关系论都承认表示时空的几何结构为"真"且独立于心智、为物理世界所例证。它的优势表现在两个方面。其一，它能够抓住实体论和关系论之间相关联的最好假设："至少在广义相对论中，实体论和关系论都具有那样的假设。当宣称它们的几何结构是'真'的、独立于心智由物质世界例证的时候，时空结构实在论是这两种传统实在论立场的综合。"[②]其二，它能够避免实体论和关系论各自的缺陷："它一方面拒绝了实体论时空沉重的形而上学包袱；另一方面又拒绝了关系论者的工具论策略。"[③]

在时空数学结构的本体论地位的问题上，可以认为德瑞图是反对本体结构实在论的。在德瑞图看来，裸流形的点及其他纯粹的数学特性（可微性等）不能简单地等同于物理时空。他赞同理查德·希利（Richard Healey）的观点，认为"最低限度的实体论者应当坚持时空的存在，但如果把时空等同于任意的局域时空理论模型的话，这将使最低限度的实体论者变成柏拉图主义者"[④]。对于时空结构的真实存在，德瑞图认为"真实"与"独立于心智"同义而非描述物理世界的数学结构的柏拉图实在论。

德瑞图认为时空结构实在论合理解决实体论和关系论之争的基础在于一种约定："说时空存在仅意味着物理世界例示了用数学描述的时空关系

①② Dorato M. Substantivalism, relationalism, and structural spacetime realism. Foudations of Physics, 2000, 30 (10): 1605.

③ Ibid, 1626.

④ Healey R. Substance, modality and spacetime. Erkenntnis, 1995, 42: 290.

的网络”[①]。根据这种约定，德瑞图承认时空并非一种实体的存在而是由物理系统偶然地例示的一组共性或者关系网络。他说“我将忍不住建议将以下论点作为将来研究可能的路线：问一个典型的实体论者关于时空的独立存在的问题，真的就是在问一个关于几何规则与物理事件本质特征伴随出现的问题”[②]。因此，德瑞图的结构实在论重点在于强调时空的数学结构描述的时空关系网络，而时空点与时空数学结构的关系问题，并不是讨论的重点。

二、贝恩的时空结构实在论

我们对时空实在论的讨论，都是在广义相对论的标准张量形式下进行的。流形实体论、洞问题及之后的时空实在论的发展，都是在标准张量形式微分流形表述的语义模型中进行的，这是一种关于时空的语义实在论的解读。经典场论事实上也存在其他的表述形式，这些表述形式中可能不存在流形，但是从数学上来讲，它们是相当的，也就是具有相同的数学结构。那么，在这些形式下，我们会如何解释时空呢？2006年，贝恩在他的《时空结构论》一文中，提出了自己的结构论方法。[③]

贝恩认为，流形实体论等观点是标准张量场形式的语义实在论解读的结果，但洞问题推翻了流形实体论的看法。为了既能脱离四维微分流形表示来探究时空的本体论地位，又能坚持对时空理论的语义实在论理解，他分别用磁扭线理论、爱因斯坦代数和几何代数三种形式重新构造了脱离四维微分流形表示的经典场论。他指出，磁扭线形式、爱因斯坦代数和几何代数这三种表示形式与经典场论的标准张量形式是相当的，但是却可以得到与标准张量形式中非常不同的时空概念。因此，他得出结论：如果某人的时空实在论是部分地基于对经典量子场论的本义解释而来的，那么流形实体论就不需要是唯一的选择。就存在其他并不出现流形的表示方式来

① Dorato M. Substantivalism，relationalism，and structural spacetime realism. Foudations of Physics，2000，30（10）：1615.

② Ibid，1615.

③ Bain J. Spacetime structuralism//Diek D. The Ontology of Spacetime. Amsterdam：Elsevier，2006：37.

说，我们的本义解释并不强迫接受流形实体论。这些形式上等价的数学表述可以得出不同的本体论解释的事实，暗示了我们应当解释的是所有这些表示上等价的形式共有的结构。特别地，如果我们的时空实在论是以一个潜在的场实在论为根据的话，那么我们在本体论上应当承诺支持场的数学表示最小需要的结构，并且他指出，这种“时空结构论”可以被看作一种结构实在论。

贝恩指出，如果我们是关于经典场论的语义实在论者，也就是，如果我们希望本义地解释这些理论，那么我们就应当在本体论上承诺运动学和动力学，从而支持物理场的数学表征所要求的结构，而这个结构是什么则是一个经验问题。时空结构论者要反对关于结构的“基于个体的”本体论，因为同一种结构可以在许多不同类型的“个体”上实现。而至于什么是真实的存在，他认为，是结构本身，而不是不同形式描述它的方式。

通过经典场论的几种不同数学表述形式及其可能解释的对比，贝恩指出，流形实体论者是“点集基础主义者”。在标准张量形式下，这似乎是从字面上解释时空的一种很自然的方法：流形的点集是基本的数学对象，上面有着附加的结构。特别地，向可微、共性和度规结构的变动是提供过给点集增加更多的特征来实现的。而另一方面，其他形式的支持者会认为流形作为时空的标识者给予了我们过多的东西。磁扭线理论的支持者会声称共形结构是基本的，M的点集和可微结构是多余的；爱因斯坦代数的支持者会认为可微结构是经典场论需要的最小结构，而把M的点集看作是多余的，共形和度规结构则是派生的；几何代数的支持者会认为度规结构可以给予我们经典场论所有需要的东西，而把点集、可微和共形结构看作是多余的。因此，从数学的观点看，什么是基本的、什么是派生的，是依赖于理论表达的形式的，因此要反对这种基础主义的观点。

可以看出，这些基础主义之间的争论围绕的是时空的什么基本结构是支持经典场论所必需的：点集，或者可微的、共形的或度规结构。但是争论并不围绕着这些结构如何来证明自己，或者说什么是这些结构的基础，或者什么是用来描述这些结构的基本数学对象的本质，因此在贝恩看来，这就暗示了一种时空本体的结构实在论的方法。

贝恩认为，作为一种时空的实在论，时空的结构论应该可以如下描述：①它不是实体论，它并不承诺时空点；②它不是关系论，它并不接受关于时空的反实在论态度；③确切地说，它声称时空有一个真实的结构，包含在世界中。

上述两种结构实在论关注的重点都在理论的数学结构上，德瑞图主要关注了时空“几何结构”的真及其与物理世界的联系；贝恩则关注了经典场论的不同数学表述之间具有的等价性及其不同的本体论解释。无论如何，这两种时空结构实在论都展示了一种可以融合实体论和关系论争论的新的方法论的优势。那么，在避免了争论之后，时空的结构实在论到底如何解才能决时空点和时空数学结构之间的关系问题呢？他们并没有给出明确的答案。

三、埃斯菲尔德和兰姆的时空结构实在论

埃斯菲尔德和兰姆在2008年提出了一种关于时空的温和结构实在论（moderate structural realism），其目的就在于，直接针对沃热尔的认识的结构实在论与弗兰奇和雷德曼在结构和关系项的本体论地位问题上的分歧，通过协调时空点和时空结构之间的关系，来解决以往结构实在论的缺陷。在他们的论文中并没有提到综合的结构实在论，但在数学结构和物理实体的问题上，他们的观点事实上正好批判了曹天予物理实体本体上优先的观点，回答了综合的结构实在论没能回答的我们如何通过数学结构认识物理结构的问题。

对于弗兰奇和雷德曼的本体的结构实在论，埃斯菲尔德和兰姆接受了一致性理由，但是拒绝了经济理由。他们认为关系要求关系项，也就是位于关系中的客体，但是这些客体并不必然地拥有超越它们之间关系的本质特性。简言之，存在客体，但是对于我们来讲，它们并不是由自身的本质特性来刻画的。对于所有的物理客体来说，它们所拥有的，就是它们所处于其中的关系。客体在这里事实上就是关系的经验停泊地，而关系则是由

数学结构刻画的。在文章的一开始，埃斯菲尔德和兰姆就确立了作为关系项的客体和我们所能把握的数学结构之间的本体论概念的依赖性：“客体和关系（结构）的本体论立足点是一样的，客体仅仅由它们所处于其中的关系来刻画。”[①] 埃斯菲尔德和兰姆在这里批判了传统实在论者通常会认为的、也是曹天予的综合的结构实在论所坚持的要首先假定存在客体，然后这些客体产生关系中的形而上学观点。按照这种观点，客体会首先需要有内在特性，在内在特性的基础上然后形成关系（“首先”、“然后”是在形而上学的意义上，而不是在时间顺序的意义上）。而埃斯菲尔德和兰姆认为，从逻辑上来讲，并不必然要认为客体比关系具有优先的本体论地位。

按照埃斯菲尔德和兰姆的温和结构实在论，客体和数学结构都没有关于物理世界的本体论优先权：它们都位于同一个根基上，都属于本体论的同一层次。把本体论的优先权分配给客体是没有意义的，因为代替客体自身特性的是，只存在它们所处于其中的关系。而把本体论的优先权分配给关系来说，也是没有意义的，因为在物理世界的范围内来讲，它们是作为客体之间的关系而存在的。在客体和结构（关系）之间，既存在着相互的本体论上和概念上的依赖性，也存在着各自的独立性。一方面，客体和关系并不具有相同的本体论性，它们归根到底是两个概念；另一方面，没有它们所处于其中的关系，客体就不可能存在，也不能被设想；没有处于关系中的客体，关系也就既不能存在于物理世界中，也不能被当作物理世界的结构而被设想。具体到时空理论，这种温和结构实在论把时空看作一个超越于具有关系但没有任何内禀特性的时空点中的时空关系的网络，时空的结构由四维微分流形和它上面定义的洛仑兹度规张量场表示。这样，由微分同胚产生的等价类的确切观念在结构术语中得到了理解，所有的基本时空关系都自然地可以解释为一个物理结构。一方面，度规张量场在时空点之间定义了时空关系，时空点对于场的定义是必要的：时空关系不能没有时空点（至少在纯粹引力的

① Esfeld M，Lam V. Moderate structural realism about spacetime. Synthese，2008，160（1）：27.

情形下）就被定义。另一方面，时空点没有任何超越度规张量场所基于的度规关系的物理内禀特性。

总而言之，温和结构实在论认为时空关系和时空点相互依存，在逻辑上不存在本体论优先的问题。由于这种结构实在论并不假定存在时空点不可知的内禀特性，埃斯菲尔德和兰姆认为，这种立场“使形而上学和认识论一致”[①]，因此它不会遇到认识的结构实在论和本体的结构实在论所面临的困扰。

温和时空结构实在论也能够回答贝恩关注的问题，也就是，广义相对论可以用多种形式来表述，这些数学形式中不存在流形的语言，那么，在这些形式中怎样处理时空点的问题呢？对于这个问题，埃斯菲尔德和兰姆首先是用广义相对论的纤维丛形式来说明。他们通过分析纤维丛形式和标准张量形式之间的对应性和等价性，进而指出，虽然在其他用纯粹代数术语形式化的广义相对论中不存在流形的概念，但是裸流形点和度规能够被表示为导出的代数结构。

他们通过分析指出，纤维丛形式和标准张量形式之间的对应表现在以下几个方面：第一，在纤维丛形式中，底空间和纤维之间的映射编码了时空点的结构同一性，这部分地对应于标准张量公式中由度规张量场提供的结构同一性；第二，底空间是不能独立于纤维而考虑的，反之亦然——底空间和纤维是“焊接在一起的”，底空间必须在整个丛结构中考虑，这显然对应于对标准张量公式中的裸微分流形的任何独立的本体论分量的拒绝；第三，主动广义协变自然地被以一种富有物理意义的方式设想，像正交坐标架丛的纤维-保留的水平的和垂直的自同构下的不变性一样，这里与作用在底空间上的微分同胚的强烈联系是很清楚的，防止了任何令人误解的与洞问题类似的考虑，这对应着标准张量形式中的主动微分同胚不变性的富有物理意义的解释。

埃斯菲尔德和兰姆指出，在这个纤维-理论的框架中，时空能够被解释为一种结构，它的组分是时空点，它们在空间-时间关系中一致的特性

① Esfeld M，Lam V. Moderate structural realism about spacetime. Synthese，2008，160（1）：31.

由正交坐标架场提供。这样，与在标准张量公式中那样，裸底空间点不表示时空点。纤维也不能提供了时空点的内禀特性，独立于其他纤维考虑底空间点上的纤维是没有意义的，而且不能独立于是否存在其他的纤维来考虑它。他们还指出，在其他纯粹代数术语中形式化的广义相对论中，不存在流形的概念，但是裸流形点和度规能够被表示为导出的代数结构。因此，“时空点的同一性能够被在纯结构的术语中理解，或者是在我们这篇文章中看到的几何（张量或者纤维丛）层次，或者是在代数结构和特性的术语层次中”[①]。

相对于结构实在论的三种版本来说，埃斯菲尔德和兰姆的温和时空结构实在论具有以下特征。

第一，相对于本体的结构实在论来说，承认时空点来履行客体的功能，承认客体提供了结构的经验停泊地。

第二，相对于认识的结构实在论来说，承认了认识的结构实在论中对关系项（客体）的要求，但是这些客体并不是由它们的自身特性描述的，对于客体来说，所有的东西就是它们处于其中的关系。

第三，相对于综合的结构实在论来说，批判了物理客体本体论优先的观点，通过客体本体论概念和结构的本体论概念之间的依赖性，提供了客体和现象世界相联系的一种通道，也提供了我们认识客体的可能性。

第四节　时空结构实在论的方法论特征

作为一种关于时空本质的形而上学主张，时空结构实在论融合了实体论和关系论的争论。那么，这种融合具有什么样的特征？它在何种程度上取得了关于时空实在的合理理解的成功，又在何种程度上提出了新的困难呢？

① Esfeld M，Lam V. Moderate structural realism about spacetime. Synthese，2008，160（1）：43.

一、整体论基础上的本体论后退策略

时空结构实在论是基于传统实体论和关系论之间无法解决的矛盾而提出的，因而它的特征，也正是基于这两者的缺陷而显现的。实体论和关系论矛盾的根源就在于它们关注的只是时空本体论层面的问题，只追求对时空本体论性的断言而并不去回答本体层面的时空本质是如何与我们对理论的解释联系起来的。或者说它们的形而上学包袱过于沉重，各自作为理论的解释与时空的真正形而上学本质之间都存在着一条无法逾越的鸿沟，根本不能说明时空作为一种理论实体与现象世界之间的联系。

时空结构实在论正是面对这种过强的形而上学诉求而采取的一种本体论后退的策略。希望通过数学结构的真去说明时空结构的真，从而避免直接的形而上学断言所要背负的形而上学包袱。而这种本体论后退的策略，则是基于三个方面的考虑而来的。

第一，承认实体论和关系论语义分析方法的有效性和合理性，并且尝试寻找不同的语义分析结果之间共同的根基——时空的数学结构，从而显示融合的基础。从方法论上来讲，时空的结构实在论并没有否定传统实体论和关系论对理论进行语义分析的框架，它仍然承认对 M 和 g 的各种语义解释存在的合理性。而不同的是，而时空结构实在论作为一种融合的道路，以理论的结构为平台，为我们提供了一个把握实在世界的可能性。

第二，意识到语义分析方法中存在的心理意向性因素，并且尝试寻找一种合理的方法来处理这种因素。时空结构实在论在提出伊始就很明白地看到了实体论和关系论的不可调和的困难来自于“解释”。从直接的目的来说，结构实在论是为寻找一种比实体论和关系论更加优越的方式来“避免洞问题的非决定论困境”，而厄尔曼和诺顿早已经明确指出，洞问题的非决定论困境并非来源于物理学本身，而是来源于对物理学理论的形而上学解释，因而，需要更改的就是“解释”。同样的形式体系可以产生不同的解释，其中主要的原因就在于解释中存在的心理意向性因素。因此，时空结构实在论者很重要的一部分工作就是要合理处理这种心理意向性的因素，他们明确地把数学结构的实在性作为合理理解时空实在的平台，完全回避了实体论和关系论的形而上学断言之间的争论。

第三，在整体论的基础上采用本体论后退的策略。在这里，整体论有两层含义。第一层含义是指结构实在论运用数学结构作为一种整体的“形而上学包裹”来包容实体论和关系论的分歧。把语义分析导致的对立却无法证实的结果“打包”，从而消解对立，只关注本体论承诺的平台。第二层含义是指埃斯菲尔德和兰姆在他们的温和结构实在论中采取的克服传统的三种结构实在论方法的不足之处所采取的策略。可以看出，传统的三种结构实在论面临困难的根本原因在于，它们都试图把客体本体和结构本体进行二分，这样必然导致形而上学和认识论无法统一的困难，不能解决时空实在论争论的形而上学包袱问题。埃斯菲尔德和兰姆的时空结构实在论通过假设时空结构与时空点概念之间的相互依赖性，提出了一种“使形而上学与认识论一致”的方案。这种整体论实在他们尝试避免把理论分割为结构和本体论两个部分的意义上讲的。

总的来说，结构实在论是在整体论基础上采取的一种本体论后退的策略，把对时空实在的本体论性的追求转移到了能够例示时空的实在性的数学结构之上。这种策略符合了当代科学实在论本体论后退的思路，在很大程度上达到了融合实体论和关系论争论的目的，为时空实在论的发展提出了一种很好的思路。

二、结构实在论的方法论不足

时空实在论的实体论和关系论争论之所以在 20 世纪 80 年代引起了关于时空争论的悲观情绪，事实上表现了时空哲学家在一定阶段的方法论思想的局限性。我们可以将其理解为对时空的认识论上表征主义与本质主义的外在实在论的双重架构的局限性。在对广义相对论时空追求纯粹语义解释的情况中，时空是完全作为研究对象而存在的，时空的表征与时空本体的本质之间的鸿沟就是时空本体与认识论之间的鸿沟，而作为时空解释者的时空实在论者与时空作为研究对象之间是分立的，时空本体与我们对时空的表征之间也是分立的，在这些二元分立的情况下，我们根本无从判断我们对时空的表征与时空的本质之间是否相符合，因而根本无法赋予任何一种时空本体论解释以合法性。因此，部分时空实在论者选择走向结构实在论，规避时空的表征和本质之间的问题，也符合后现代科学哲学反本质主义的思想潮流。

时空结构实在论的直接目的是融合实体论和关系论的争论，通过诉诸数学结构来回避实体论和关系论的形而上学包袱，这种做法从实质上改变了当代时空实在论对时空的追问方式，即从对时空本体论性的形而上学断言转向为时空实在性提供一种合理的理解。但是，时空结构实在论也存在着自身的不足，表现为以下几点。

第一，时空结构实在论引入了时空的数学结构，就无法回避数学结构的本体论地位的问题，以及结构所包含的关系项与表征关系的结构之间的关系问题。这也是科学实在论中的结构实在论目前所面临的主要问题。德瑞图和贝恩都没有明确地提到这个问题，只强调数学结构对时空实在的例示作用。埃斯菲尔德和兰姆在这个问题的处理上走出了一步：用时空点（本体的存在形式）与时空结构之间逻辑关系的等同，把时空作为物理学的逻辑基础与物理学对象的两种身份统一了起来，给予理解实在的一种方式。但仔细思考不难发现，他们在这里所设定的客体本体与关系本体之间的逻辑关联，仍然只是一种假设，实质上仍然是一种试图在我们对本质说明的追求与我们认识论的局限性之间做出调和的努力，事实上是把形而上学本质等同于我们认识范围内的现象了。这并不会是实在论最终的答案。因为埃斯菲尔德和兰姆的温和结构实在论是站在对广义相对论时空理论的静态分析的基础之上得来的，但是在量子力学中，理论的结构必将发生很大的变化，那么，如果世界的本质是终极的，按照埃斯菲尔德和兰姆的逻辑，又如何解释我们理论结构的不断变迁与世界本质的终极性之间的关系呢？

第二，时空结构实在论用时空数学结构来重新概念化时空对象，其目的正如结构实在论者所言，是要把对时空的不同本体论解释看作“对同一种结构（或者等价的数学结构）的不同形而上学表述”。在这里，结构实在论者接受解释中的心理意向性造成的不同结果并试图为之找到一个共同的结构基础。但是，结构实在论者在这里想要“打包”的只是不同的解释，却并没有看到解释之后，理论中还存在一种选择的心理意向性。正如量子引力理论中所凸显的，广义相对论的不同解释并非只在解释层面上起作用，而是被物理学家进行了不同程度的选择和继承，并成为不同量子引力理论的形而上学预设，从而进入了量子引力理论的逻辑基础。这就表明，在理论的革命中，起作用的不仅仅是逻辑的因素、实验的因素，还有物理学家理论选择中的心理意向性因素。那么，要对时空实在进行一种合理的理解，就不应当简单地回避心理意向性的因素，而是应当正视它在理论发展中的客观存在性及其重要作用，这不是简单地从数学结构的层面所能做到的。

第三，时空结构实在论到目前为止并没有得到一种统一的方案。因为目前时空结构实在论还属于一种比较新的思路，时空结构实在论者在数学结构的本体论地位、数学结构与时空物理结构的关系等问题上都没有获得一致的看法。

总之，时空结构实在论采用了本体论后退的策略，超越了形而上学的追问，具有一定的方法论优势，但却具有自身不可忽视的问题。从理论发展的历时角度来看，数学结构的连续性体现了每一个时代成功的理论与世界之间不同程度的同构性，因此是理论的本体论承诺的一个重要基础。但是，科学理论的发展并不仅仅是形式体系之间的逻辑关系。对实在的合理理解也并非单从数学结构就能够得到的。埃斯菲尔德和兰姆最终还是追求说明数学结构与时空物理结构之间的关系也证明了这一点。对于时空来说，它同时具有理论的逻辑基础和解释对象的双重身份，对于它的实在性，要从理论发展的整体角度进行。整体来看，旧理论时空的解释与新时空理论的形式体系的选择并非无关，这其中就涉及作为理论构造者的物理学家的心理意向性的影响。

因此，为了克服结构实在论的方法论不足，我们需要站在整体和历史的角度，对时空理论的发展进行语境分析，从中发现理论的数学形式体系的选择、理论解释，以及理论选择中存在的形、语义和语用之间的交织关系，从中把握对时空实在进行理解的合理条件和必要基础。

第七章 时空实在理解的整体性视角

时空实在的理解是伴随着时空理论的发展而发展的，对时空实在的合理理解，就应当站在理论发展的角度进行。因为理论变化中物理学思想的继承发展、时空表征的形式化体系、哲学家对时空形式体系的语义解释及物理学家对时空思考的心理意向性等都起着举足轻重的作用，时空实在的理解也必然要重视这些现实存在的因素。但是，关系论和实体论关注形式体系的语义表征，完全没有站在时空理论发展的历史角度看待问题；时空结构实在论的部分方案虽然提及了数学结构在理论发展中的连续性，但更多地还是关注某一个特定历史时期中不同数学结构在时空表示上的等价性，它们都没有全面考虑时空理论发展复杂的历史语境中的诸多因素，因而都不能达到合理理解时空实在的目的。

本章的目的就是站在历史的角度，详细地对时空理论发展的历史语境做出探讨，以揭示时空是如何进入我们的认识论范围，对时空的理解又是如何在理论的发展中变化的，也就是要对时空实在论的发展做出明确的语境分析，这是提出时空语境实在论方案的前提和基础。

物理学理论的语境首先是表征公式、理论解释、物理学家的研究目的和信念等因素的集合，因此，要分析时空理论的发展语境就要从语形空间、语义解释和语用预设的方面去整体地把握。

第一节　时空理论的语形分析

语形分析的目的是要确立时空实在论发展的语形空间。所谓时空实在论发展的语形空间，就是时空实在论赖以发展的时空理论的形式体系及其变迁中所规定的时空解释的形式基础，它决定了时空理论能够在何种程度上把物理学家最初对时空的形而上学思考体现在形式化的理论体系当中。时空理论的形式体系是指时空理论数学化的形式语言结构，是数学方法运用的普遍性与物理概念语义约定性的统一。时空实在论的语形空间包括了时空理论的基本公设、定理、推论、数学程式和符号间的关系因素所构成的语言空间和逻辑空间。无论时空理论如何发展，它的概念和命题的语义内容都是语形空间中形式体系及其演算规则内在的、隐性的本质规定性，失去了这种规定性，时空理论也就失去了它作为一种科学理论的意义。[①] 因此，对语形空间的分析是我们找到时空实在论的解释与时空形式体系之间的内在关联的前提。

如本书前几章所论述，真正地把对时空本质的理解与当代时空物理学理论联系起来的：一是广义相对论场方程的建立；二是语义模型的构造及其在洞问题中的应用；三是量子引力时空的变革。它们是时空实在论由思辨向理性的转变过程中最重要的事件。广义相对论以物理学公式的形式明确了时空结构和物质分布的关系；语义模型的构造以一种统一化的形式语言，把时空公式和符号深刻的意义变迁包含和体现了出来，为时空语义解释奠定了一致的基础；量子引力时空的变革则为我们展现了语形空间发展的可能性及科学理论发展中的语用因素的重要作用。

一、广义相对论时空的语形分析

在时空认识的历史上，马赫原理对牛顿时空观的冲击具有一定的理性基础，而广义相对论的建立则是时空的形而上学构想向科学理性转化最重要的契机。因为在马赫的年代，对时空的思考还是以一种直觉和直观的方式进行的，而广义相对论以形式化的语言体系严格地表述了时空与物质场之间的关系。在马赫对牛顿著名的水桶实验的批判中，他也只是直观地注意到了宇宙中其他物质和天体的作用。他认为牛顿的旋转水桶实验仅仅告诉我们，水对桶壁的相对旋转不产生任何显著的离心力，而它对地球及其他天体质量的相对转动才产生这种力。在马赫看来，如果理论被适当表述，则无论是地球相对于宇宙其余物质旋转，还是宇宙其余物质绕静止的地球旋转，所得出的结果应当相同。因而，物体的惯性不是孤立的物体本身所固有的属性，而是宇宙中无数巨大天体对该物体的作用所产生的。当其他天体的质量被移去后，惯性必为零。可以看出，马赫对时空问题的哲

① 郭贵春. 科学知识动力学. 武汉：华中师范大学出版社，1992：57.

学观点是非常直觉化的，他水桶实验质疑的假设是“如果桶壁越来越厚，越来越重，直到厚达几英里（1 英里=1.609344 千米）时，那就没有人能说这实验会得出什么样的结果”。“如果把水桶固定，让众恒星旋转，能够再次证明离心力不会存在吗？”不可否认这些直观的表述在历史上对时空观的影响非常大，但是，缺少了逻辑和系统的形式化语言，使得这样的观点只能更多地称为是一个哲学家的假设，而不能成为一种真正的时空理论。

广义相对论的方法则是高度数学化的。爱因斯坦曾把马赫的这些思想总结为马赫原理并且承认广义相对论受其影响。马赫原理是说，物体的运动不是绝对空间中的绝对运动，而是相对于宇宙中其他物质的相对运动，因而不仅速度是相对的，加速度也是相对的；在非惯性系中物体所受的惯性力不是“虚拟的”，而是一种引力的表现，是宇宙中其他物质对该物体的总作用；物体的惯性不是物体自身的属性，而是宇宙中其他物质作用的结果。由马赫原理可以推出，一个没有物质的宇宙，将不会有物质赖以运动的时空结构，因此很容易得到时空结构依赖于物质在其中的存在和分布的结论。但是一个具有完整的形式体系的理论的建立，与直观的思辨必然具有天壤之别。就惯性系的定义来说，广义相对论从惯性力与引力的等效性出发，从而在匀速运动中作为不仅惯性力，而且引力也对其不起作用的系统，要重新定义惯性系。通常引力是不均匀的，坐标系整体是刚性运动，不可能使所有的点都在惯性内。也就是说，这里重新定义的惯性系只是在局部范围内有意义，而不存在牛顿意义上的大范围惯性系。这样的结果是，绝对的、整体的惯性系被简化了、相对化了。这正好与马赫所希望的方向相反。[①]爱因斯坦所接受的是马赫原理中正确的一面，认定引力是建立非惯性系理论的关键所在。而广义相对论场方程的确立，才明确地表明了物质运动及其分布与时空结构之间的既相互联系又相互制约的规律。

广义相对论的场方程：

$$R_{ik}-\frac{1}{2}Rg_{ik}=-\kappa T_{ik}$$

---

① 李烈炎. 时空学说史. 武汉：湖北人民出版社，1988：721.

表明了我们为什么会相信物质场的存在正是引起时空弯曲的原因。因为当 T_{ik} 已知时，场方程就是 g_{ik} 所满足的一个已知方程，可以由它来解出 g_{ik}。也就是说，当物质的分布及其运动（T_{ik}）已知，由场方程即可决定时空的结构（g_{ik}）。通过场方程，爱因斯坦指出，描述物质运动的基本物理量应与具有同样对称性质的描述时空结构的基本物理量成比例，它们应当是统一的。因为物质与时空是不可分割的，时间与空间是物质的存在形式。物质决定着时空结构。反过来，从时空结构又可以推断出物质的分布及其运动状态。这就是爱因斯坦场方程的意义。它远远地超越了马赫原理直观性语言的模糊性，真正成为当代时空实在论思考的理性基础。

了解物理学史的人都知道，从马赫原理向广义相对论的转化是以特定的语形背景为基础的。确切地说，是闵可夫斯基空间和黎曼几何的成熟为相对论语言的形式化打好了语形的基底。在狭义相对论提出之后，爱因斯坦就已经想到了广义相对论的理论模型，只是苦于找不到数学工具。在他的一个朋友给他推荐黎曼的空间几何后，爱因斯坦欣喜若狂，黎曼空间几何几乎就是为他的广义相对论量身定做的！而黎曼几何并非孤立出现的，其背后有着丰富的历史内涵的空间几何发展史。首先是非欧几何突破了平直空间的传统观念，为高斯提出弯曲空间打下了良好的基础，为更广泛的黎曼几何的产生创造了条件，接着从高斯到黎曼逐步构造了非欧坐标系，建立了非欧坐标系中的微分运算，依据这种微分运算重建微分几何学，最终到里奇完成了张量分析，黎曼几何学才诞生了。[①]这些几何学发展的过程都成为空间观念变革的基础。

另外，广义相对论中不能忽视的是空间几何和引力场之间的关系——物质场的分布影响着空间结构。因而需要描述空间度规和引力场之间的相互依赖关系，这是通过把黎曼空间度规和闵可夫斯基的广义矢量数学结合起来得到的。而为了得到广义相对论的协变微分方程，爱因斯坦和格劳斯曼一起致力于寻找一个时空度规 $g_{\mu\nu}$（四维时空中的二阶张量，具有 10 个独立函数），运用空间的度规张量来描述引力，这其中利用了克里斯托

① 黄勇. 张量概念的形成与张量分析的建立. 山西大学博士学位论文，2008：27.

弗、里奇和契维塔等人的研究结果。

即是说，广义相对论的语形空间很大程度上决定于当时黎曼几何和张量分析的成熟。这些数学工具的使用使得“弯曲、动态的空间”不再是一种直观的观念，而是从严格的逻辑体系中得到的结论。这其中包含两方面的因素：其一，几何学上的空间观念的变革，其二，物理学时空本质的思考和数学形式在一定程度上的契合。比如，如果没有高斯用内蕴几何的方式将一个曲面看作一个空间，那么非欧几何学就仅仅具有概念上的意义，不能从根本上建立其曲线坐标系中的微分运算；如果没有爱因斯坦等效原理看到时空几何学与引力场有着内在的关联，就不会有黎曼几何对弯曲时空的描述。而空间度规和引力场的依赖关系，则是把黎曼空间度规和闵可夫斯基的广义矢量数学结合起来得到的。

广义相对论语形空间的分析让我们看到，一种新的理论在形成的过程中能否建立起完备的形式体系，一方面决定于物理学家思想的合理性；另一方面则取决于当时数学理论的发展程度。

二、语义模型和洞问题时空的语形分析

如果说当代时空实在论的争论不同于牛顿物理学时代争论的理论基础是广义相对论的建立，那么其实现的过程就是时空语义模型的建立和洞问题中对时空的表述方式。

由于广义相对论场方程形式体系的建立，人们对时空几何、数学方程及数学方程所遵循的变换规则，比如伽利略协变性、洛伦兹协变性及微分同胚不变性等有了深入的认识。数学方程的变换规则表示了物理世界不同的对称性质，这激发了人们追求对牛顿理论进行修正，以相同的形式表示牛顿时空和广义相对论时空，从而发现其中形式体系的变换与联系的深刻内涵，并构成时空实在论发展的新的表征基础。这是当代时空实在论发展中一个里程碑式的事件。它真正地使时空实在论的争论脱离了思辨和直观，建立在明确的形式化语言的基础之上，依托于特定理论实体的语义学，依托于对广义相对论三元组模型中的 M 和 g 的语义理解。

时空语义模型把一维时间理论、二维欧式空间理论、牛顿时空理论和广义相对论时空以一种统一的形式表述了出来：

<流形，几何对象，几何对象，…>

这个统一的形式涵盖了从一维到四维的不同时空理论模型：表示一维时间理论的语义模型$<\mathbf{R}，\mathrm{d}T>$,$<\mathbf{R}，\mathrm{d}T'>$,$<\mathbf{R}，\mathrm{d}T''>$、二维欧几里得空间的语义模型$<\mathbf{R}^2,\gamma>$,$<\mathbf{R}^2,\gamma'>$,$<\mathbf{R}^2,\gamma''>$、牛顿时空理论的语义模型$<M,\mathrm{d}T,h,\nabla>$狭义相对论时空的语义模型$<M,\eta>$及广义相对论时空语义模型$<M,g,T>$。

时空语义模型的建立之所以能够具有<流形，几何对象，几何对象，…>的形式，并且运用张量的形式表示几何对象，是因为理论所具有的变换不变性。在现代理论物理里，不变性是很重要的概念。许多理论是由对称性与不变性表达出来的，张量表示使不变性的发现变得明确起来，使真正有意义的物理量的发现具有了形式上的表征。在这些语义模型的形式中，隐含了流形理论在张量概念形成中的作用。这是微分几何语言应用的一个结果，是对时空本体的不可观察性难题的一种有价值的解法，使得具有逻辑基础的时空本体论的讨论成为可能，带有鲜明的时代特色。

在逻辑系统成立之后，理论便具有了自己客观的逻辑规则，因而在逻辑规则自洽的情况下，如果关于理论的断言出现了与逻辑体系矛盾或不符的地方，物理学哲家则往往诉诸对理论断言的修改。比如洞问题中出现的非决定论，因为理论自身的逻辑是无矛盾的，因此，哲学家就要求修改关于时空的形而上学断言来达到解释与理论一致的目的。

三、量子引力时空的语形分析

物理学中每一个新的理论都需要新的数学工具。由于量子引力超出实验范围，它对数学的依赖程度比之前的任何物理学理论都要强。正如普林斯顿大学的尤金·希金斯（EugeneHiggins）物理学教授戴维·格劳斯所言，因为实验条件的限制，弦理论者将不得不从宇宙学或低能物理中寻找间接的线索，并将更为依赖数学上的启发以探求理论的分支并寻找新的数学结构。[1]广义相对论找到了黎曼几何，但作为当代物理学的最前沿，研究量子引力的物理学家却很难找到一种现成的量子几何形式来描述量子时空的特点。所以，他们在轰轰烈烈地发展量子引力的同时，不得不一点一点地构筑一门新的物理学和数学的分支，来赋予时空新的几何性质。比如超弦理论在物理学领域把数学工具用到了极致，被称为“数学之舞”。目前超弦理论研究领域重大课题之一就是场论（特别是规范场论）及弦理论的数学工具，包括非对易几何、几何量子化，以及非对易空间上的规范场论、离散群或离散点集上规范场论、用非线性联络的规范场论等。特里雅斯特（Trieste）国际理论物理中心主任和伦敦帝国学院物理系教授阿卜杜斯·萨拉姆指出：“自从量子理论被发明以后，一个年轻人所要学的所有数学就是希腊和拉丁字母表的基本知识，以便给他的方程填满指标，如今再不是这样了！最近几年，我们看到拓扑学、同伦、上同调论和卡拉比-丘（Calabi-Yau）空间、黎曼面、模空间——真正的、活生生的数学正在渗透到物理中来，我们了解更多真正的数学，就可以具有更深的洞察力。”[2]但正如大部分物理学家所说的，弦理论家找不到什么现成的数学宝贝在哪个数学家的书橱里，可以作为弦理论的伴侣，弦理论研究者们的当务之急是寻找一种支持弦理论的数学工具，来修改或取代黎曼几何。普林斯顿高等研究院的教授爱德华·魏廷就指出，“弦理论认真讲起来是或者说应当是一个新的几何分支。爱因斯坦在广义相对论中所取得的伟大成就即把几何作为引力理论的基础，这种几何确切地说是黎曼几何。如果弦理论作为广义相对论的后继者有价值的话，它同样必须具有一定的几何基础，对此我们目前还只是略见端倪。但是，我们当中的许多人都坚信它的存在。”[3]

爱德华·魏廷指出，弦理论所产生的极为丰富的数学结构是非常重要的，因为物理学的进步总是伴随着不断丰富的数学结构，在调和引力与量

---

① 戴维森. 超弦——一种包罗万象的理论？北京：中国对外翻译出版公司，1994：134.
② 戴维森. 超弦——一种包罗万象的理论？北京：中国对外翻译出版公司，1994：162.
③ 戴维森. 超弦——一种包罗万象的理论？北京：中国对外翻译出版公司，1994：83.

子力学方面所取得的进步为理论物理学家们带来如此丰富的数学结构绝非偶然。他认为超弦理论开创的数学领域有黎曼面理论、称为李代数的关于一定对称性的理论等。“数学中许多过去在物理学中无足轻重的领域如今在弦理论中已变得非常重要了。以往每当物理学基本理论取得重大进展时总会发生这样的事情，这次也不例外。”[①] “按理说，事情的发展本来应该是这样：正确的数学结构要在21世纪或22世纪才建立起来，然后物理学家才最终发明弦理论，作为一个物理理论它将依赖于那些数学结构。……事实上，弦理论已经被发明了，而这原本是地球上的人类做不到的事情，所以从这一点上讲我们是幸运的。无论如何我们是幸运的并且我们正在试图充分利用这一优势。但是我们也为此付出了代价因为我们无法以通常的途径得到它。”[②]

加州理工学院物理系教授约翰·施瓦茨就认为，要想取得弦理论的进展就必须对数学的理解有所突破，这些数学分支本身是新的，并且是理论进一步发展所必需的。“这方面的研究要借助大量的数学工具。事实上，对此数学家似乎也还没有多少作为。还有许多未知的事情要了解，数学上的很多结果需要发展，同时，我们也正在努力去理解其中的物理。”[③]

伦敦玛丽皇后学院物理系教授米歇尔·格林也认为，“弦理论同如此之多的数学分支有联系这一事实本身就表明它包含着深刻的道理”[④]。但在对超弦理论的数学方面，我们还只是刚刚开始接触到冰山一角而已，“关于理论的完整结构尚不了解，并且这类问题在我看来，要给出恰当的回答只有等到理论能够以一种数学上更彻底的方式重新表述的时候”[⑤]。

相比之下，学者们认为，圈量子引力的数学基础是极其坚实的，它已经达到了数学物理所具有的严格性。圈量子引力运用的是正则量子化方法，其主要物理设想都以广义相对论和量子力学为基础，而不附加任何额

① 戴维森. 超弦——一种包罗万象的理论？北京：中国对外翻译出版公司，1994：83.
② 戴维森. 超弦——一种包罗万象的理论？北京：中国对外翻译出版公司，1994：91.
③ 戴维森. 超弦——一种包罗万象的理论？北京：中国对外翻译出版公司，1994：73.
④ 戴维森. 超弦——一种包罗万象的理论？北京：中国对外翻译出版公司，1994：126.
⑤ 戴维森. 超弦——一种包罗万象的理论？北京：中国对外翻译出版公司，1994：114.

外的结构，希望从数学上广义地定义出一个非微扰的、与背景度规无关的量子引力理论。阿什塔克（Ashtekar）在20世纪80年代最早用广义坐标与广义动量重建了广义相对论的相空间。在其中，我们可以将引力波函数或量子态视为规范场的泛函，而这些泛函满足三维时空坐标转换不变，并具有SU（2）规范对称性。阿什塔克的努力使引力的经典正则理论从“几何动力学”转化为“联络动力学”，为引力的圈量子化奠定了基础。[①]圈量子引力理论建立了一套定义在规范场空间的泛函分析，不依赖于特定坐标、任何背景时空的几何结构。彭罗斯在1971年首先引进了自旋网络，尝试构建一个空间几何的量子力学描述，尔后在圈量子引力论中成为构成时空几何的基础。1995年罗威利和斯莫林明确地将自旋网络对应到非微扰引力量子态。接着阿什塔克、贝斯（Baez）等人进一步地将它们的关系加以推广，并给予了严格的数学描述。[②]但是，对自旋泡沫等的最终理解，也必须符合严格的数学形式体系的解释。

因此，在量子引力语境下，物理学家用现代物理学和数学的语言构建了自然科学家们在他们各自的时代背景下没有办法挖掘的思想。在这个新的科学革命时期，我们能够更加清晰地看到一个新的理论形成过程中对形式语言的选择与构造的过程，以及选择与构造过程中所掺杂的物理学家自身理论背景和愿望的作用。因而，对理论语形空间的理解并不能完全孤立地进行，语形空间决定了时空理论的发展，因而间接地决定了时空实在论的发展。因为没有黎曼几何等语言的使用，就不可能有广义相对论的建立，没有微分几何等语言的使用也不会有广时空语义模型的建立，也就不可能以相同的方式书写牛顿时空与广义相对论时空理论。那么，就无法想象洞问题和量子引力中时空实在论的各种形式的发展。

分析时空理论发展的语形空间的重要意义在于，一方面，有利于冲击时空“自然定义”所带来的直观思辨的传统，给时空哲学以坚实的理性基础；另一方面，有利于以其逻辑系统之间的发展和联系，消除时空解释中

---

① 马永革. 广义相对论的拓展. 北京师范大学博士论文，1999：7.

② 龙芸. 圈量子引力的回顾. 湖北第二师范学院学报，2008，（2）：27.

的模糊性和歧义性，对时空的语义解释进行合理制约。具体表现在以下三个方面。

第一，数学成果的现存性决定了时空理论语形空间。闵可夫斯基空间的构造决定了狭义相对论可以在四维时空中确定其运动学方程；黎曼几何的弯曲时空坐标使得广义相对论引力场方程的建立成为可能；超弦理论中卡-丘空间的存在让理论的高维时空模型得以展现；而超弦和圈量子引力理论中群论、微分几何、流形、拓扑、非对易几何等的成功运用使得人们可以在严密的逻辑框架内得出时空在普朗克尺度下量子化的结果。

第二，很大程度上，不同历史时期数学成果的现存性总能为时空理论框架披上华美的数学外衣，使其思想系统化、形式化、精确化和整体化，从而使时空范式明确化。只有在形式化的时空范式下，才能理解物理学各个领域细枝末节的理论。数学语言是物理学思想的形式语言，也是物理学与实验、现实世界得以联系起来的桥梁和纽带，只有通过数学的模型和计算，我们才能确定一个理论的精确性和可行性。但是，物理学理论的不可逾越性也来自数学成果的现存性，时空理论的发展也同样受到数学成果现存性的制约。马赫在 19 世纪末就曾经提出过高维时空的可能性，但这只是物理学家冥想和沉思的产物，在没有数学支持的情况下，思维无法深入，他很快便否定了自己的这一想法。现代量子引力理论也面临着需要新的数学工具才能展现其思路的情况。所以，语形空间作为时空理论形式语言的空间一方面是促进理论发展的因素；另一方面也是制约它发展的因素，现代时空理论的形式体系是与语形空间的变化紧密相关的。

第三，语形空间是形而上学假设在理论中实现的基本元素，因而，在理论形式体系的构造过程中就一定加入了物理学家有目的的选择。因而，对时空实在的理解或者对任何一个理论实体的理解都无法逃避“形而上学的困扰”。人类认识的历史告诉我们，在任何一个认识论的趋向上，“实在均是被污染了的，而不是纯净的”[①]。这里包含了一个由思辨向理性过度

---

① Bunge M. Epistemology and Methodology：Philosophy of Science and Technology. Part I. Holland：D. Reidel Publishing Company，1985：216.

的重要过程。这个过程是以物理学家的主观意向与数学理论的客观发展共为基础的。因此，要对物理学时空的实在性进行合理理解，无论如何不能忽略这个环节，但当前的时空实在论方案都没有对它进行任何的关注。

同时，在理论的发展中，语形的变化具有一定的逻辑连续性，这种连续性的根源是物理学追求本质和统一的目标，它保证了前理论的合理部分在理论变革的再语境化过程中得到保留，也就出现了数学结构连续性的情况。因而，语境的变换并不是完全相对的，是一个连续的过程，在这个过程中，新的语境要不断包容新的现象，同时要保持对旧现象的合理说明，这一方面保证了物理学语境的发展与物理学统一的目标相一致，因而它具有自身的内核；另一方面，这个内核的存在保证了物理学语境并非简单的交替，而是一个决定于理论发展目标的既具有连续性，又具有除旧纳新功能的动态前进的过程，我们要站在语境实在论的角度去认识才不会走向相对主义。

第二节　时空理论的语义分析

虽然对时空的理解与其形式化的数学表征密切相关，但是时空的本质却不能由数学的形式化体系完全给出，它必须通过对形式化体系进行深层的语义解释，才能从科学认识论意义上内在地给出。因为时空的本质不可能由完全的思辨来回答，也不可能仅仅由数学的形式表征给予清晰的说明。仅仅从数学形式体系的约定性上去把握实在是片面的，在物理学的发展中，更多地是要超越形式体系的单纯约束，这是把握实在的关键。目前，人们越来越倾向于用形式理性基础上的“意义解”，而不是用某种孤立实体的“独立解”来把握实在的认识论趋向。这样，在形式体系的基础上引入实在论的诠释就是一种自然而又必然的途径，这也是当代时空实在论遵循的现实途径。应该说，时空实在论的发展必定要建立在时空数学形式与语义解释统一的基础之上。

一、时空语义模型和洞问题时空的语义分析

时空语义模型的建立使牛顿时空理论和广义相对论时空理论获得了统一的表征形式，也更加深刻地显示出了这两种理论中每一个对应的符号和变换规则之间深刻的物理内涵的不同。语义模型的建立和分析表明哲学家的一种态度：时空理论的数学方法不只是理论发展中的辅助工具，而是具有了表征使用的特色。如果仅仅把数学看作辅助工具，那么数学符号与在特定现象中被直接定义的概念不同，它只具有严谨的启迪性，而不具有直接的物理意义，因为它的语义是间接的。只能在语义分析中不断地通过语义下降，才能获得。[①]但是，如果认为数学符号具有表征作用，那么被应用于对现象进行数学分析的每一概念，都在语义上被赋予确定的物理意义。从这一点分析，语义模型突出了流形、度规等在理论中的表征使用。因为在流形实体论中，流形开始被当作时空的表征者，而不再是一个单纯的数学对象；洞问题之后，度规在时空表征方面的可能作用也被凸显了出来。那么，这种表征使用是物理哲学家自身独断的语义分析，还是有着其他的历史成因呢？

流形表征时空的做法是有着几何学上的历史成因的，这涉及黎曼几何的思想来源。首先是高斯在 1822 年完成，并在 1823 年获哥本哈根科学院大奖的论文《将一给定曲面投影到另一曲面上，使得保持它们在无穷小部分相似性的一般解决方法》中提出了“一张曲面本身就是一个空间”的内蕴几何的思想，认为在三维空间，曲面可以只用两个独立变量表示，曲面上的几何关系可以在曲面上独立陈述，既不必借助于三维空间，也不依赖于曲面上坐标的选择。然后，1844 年，格劳斯曼（H. Grassmann）在他的《广延论》一书中首次建立起“多维空间概念”，使 n 维空间成为 19 世纪 70 年代数学家共同的主题，为黎曼的工作做好了准备。[②]最后由黎曼发展了高斯内蕴几何的思想，提出了一般空间（即非平直的弯曲空间）的度量

---

① 郭贵春，乔瑞金. 科学实在论与形式体系. 自然辩证法通讯，1996，(4)：1-9.

② Tobies R. The reception of H. Grassmann's mathematical achievements// Schubring G. Hermann Gunther Grassman (1809-1877): Visionary Mathematician, Scientist and Neohumanist Scholar. London, Kluwer Acadamic Publishers, 1996: 119.

形式。

黎曼继承了高斯的思想，将曲面本身看成一个独立的几何实体，而不再把它看作欧几里得空间背景中的几何对象。他发展了空间的概念，提出现代 n 维微分流形的原始形式。“流形”的概念为用抽象空间描述自然现象奠定了基础。黎曼给出了依赖于流形而不依赖于所采用的特殊坐标系的程序，这就把向量的性质从高斯的二维情形一直到了 n 维流形。在黎曼的思想中，空间与流形是相同意义的结构，因此，了解了几何对象的性质，也就了解的空间的性质。[①]

但是，流形的性质与度规是紧密相连的。黎曼几何主要建构在弧长 s 上，弧长的平方等于坐标的一个二次微分式，即 $\mathrm{d}s^2=\sum g_{ij}x_ix_j$，用弧长即可建立一个几何。因为有了弧长就可以确定测地线方程，进而可以确定面积及其他各种几何向量。黎曼认识到，流形不依赖于外围空间，它本身是可以弯曲的，每一点在该空间中的局部不一定相同。而度量只是加到流形上的一种结构，并且在同一流形上可以有许多不同的度量，因此他提出的空间度量形式是一种局域性的结构，它所依据的是微分几何立足于很小的领域内的研究方法，通过局部性质的研究，来了解复杂结构的几何性质。在引进 n 维流形的概念，把高斯关于欧几里得空间中曲面的内蕴几何推广为任意空间的内蕴几何之后，为了刻画局部度量，他提出了一般空间的度量形式：

$$\mathrm{d}s^2=\sum_{ij=1}^{n}g_{ij}x^ix^j$$

式中，g_{ij} 是黎曼度规。给定了流形的度规，就完全确定了曲面的曲率。

在这里，黎曼实际上将“空间”概念严密化了。在黎曼的观念中，“空间”是一个独立的实体，它是物理上物体的位置或者物体运动的地点。数学不再关心空间是什么，以及是什么样的空间，数学只关心定义了坐标的空间。所以在现代意义上，空间就是一类流形，现代数学的空间概

① 黄勇. 张量概念的形成与张量分析的建立. 山西大学博士学位论文，2008：44.

念是从黎曼开始的。[①]

因此，时空实在论中，不管是流形实体论、度规本质说、度规场实体论还是其他的精致实体论，在物理学家对广义相对论的形式体系进行模型化和语义分析的时候，他们或多或少一定受到了黎曼对几何和空间看法的影响。另外，裸流形作为时空的观念也可能受到了空间作为“容器”思想的影响。流形实体论认为只有事件的流形 M 单独地表示时空，度规场张量 g 和应力张量 T 定义在流形上各处。这种观点是对时空理论部分共识的很自然的结果。如果把所有的几何结构，比如说微商算子等当作由偏微分方程决定的场，那么裸流形 M 就是这些场的“容器”，因此很自然地就可以把裸流形 M 看作时空。这种倾向是一般的语义实在论所激发的，是从理论的字面意义上所得到的解释，遵从了在 M 上定义张量场的字面意思。因此，语义分析并不是无根基的。在物理学的公式中，每一个表征符号都来源于物理学家思想与一个具有深厚背景的数学概念的结合，因而语义分析并非是独断的分析，对符号的每一种语义解释，都包含了对理论发展历史语境的理解。

但是，由于语义分析不可避免地掺杂了主观性因素，它并不能独立地给出一种确定的结果，而是具有可变性和多样性。以时空实体论的发展为例。在洞问题语境中，实在论主要是针对时空语义模型，结合当代物理学变换的逻辑规则，对其进行语义分析。在脱离了牛顿物理学对时空的直观理解以后，对于实体论和关系论的争论者来说，最重要的就是如何在广义相对论三元组模型 $\langle M, g, T\rangle$ 中理解时空的本体论地位。这个时期的时空观与理论的形式体系紧密相关，是对时空的一些语义相关的理解。实体论的发展经历了两个步骤。

第一步，理论发展中 g 的语义变化。对于实体论者来说，在绝对时空观被广义相对论推翻之后，时空失去的是它作为容器不受物质影响而独立存在的地位。这其实是一个对度规 g 语义解读的变化：在经典物理学和狭义相对论中，时空的度规分别是由三维欧式空间中的距离不变量

① 黄勇. 张量概念的形成与张量分析的建立. 山西大学博士学位论文，2008：46.

$dl^2 = dx^2 + dy^2 + dz^2$ 和闵可夫斯基空间中的“四维间隔”不变量 $dS^2 = dx_1^2 + dx_2^2 + dx_3^2 + dx_4^2 = dl^2 - (cdt)^2$ 刻画的，因此不会受到空间或时空中任何物质运动和分布的影响。而建立在黎曼几何基础上的广义相对论中四维长度单元 $dS^2 = g_{ik}(x)dx_i dx_k$ 则完全由 $g_{ik}(x)$ 决定。g_{ik} 决定了时空的所有几何性质，而它又直接与物质和能量的分布联系，其语义内容在描述理论的几何语言和理论的方程变换中发生了根本性的改变。因此，我们说广义相对论中的时空度规 g 不像经典或者狭义相对论时空的度规或仿射结构，它并不独立于物质分布而静止，这实质上就是对理论发展的数学语言进行本义解读的直接结果。

第二步，对时空语义模型中的 M、g 和 T 等进行进一步解读。这一步是由洞问题所激发的。洞问题之前，流形实体论在承认 M 地位的同时也就承认了基于个体的时空点的本体论地位，但洞问题的非决定论困难，也就是 $<M, g, T>$ 和 $<M, h^*g, h^*T>$ 的选择困难直接否定了 M 作为时空的语义解读。度规本质论、度规场实体论和精致实体论的分歧就在于，在广义相对论的语义模型 $<M, g, T>$ 中到底哪一部分表示真正的时空？或者说哪一部分表示时空的基础？度规本质论认为可以把 g 看作时空或时空的一部分，度规场实体论认为 g 单独地表示了时空。而精致实体论者则认为 M 加更深层的结构表示了时空，它们的直接目的都是要避免洞问题的非决定困境。这些构造在一定意义上破坏了语义实在论者从本义解释出发去理解时空本体的基本愿望。虽然它们也坚持了时空点的本体论地位，但是由于度规场 g 在广义相对论的解释中起到的重大作用，所以在时空实体的真正表示者的争论中，g 占据了重要位置。因此，语义实在论者必须追求更深入的关于时空理论的意义描述，认为度规场 g 也是在文字上描述了一个物质的、半绝对的实体，与普通物质物理地相互作用。

二、量子引力时空的语义分析

量子引力中，语义分析的意义更显重要，因为量子引力目前并没有获得一个成熟的统一理论框架。如果说对广义相对论这样的成熟理论进行语义分析是为了对依照理论对世界本质进行解释或说明的话，那么，量子引力中的语义分析就不仅仅是提供解释或说明，而是要在解释中寻找更合理的选择，从而建立一套更完善的统一理论。

在超弦理论的研究中，爱德华·魏廷曾指出希望有两个关键的发现，第一个是一个与广义相对论几何类似的概念化逻辑框架。因为有了它，理解弦理论就如同用黎曼几何理解广义相对论一样的自然。第二个就是一个正确的概念化体系。因为在他看来，关于理论的正确理解对于我们所要进行的计算举足轻重。[①]尤金·希金斯（EugeneHiggins）认为，学习更多的数学方法是目前超弦理论中多数人选择的方向。但“人们想从理论中发现些什么，多半是出于物理的动因”[②]。因此理论的语义解释才是对理论目的的最直接体现。

其中语义转换的一个明显例子就是关于时空度规的理解。格林曾指出，“广义相对论的方程牢牢根植于黎曼几何，那是分析空间相邻位置的距离关系的扭曲的一个数学框架。为了使距离关系有意义，基本的数学形式要求空间背景是光滑的”[③]。也就是说，$g_{\mu\nu}$作为度规张量，在广义相对论中所指的是宏观的连续、弯曲的黎曼空间度规。但是，在超弦理论中它却不再是黎曼几何意义上的度规。而且，即便同样是在超弦理论中，不同的文献对 $g_{\mu\nu}$ 的选择也不尽相同，比如弦论中一种矩阵理论的拉氏量（玻色部分）是

$$L \sim \frac{1}{2} Tr\left(\dot{X}^2 + \frac{1}{2}[X^i, X^j]^2 \right)$$

标志矩阵 X^i 的指数随闵可夫斯基度规或升或降，并且理论是洛仑兹不变的。换个形式说，拉氏量实际是

$$L \sim \frac{1}{2} Tr\left(g^{00} g^{ij} \dot{X}_i \dot{X}_j + \frac{1}{2} g^{ik} g^{jl} [X_i, X_j][X_k, X_l] \right)$$

---

① 戴维森. 超弦——一种包罗万象的理论？北京：中国对外翻译出版公司，1994：86-87.

② 戴维森. 超弦——一种包罗万象的理论？北京：中国对外翻译出版公司，1994：133.

③ 格林. 宇宙的琴弦. 李泳译. 长沙：湖南科学技术出版社，2004：254.

式中，g 取闵可夫斯基背景度规，隐含了理论作用中平直的背景。[1]但在有些理论中，$g_{\mu\nu}$ 并不取闵可夫斯基度规，而是取量子有效作用量（quantum effective action）的解。也就是说，相同的物理概念或者符号在不同理论中因指称条件的不同可能有着不同的物理含义，而概念与符号指称条件的确定依赖于主体的认识论背景和理论背景，确定指称的方式不同，说明它所依赖的理论背景和认识论背景的内容也不同。[2]再比如说超弦理论中额外六维紧致化的卡-丘空间，卡-丘流形的总数多达数百万个，但是目前却不清楚应该选取哪一类来作为我们世界的真实描述。同一个概念包含了多种可能的内涵，这样不同物理学家对不同卡-丘流形的选取即意味着不同理论形式、不同物理含义的形成，这便造成了概念的语义扩张。这种语义的扩张通过再语境化的功能转而又成为各种不同新理论的语义语境，时空理论的动态发展过程充满着这种语义转变再语境化功能的影响。

从圈量子引力来看，时空度规和引力场是同一个物理实体，因此，引力的量子理论就是时空度规的量子理论。由此看来，在引力被表述为一个量子变量的理论中应不再有经典的度规流形，量子引力不应被表述为某个度规流形上的量子场论。圈量子引力试图将这种思想贯穿到量子化的方案中，先用无度规而有量子场定义于其上的微分流形来描述时空，而后利用引力场算符的期待值定义度规结构。这样，引力量子化的问题就变为如何理解无度规的流形上的量子场论的问题。这样，引力量子化的问题就变为如何理解无度规的流形上的量子场论的问题。这正是圈量子场理论与一般量子场论的区别和困难所在。圈量子引力基本的量子代数并不是正则对易关系的代数，而是一个不同观测量集合的泊松代数。在圈量子引力中，通过把量子场理论定义为不需要背景就可定义的经典观测量的泊松代数的表示，没有度规而造成的困难就可以克服。

---

① Rovelli C. Strings，Loops and others：a critical survey of the present approaches to quantum gravity. Plenary Lecture on Quantum Gravity at the GR15 Conference，Poona，India，Apr 1998：5.

② Sankey H. Failure Between Theories. Study in History and Philosophy of Science 1991，22（2）：226.

量子引力中语义分析的第二个例子是关于时空的实体论和关系论的重新解读。超弦理论继承了背景相关的方法，这成为理论遭到诟病的原因之一。因而，实体论和关系论的格局再次发生了变化。圈量子引力继承了广义相对论的方法，在没有时空几何的背景下来研究物理学，理论是背景无关的。这对于已经习惯于在静止、平直的时空下处理问题的量子场论数学方法来说，必定要经历技术上的困难。圈量子引力理论的基本变量只有圈，消除了时空背景，时空仅仅是圈的关系的产物，是“某种类似于威尔逊格点理论的东西。但是其中不存在固定的格点，因而整个结构都是动力学的和表示关系的结构”，“一个纯粹关于圈的并且能够用简单的足以精确求解的方程来描述真实世界某一方面的理论”。圈量子引力理论的背景无关性在哲学上的意义是非常重大的，这是物理学家对广义相对论时空解释的关系论理解在量子力学中的延伸。

由此看出，时空理论研究范围和思路的转变决定了其语义解释的变换。时空理论从宏观发展到微观，经历了公式的不断变化，也即语形的不断转变。而在此过程中，不断有新的物理学概念的提出，不断有新旧物理学符号和数学符号的更替。一方面，不同的概念和符号的含义不同，特定的概念与符号被赋予了特定的意义；另一方面，相同的概念和符号在不同的研究范围、不同的公式体系中由于指称方式和对象的不同，往往有着不同的物理含义，这就构成了时空理论中语义语境的转换。

语义分析的目的是努力提供一种关于时空的可信的本体论性的形而上学说明。从科学认识论趋向上来讲，这种说明是不可缺少的，因为时空是所有物理理论“假设-演绎”公理化系统的逻辑基础，在承认时空实在性的基础上，对它的本体论性进行形而上学说明，正是对所有物理理论经验性的“形而下”说明进行的逻辑补充。洞问题和量子引力中时空实在论的争论很好地证明了，理论形式中的理论实体与实在世界的指称不是对应的、机械式的，而是“意义大于指称”。这样认识问题的根由在于：第一，意义决定了指称概念的内涵和外延；第二，意义是约束指称使用的一种功能；第三，意义是指称定位的立体坐标。所以，意义内含整体的、规范的、社会的和形而上学的多重因素。意义丰富于指称，认识一种意义必然多于认识一个指称。[①]

第三节 时空理论的语用分析

时空实在论中语用分析的重要性是由时空的性质决定的：其一，时空与其他物理对象不同，它是物理学的研究对象，也是所有物理学理论的逻辑基础。因而，时空的形而上学预设对时空理论的发展及时空本质的解释都起到了非常关键的作用，而时空形而上学预设的确立过程不可避免地要掺杂物理学家自身对时空的理解；其二，时空对象不可观察，因而解释在对时空的认识中占据了最主要的位置，这不可避免地要受到物理学家和物理学哲学家心理意向性的影响。语用分析的目的就是要发现物理学家和物理哲学家的心理意向性和形而上学假定等语用预设在时空理论和时空实在论发展中的作用。

一、时空语义模型和洞问题时空的语用分析

科学家不同的哲学信仰、不同的方法论、不同的理论背景、不同的理论诠释及多样的概念框架，建构了形态各异的时空实在论观点，形成了各具特色的时空认识论。

实体论是通过对广义相对论理论形式的语义分析来深入表现时空实在性的。在这个过程中，也伴随着明显的语用的变化。以实体论和关系论的发展为例。关系论与实体论对 M、g 角色运用的不同主张表现了内在的语用和心理意向性选择上的区别。对于胡佛的实体论来说，度规场 g 表示了实体的时空，但是对于关系论的哲学家来说，他们认为爱因斯坦实质上表明了一种关系论的立场，因为对于爱因斯坦来说，g 是作为场的结构特性而存在的："如果我们设想一个引力场，也就是，函数 g_{ik} 被移走，那么就

---

① 郭贵春. 意义大于指称. 晋阳学刊，1994，(4)：43-46.

不会再有空间……而是绝对什么也没有……不存在空的空间这样的东西，也就是，没有场的空间。时空并不独立地宣称自己的存在，而只是作为场的结构性质。”[①]但是，实体论者也可以对关系论的论证提出反驳：如果我们同意爱因斯坦的“没有引力势（也就是，没有度规场/引力场），就没有空间或空间的任何部分，因为这些赋予了空间的度规性质，没有度规性质，根本无法想象空间”[②]。因而，我们能够拒绝的仅仅是那些支持实体论承诺了裸流形而没有度规场的独立存在的观点，也就是流形实体论，但是对其他的实体论形式并没有什么实质性的反对意见。在这里坚持实体论还是坚持关系论是在特定背景下不同的语用和心理意向选择的不同结果。

语义分析过程中语用的不同和心理意向的选择解释了到底如何理解度规场 g 为什么会成为许多时空哲学家要在广义相对论语境中讨论实体论和关系论的相关性的原因。因此，有人认为，关于度规张量应该被理解为空间还是其他物质场的问题，取决于人们喜欢的说话方式，在实体论和关系论之间进行选择是没有绝对标准的。就如范・弗拉森所指出的，解释不仅仅是逻辑和意义的问题，不仅仅是语形学和语义学的事情，它更多地是一种语用学的事务，是人们在语言环境中根据心理意向使用语言的问题。[③]事实上，在理论立场确定以后，对理论的解释在某种程度上就成为满足人们特定愿望的一种科学应用，它不仅是科学理论与解释事实之间的逻辑语形关联和静态语义关联，而是涉及了科学理论、解释事实和解释者的三元关系。

二、量子引力时空的语用分析

广义相对论中时空实在论的争论是一个单独理论的不同形而上学解释之间的争论，但是量子引力中的争论却源于超弦和圈量子引力理论的不同

---

① Einstein A. Relativity and the problem of space//Einstein A. Relativity：The Special and the General Theory. New York：Crown Publishers，Inc.，1961：155-156.

② Einstein A. Ether and the Theory of Relativity，Sidelights on General Relativity. New York：Dover，1923：21.

③ 刘高岑，郭贵春. 科学解释的语境：意向模型. 科学学研究，2006，(4)：499.

概念基础之间的冲突。从量子引力时空的争论中我们可以看到，牛顿时空与广义相对论时空争论的影子，也可以直接感受到时空实在论争论的新特性。这是一种与物理学发展结合得更加紧密的更深层次的争论。这是量子引力革命中理论发展反常期的重要论战。正如库恩所说，当面临反常或批评时，科学家对现存的范式持不同态度，而他们的研究性质也随之改变。[①]超弦和圈量子引力的发展正是这句话很好的写照。在量子引力理论这个新的平台上，时空实在论的争论成为物理学家和哲学家共同关注的领域，也成为影响新理论建构的重要因素。

量子引力的语用预设一方面体现在时空是否作为理论背景的选取上，如第五章所论述；另一方面则反映在现代量子引力理论研究中物理学家和数学家对不同数学逻辑体系的选取、不同新数学工具的构建上。这里，语用语境成为一切建构的出发点和生长点，其语用性明显地体现了研究者从他们各自不同的理论来认识结果，而不是从基础原因方面来考察知识并对发展的方向做出影响。这从实质上反映了他们研究目的、思维方式、理论背景和价值取向的不同。这种语用语境带有很强的经验意义。也就是说，在物理学家和数学家以不同的（超弦或圈量子引力）理论作为其理论经验并因之而确定了他们不同的科学信仰和价值取向时，他们在以后为了理论求解而选用或构造的相关形式系统就会大相径庭。比如时空背景的选择所造成的理论体系的不同：超弦理论中，物理学家选择了时空背景，引力是某背景度规空间的一根弦的各种激发态中的一个，无论是微扰的还是非微扰的弦理论（如 M 理论），背景度规空间对理论的形式及解释都是必不可少的，因而为了理论统一的目标，弦理论物理学家选择了高维量子时空的表示体系；而圈量子理论的基础是背景无关性的，因为“从广义相对论的角度看，把某背景度规空间的物理激发态作为引力的基本描述的思想，在物理上似乎是完全错误的。广义相对论的实质正在于指出，根本没有引力

① Kuhn T S. The Structure of Scientific Revolutions. Chicago：University of Chicago Press，1970：90.

之外的背景度规。与弦理论不同，圈量子引力建立不需要背景时空，因此是从根本上理解量子时空的努力”[①]。为了避免理论缺乏背景空间造成的难题，圈量子引力物理学家选取了把量子理论定义为经典可观察量的泊松代数的表示，并且这里的泊松代数可以在无度规背景的情况下定义。在这里语用分析展示出，物理直觉在某种程度上构成了物理学语境的某种基础，然后这种直觉必然要求助于物理的和数学上的证明，最终在新理论的构造中起到重要的作用。

第四节　时空理论语境分析的意义

不难看出，物理学时空理论的变换及随之而来的我们对时空实在的理解的变换并不仅仅是对理论的某个数学符号进行语义分析，或者对理论的数学结构进行本体论承诺就能够完全达到的，时空实在性的理解是在一个内在地包含了物理学语言的语形、语义和语用的整体语境变换的过程中逐步得到的。

概括地讲，时空理论语形空间确定了理论研究的范围、能在多么深的程度上反映时空形而上学预设的结构及物理空间的结构；建立在不同语形基础之上的物理空间结构也就确定了形式语言的含义，即语义的不同；而语言形式的多种选择和语义的不同造成了物理学家和数学家的不同“理论经验”，也就造成了他们不同的理论信仰和价值趋向，造成了研究过程中语用的不同；而不同语用语境下构建的新理论的形而上学假设的不同也就自然而然地造成了新理论形式体系选择的不同……可见，时空理论的语境转换实质上是语形、语义、语用共同转换的结果，是一个环环相扣的整体演化的动态系统，如图 7-1 所示。因此，语境分析具有重要的意义。

① 马永革. 广义相对论的拓展. 北京师范大学博士学位论文，1999：5.

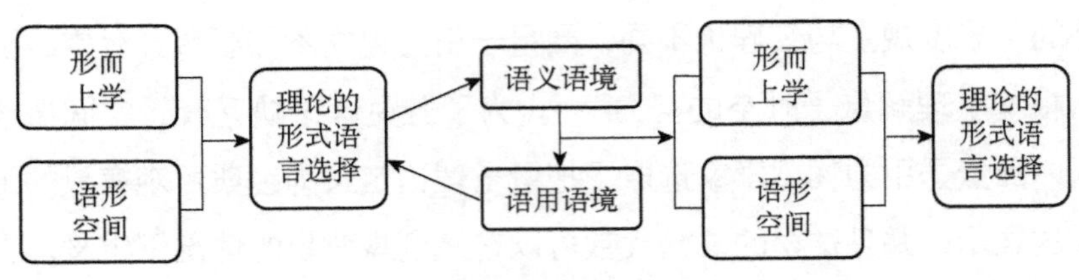

图 7-1 时空理论发展的动态语境系统

一、时空理论语境分析的必要性

在对现代物理学的哲学研究中，整体性地从语境的角度考察理论的发展已经成为一种现实的方法论趋向。但是对于时空理论而言，语境分析的方法却尤显重要，这主要是由时空客体的特殊性决定的。与物理学研究的一般客体（包括目前意义上来说不可观察的微观客体，因为它们是物理学逻辑演化的结果，有其可观察的理论、实验根源）相比较而言，时空客体的特殊性在于其不可观察性和作为物理理论逻辑基础决定性的重要地位。逻辑基础的地位决定了对时空客体的认识主导着理论的发展方向，而不可观察性造成了对其进行哲学研究的过程中观察、实验环节的缺失。这样，时空理论的本体预设、语言演绎、理论解释就成为对其进行哲学研究的所有依据。因此，对时空理论进行语形、语义和语用的分析就显得尤为重要。我们以量子时空思想的推理过程之一为例：从广义相对论得知，时空与其他物理客体一样，其度规是动力学的；而量子力学告诉我们，所有的动力学实体都有量子特性，那么逻辑推论的结果是：在量子引力理论中，我们期望时空度规服从海森堡测不准原理，以小的波包或时空量子等的形式出现。整个推理过程都是在严密的逻辑范围中进行的，我们没有对时空客体进行直接检验的可能性。在此，表征公式及理论解释的自然语言、物理学家对相对论和量子力学含义的理解，以及他们所使用的数学物理方法等便成为研究时空可获得的全部元素。在时空客体不能进行实验检验的情况下，对这些元素的理解极为关键，不同的理解完全有可能得出不同的时空理论。所以，时空客体的特殊性造成了时空理论研究的语境依赖性。

不管是从时空理论发展的历史角度还是从某一种时空理论形成的角度来看，从形式语言空间的选取到论证策略的实施再到论证过程的完成，都是一个语境化的动态整体过程，语境的制约功能、语形的规定、语义的阐释及语用的预设，都是理论形成中必不可少的要素。时空理论的发展基于现实经验、物理学和数学长期的积累，以及人类认识的进步，其中深刻的物理思想、庞杂的形式体系、繁复的推演结构是一个复杂的多层次体系，内在地包容了太多历史与现实的语境因素，要彻底地把握它必须拥有深厚的专业知识和灵活的哲学思维。因此，在语境的基底上，整体地和宏观地综合考虑是对时空理论进行哲学阐释的一种切实可行的方法论。

时空理论的语境分析也表明，科学的发展是一个不断完善的多样化的过程，我们不能过早地从一种科学的结果推断一种唯一确定的形而上学观点，而是要认识到语境变化的动态性特征。物理学在不断丰富和深化，新的语境的可能是无限的，而我们对时空的认识，终将是一个在语境的变换中不断地改变和深化的过程，因而，我们对时空实在的理解，必定在物理学的整体语境中进行。

二、语境分析的整体制约性

对时空理论的发展进行语境分析表现了对时空实在论的研究方法和视角进行转变的必要性，以及这种转变的科学基础和哲学内涵，有助于理解当代时空实在论发展的不足和趋向。即是说，时空哲学在本质上如何与20世纪至今的物理学发展相关起来，在方法论上又如何与当代科学哲学的方法论融合起来？事实上，在语境分析的过程中，我们可以发现时空本质的争论必定会受到语境的限定。比如在洞问题所引起的广义相对论语境下的非决定性对时空实体论理解的影响上，我们不能在超越语境的层面上给出过高的判断。量子力学中存在的非决定性是理论自身决定的，不在于我们以一种什么样的方式去理解它。但广义相对论语境中的非决定性可以因为形而上学信仰的改变而消除，它把物理学家研究过程中可能的心理意向性展现在世人面前，成为物理学时空哲学讨论的一个重要语境因素。

任何一个时空理论模型都有着特定的“语境假设”，这种假设的条件、结构及其目标均是在现有背景框架下直觉地或逻辑地构造的，它既存在着强烈的理论背景，又蕴含着明确的心理意向。我们不能单独地从其中的一方面得到对时空实在的合理理解。因为单纯从数学化的形式体系我们得不到时空本质的断言，而从形式体系自身去阐释实在的意义，是一种理性的自限，有人将其称为“规范理性的教条”[①]因为在形式体系的框架内，由理性所接受或容纳的实体或实在，仅仅是“分析实在”，“语言实在”或“理性实在”，倘若排除了它们向真实实在的语义下降，它们就是纯粹的“没有资格的实在”。所有这些作为理性的对象而被容纳的东西，都是规范的、结构的或逻辑的理论行为的要素。而且，这种规范行为的本质，正是通过在形式上表明它是命题的（或语言的）结果而被转换了，并由此获得了经验的或工具的意义。正是在这种自限的意义上讲，“理性的经验是语言的”[②]。正如奎因自然主义的语义分析方法所具有的特征那样，在时空的实体论和关系论的探索中，借助了广义相对论逻辑语言的形式作为其生长和存在的基础，通过这种逻辑语言的形式，经由元理论的语义分析，再落入时空实在论而不断层层深入。这两种时空观都在一定程度上理解了理论实体的存在，并且承认语义分析的实在的整体性。因为无论是物质还是关系，只有在本体论意义上假定了时空的存在形式，才能从整体上获得进行系统处理的材料。同时在语义分析中，预设了一种自然的背景语言，其中对 M 和 g 的指称就是“语词-世界”的关联，包容了时空本体论的相对性，也揭示了关于时空的语义思考并不能从本体论性上去断言实在性，而是在于分析的方法和说明的证据。

但是，实在论的语义标准虽然避免了在确定认识对象的实在性方面的麻烦，但是不足以处理理论实体的难题，因为它已经包含了所有使理论陈

① Pols E. Radical Realism. Ithaca，New York：Cornell University Press，1992：70.
② Pols E. Radical Realism. Ithaca，New York：Cornell University Press，1992：71.

述为真的可置换的例子。因此，它不可能在对同一形式演算的不同解释之间做出区别。比如，光波和光粒子就不能同时涉及一个特定“存在实体”的例证。另一方面，它也不能在一个有用的“虚构”解释与一个涉及客观实体的理论之间做出区别[①]。因此，我们需要在一个更清晰和一致的平台上来理解时空的实在性。正是语用分析使科学解释问题彻底摆脱了逻辑实证主义的狭隘逻辑框架，从句法学和语义学伸展到语用学的广阔思想领域。但是，不能模糊科学解释与其他人类语言活动之间的区别。语用实际上并不是特定的问题可以在其中展开研究的建设性理论构架，它主要是一种语言分析方法。

语境及其分析方法则不同，它虽然囊括了语形、语义和语用的诸多因素，但语境分析本然地与特定的问题域相联系。因为它不仅是语境的分析而且是在语境中进行的分析。语境论本然地要求对问题的分析、论证、判断和解答联系特定的语境即特定的问题域来进行。[②]语境虽然是开放的，但它无论如何都必然地是一个有着次语言边界的理论空间或问题域，它本然地内蕴了分析和解决问题是在某个次语言思想基底上进行。在语境的立体构架中，语形、语义和语用，以及其他诸多相关因素都能够被有机统一起来。把语义和逻辑因素吸收进来作为科学解释的一个重要维度，但又不把科学解释局限于语义和逻辑的刚性界限。

三、语境分析视角下时空实在论的瓶颈

时空理论发展的语境分析是我们理解目前时空实在论困境，并试图对其有所超越的基础。我们从语境分析中能够很容易意识到目前时空实在论方案的瓶颈。

第一，时空实在论的发展基于对当代物理学时空理论的理解，其中语形空间仍然处于变化的可能之中，语义解释中也不可避免地掺入物理学家和物理哲学家的心理意向性和语用预设等因素的影响，导致实体论与关系

① 郭贵春. 当代科学实在论. 北京：科学出版社，1991：12.

② 郭贵春. 论语境. 哲学研究，1997，(4)：46-52.

论之间的对立不能很好地解决。语境分析可以看出，在时空实在论的解读中，我们应当限制在语言框架中对实在语词的纯形而上学的断言，注重指称关联的多样性和意义的丰富性，而不是对指称对象进行本体论的断言。在时空实在的认识上，应当突出理性解释内在的逻辑可能性，而不是认识主体与对象主体之间的符合性。

第二，时空的不可观察性特征注定了实体论和关系论都无法得到论证，无论它们在形式上如何向对方妥协，在本质上它们都支持了两种不同的形而上学观点。因而，当代时空实在论虽然在方法论上更加理性，脱离了纯粹的思辨，但却并不能做到真正地超越形而上学。语境分析也让我们从整体的角度审视时空实在论的发展，了解时空实体论和关系论僵持的真正原因：完全依赖于语义分析来确定形而上学结论。在认识上跨不了认识论和形而上学之间的鸿沟，但是在方法上却试图诉诸语言与世界之间的一致性关联，模糊二者之间本质的不同。

第三，结构实在论的不同方案遵循着两种思路：要么只谈数学结构，不谈时空本体；要么“使形而上学和认识论一致”。第一种做法最终回答不了结构本体与时空本体的关系问题，第二种做法则走向了另一种形而上学的猜测。因而，脱离物理学语境中时空理解的实际情况去谈论时空实在，达不到合理理解的目的。

那么，时空实在论又会得到什么样的发展呢？语境分析让我们看到了时空实在论发展的问题所在，时空实在的合理说明必然在物理学语境中进行，既要考虑到时空理论发展中的理性因素，也要考虑到其中的非理性因素。要看到理论的解释语言或者描述语言之间的相对性和相关性，而不是本体论性断言之间的绝对性或排斥性。时空的解释已经不再是简单地与时空理论的文本相关，而是与科学家的理解实践相关。也就是说，应当关心的不再是把时空表征为“它所是”，而是在时空理论发展的特定语境中人们所面对着的对时空的理解，即理解实践。

只有对时空理论发展史中的语形、语义和语用因素进行全面的把握，才可能对时空实在进行一个全方位的合理说明。下一章我们将分析得出，时空实在论目前的解决方案越来越多地意识到了时空实在的理解是在物理学语境中进行的，因而都具有了语境性的特征，但是它们的处理方式都过于片面，并不能完全解释时空理论发展中对时空实在理解的实际情况。因此，我们将吸收这些时空实在论观点中的合理因素，并结合时空理论的真实物理学语境，提出一种时空语境实在论的理解方案。

第八章 时空语境实在论的新方案

本章在对时空实体论、关系论和结构实在论进行剖析的基础之上，提出一种时空语境实在论的理解方案。

时空实在论从实体论和关系论之争向结构实在论试图融合的发展是伴随着当代科学实在论与反实在论争论中各自立场的弱化而展开的。语境实在论的方案也遵循了这一原则。在语境实在论中，语境的本体论性是理解时空实在的基础。在这个基础之上，我们对时空实在的理解不再建立在单纯地对时空理论及其规律的真理性的信仰上，而是建立在坚实的科学分析方法的有效性和合理性上。在一个特定的物理学语境中，时空是语境化的对象，通过理论的形式体系进行表征。我们对其实在性坚持语义判定的标准，重视时空实在理解中心理意向性的作用，同时重视理论发展中时空实在理解的进步性。这种对时空实在的理解方案在超越对形而上学的直接追求的同时与科学理论追求对世界本质的解释的目标达到了一致。

第一节　时空语境实在论提出的理论基础

一、时空实在论解决方案的片面性

时空实在论从时空实体论和时空关系论的争论到时空实在论的融合，选择了一种本体论后退的策略，在时空哲学中产生了很大的影响。但是，一方面，这种策略目前并没有得到一种完全统一的方案；另一方面，结构实在论所设立的关系与关系项之间的关系问题使得它最终还是摆脱不了对时空本质的追问。要了解当前这些时空实在论解决方案的片面性，我们需要从三个方面来厘清时空实在论发展的脉络。

第一，实体论和关系论的缺点在哪里？它们何以能在结构的基础上得到融合？

如第五章所述，实体论和关系论从不同的方法论角度对物理学时空的本质进行了断言，它们都承认时空的实在性，但其片面性在于只重视时空理论形式体系的语义分析，试图在时空语义表征与时空形而上学本质之间建立一种对应关系而忽略了“不存在超越语境的、具有独立意义的正确说明”[①]。

从实体论和关系论复兴和发展的年代来看，其时正处于后实证主义和历史主义兴盛的年代，因而在方法论上不可避免地要受到科学哲学方法论的解释学转向的影响。但是，凭借理论解释和描述而得到的关于时空的知识并不能必然地对应于一种唯一确定的时空本体论性。因为单纯的语义分析方法并不能真正地解决本体论的问题。理论解释是理论理解的一个方面，但是单靠理论解释，并不能寻求到确定的知识。实体论和关系论的困境正在于它们在各自语境下对相同的物理学形式体系持有不同的语义理解和不同的心理意向性选择，从而导致了形而上学断言的不同，因而对时空实在性的说明和解释不存在绝对的同一性。因此，实体论和关系论走向融合是必然的趋势。

我们要关注的是，实体论和关系论何以能在结构的基础上得到融合？这有两个方面的因素。

其一，实体论和关系论的论证策略并不像它们的形而上学态度那样截然对立。争论的双方在关于时空本质的形而上学观点上坚持对立，而在认识论和方法论上却显得纠缠不清，各自的论证基础往往总能为对方所用。

首先，实体论和关系论各自面临困难。流形实体论的困难在于对广义相对论洞问题解释中的非决定论结果。而关系论的困难则在于对流形背景和物理学形式化的关系、度规场的地位和对于空的时空等的理解。另外，关系论本身也存在逻辑和直觉上的困难，正如能利施论述的：“空间关系要以空间为基础，关系论不能使得我们必须放弃绝对空间。”[②]

其次，莱布尼茨等价性的角色转换。莱布尼茨等价性的最初定义是，如果世界 W 上的所有物体都向东移动一段距离而保持相互之间的时空关系不变，得到一个新的世界 W′，那么 W 和 W′在观察上是不可区分的，

---

① Leplin J. A Novel Defense of Scientific Realism. Oxford：Oxford University Press，1997：11.

② Nerlich G. What Spacetime Explains：Metaphysical Essays on Space and Time. Cambridge：Cambridge University Press，1994：216.

因此两个世界是同一的。莱布尼茨等价性是传统关系论的一个基本原则。传统的流形实体论是完全拒绝莱布尼茨等价性的，因为它与实体论的最基本原则相悖。流形实体论有两个结论：①时空等于 M，张量场定义在 M 上，那么流形的点表示了真实的时空点；②M 是不同数学点的集合，那么广义相对论的微分同胚的模型表示不同的物理态。在广义相对论语境下，莱布尼茨等价性不再直观，而是变为对广义相对论微分同胚性物理意义的理解：微分同胚的模型所指的到底是不是同一个物理世界？莱布尼茨等价性内涵的变化引起了角色的变化，流形实体论之后的精致实体论要求同构模型 M 和 M′表示同一种物理系统，这意味着接受莱布尼茨等价性，是精致实体论突破传统实体论的关键，因为它意味着实体论者在认识论上与关系论出现了趋同。也正因为如此，比劳特和厄尔曼对精致实体论的评价是“关系论的一种苍白的效仿，只适合于那些不愿意让他们对于空间和时间的信仰面对当代物理学所提出的挑战的那些实体论者”[①]。

最后，结构基础的一致性。在实体论中，决定简单实体论和精致实体论内涵的，实际上是一些结构的角色构造。而这些构造摆脱不了与关系论结构构造之间的联系和相似性。因为对于关系论者来说，也有一个核心的问题，那就是如何看待很多模型有着唯一的事件态，但是在观察上却不可区分。弱化了立场的当代关系论仅仅是从本体论上拒绝了实体空间的存在，但是它允许关系论者自由地接受任何说明动力学行为所要求的空间结构。这里理解的关键在于，无论是实体论者还是关系论者，他们都承认物理学所要求的空间结构，而且也承认这些结构可以由可观察物体（或者场）直接例证。因此比劳特认为，“实体论者在帮助他们找到一种与关系论者最自然地联系的位置”。另一些人却认为，关系论容纳过多的时空结构是对实体论的“工具论欺诈”（instrumentalism rip-off）。也正因为如此，在时空本体论性的争论中，实体论和关系论内涵的交混最终给予了我们启示，应当在科学实在论的立场上通过一个适当的方法论达到对时空的

① Belot G，Earman J. Pre-socratic quantum gravity// Callender C，Huggett N（eds.）. Philosophy Meets Physics at the Planck Scale. Cambridge：Cambridge University Press，2001：249.

合理理解。

其二，在物理学理论中，时空认识的最终可确认对象是物理学理论中的时空结构，也就是一些几何结构。因此时空结构实在论的提出成为时空实在论的一个很好的选择方向。①

时空结构实在论的直接目标就是缓和实体论和关系论形而上学断言僵持不下的对立状况，寻找一个共同对话的基底。对时空结构实在论的理解，要建立在对实体论和关系论的分歧如何才能在一个共同的结构上达到一致这一问题的理解上。结构实在论者寻找到了数学结构这个实体论和关系论共同承认的基础，这是非常重要的。具体来讲，时空结构实在论认为，如果一个时空理论的任何本体论解释所推举的都是同一种数学结构，那么这些本体论解释就组成了同一种结构实在论的时空理论。在广义相对论时空中，实体论者和关系论者都接受相关时空结构的标准形式，也就是时空三元组模型<M，g，T>中的 M 和 g，并且也认可这些结构具有某种含义，那么虽然这些理论解释明显不同，但对于时空结构实在论者来说，它们是同一的，因为结构实在论者所追求的基本标准是理论中实际利用的结构，而不是那些结构的本体论解释，也不是要证明哪一种结构更具优越性。这样，不论是把时空看作 M 或 g，还是 M 加 g 的时空实在论者，都属于同一种时空结构实在论的范畴。另外，如上所述，不论是对于爱因斯坦的时空作为场的结构特性而存在的关系论，还是对于胡佛的度规场就是时空的度规场实体论来说，度规场的重要地位都毋庸置疑，它或者作为与时空相联系的结构，或者作为与时空同一的结构而存在。但是很明确的一点是，不管是度规场 g 作为时空的“真正表示者”，还是时空作为“场（g）的结构性质”而存在，如果去掉 g，那么就移走了时空。这样，由于与时空本质等同的关键数学结构在两种情形下都是同样的，那么在时空结构实在论的立场下，不管是胡佛的实体论观点还是爱因斯坦的关系论观点，都会对同一个潜在的物理理论做出不同的本体论解释。不同的时空观

① Dorato M. Substantivalism，relationism，and structural spacetime realism. Foundations of Physics，2000，30：1605-1628.

虽然有不同的本体论假设，但是却都能够以相当直接的方式接受理论的时空结构。因此，我们在任何时候对时空所能了解的只是它的结构，而不是它的形而上学本体论主张。

第二，时空结构实在论策略的初衷是什么？为何至今没有获得统一的解决方案？

时空结构实在论承认了时空理论中语形和语义内容的实在性，但同时也注意到实体论和关系论分歧的实质在于忽略了语用和心理意向的作用。他们试图通过把焦点集中于时空理论的实在的数学结构，通过“形而上学”包裹的形式消解对指称时空的具体符号之间的关系解释。因而，时空结构实在论策略的初衷就是为了在结构的基础上为实体论和关系论寻找一条中间道路来为时空的实在性进行合理说明。正如一部分结构实在论者所言，时空结构实在论保留了实体论和关系论各自的一部分理论，在支持关系论者辩护时空结构的关系本质的同时，也赞成实体论者认为时空至少部分地独立于特别的物理对象和事件而存在。

用“形而上学包裹”的策略来消解不同解释之间的争论是时空发展史上具有重大意义的方法论转折，在很大程度上吸收了当代科学哲学中本体论后退的原则，因而很好地解决了实体论和关系论之间无法解决的形而上学争论，为时空实在论的争论提供了一条很好的思路。但是，我们同时也看到了时空结构实在论者目前并不一致的论证方法和论证出发点。爱德华·斯洛维克（Edward Slowik）认为，当实体论和关系论宣称表示它们的几何结构是“真”的、独立于心智由物质世界例证的时候，时空结构实在论便成为这两种传统实在论立场的综合；德瑞图的时空结构实在论的出发点就是利用时空理论中表示时空的几何结构的“真”来得到物理世界所例示的是用数学描述的时空关系的网络的结论；贝恩的时空结构实在论的思路是，用经典场论的三种形式上不同但数学上相当的表述可以得出不同的本体论解释来证明我们应当注重的并不是理论的本义解释，而是所有这些表示上等价的形式共有的结构；埃斯菲尔德和兰姆的温和结构实在论则是关注于结构本体和客体本体之间的关系。他们注意到时空结构和时空点之间的关系是结构实在论所必须回答的问题，因而致力于解决我们如何能保证从结构的真去认识时空本体的真的问题。

为什么会出现这样的状况呢？结构实在论的弱点也正在于其所用的“形而上学包裹”的选择及随之而来的理解策略。我们从时空结构实在论的几个要素来分析。

时空结构实在论有以下几点要素。①在对时空本质的理解中，对度规场 g 的理解具有关键作用。这一要素点出了实体论和关系论论证的共同基础。②时空是由理论的数学结构（几何结构）表示出来的一种关系结构。这其实是时空结构实在论的立论基础。③几何结构是真实的，并且物理世界独立于意识地例证了这种结构。这是结构实在论论证时空实在性的认识论保障。因为在选择了“形而上学包裹”的策略之后，人们认为，在这个包裹之中的形而上学争论都只是一些不可证实的语义猜测，因而成为无意义的东西，揭示科学发展的本质的，就是数学结构。因而时空结构实在论三个要素全部都关注数学结构与世界本质之间的关系。

但是，形而上学的“包裹”不仅仅避免了争论，也回避了一个事实，即理论解释的心理意向性的作用。在这里，结构实在论者是把形而上学解释的环节排除在了科学理论自身的范围之外，认为关注数学结构的发展就可以合理地理解科学发展。但是，时空物理学和时空哲学发展的事实证明，这种做法是远远不够的。形而上学的假设和形而上学的解释不可能排除在理论发展的因素之外，它与理论的发展永远都是一个整体。实体论和关系论的争论并非只在单纯的形而上学层面才有意义，而是已经在理论变换的再语境化过程中，切实地成为物理学的一个部分。罗威利和斯莫林等圈量子引力物理学家对关系论的选择证明，在理论变革的过程中物理学家选择的不仅仅是结构，还有对之前理论的形而上学解释，并且把这种形而上学的解释融入新理论的形而上学假设之中。

时空结构实在论是在实体论和关系论的形而上学争论僵持不下的情况下提出的，因而它们直接想要避免的就是形而上学的争论。数学结构的特征和地位的发现对时空哲学具有相当重要的意义，但是，完全地想要避免心理意向性的做法，却矫枉过正。形而上学预设和形而上学解释环节的缺失使结构实在论者对时空实在的策略根基并不稳固，数学结构和时空本体之间的关系，必将成为他们的策略中难以回避的问题，而物理学变革中对前理论的形而上学解释的作用，也是他们必须面对的。

第三，时空结构实在论能否达到合理说明的目的？

如上所述，时空结构实在论的目的是要超越实体论和关系论的形而上学断言之争，在方法论上达到对时空实在性认识的一致性。但是，他们的解决方案采用了或者只谈结构不谈时空本体，或者把结构划归为关系，试图在时空结构和时空本体之间建立一种逻辑联系的方式。但无论如何，它们都没有达到对时空实在的一种完整说明。时空结构实在论的片面性有三点。

其一，几种结构实在论的方案都不能真正回答时空的形而上学本质和时空结构之间的关系。

无论哪一种时空结构实在论，都试图通过数学结构的真来保证时空本质断言的真，但它们在更深的层次上都不支持激进的本体结构论概念认为的“所存在的可能就是结构”。我们说实体论和关系论针对实在论的语义标准虽然避免了在确定认识对象的实在性方面的麻烦，却不足以处理理论实体的难题。与之相似的是，结构实在论用“形而上学包裹”的方式消解了实体论和关系论的争论，却带来了结构与关系项的本体论关系的问题，也就是时空结构与时空本质之间的关系问题。在用表示时空的数学结构来提供时空实在性的根据之后，时空结构实在论最终还是不得不把目标转向了关于时空物理结构与时空数学结构关系的阐述。这就表明，数学结构并不能成为实在论者辩护的终点，对“实在”本质的追求永远都是实在论者坚定的目标。

其二，温和结构实在论“使形而上学和认识论一致”的策略也只是一种形而上学假设。

埃斯菲尔德和兰姆结构实在论方案的推论逻辑是，通过在逻辑上给予数学结构与时空客体以同样的本体论地位，指定它们具有相互依赖的关系，从而推出数学结构就表征了客体、本体之间所有关系的结果。但是，数学结构和物理学的数学结构表征并非相同，物理学对同一个说明对象的数学表征结构是具有连续性和变化性两个特点的。埃斯菲尔德和兰姆承认客体和关系并不具有相同的本体论性，它们归根到底是两个概念，那么这种结构实在论如何回答结构在我们认识过程中发生变化的事实？是否意味着时空的形而上学本质本身也是随着我们的认识发生变化的呢？这里，埃斯菲尔德和兰姆混淆了一个概念："实在论立场弱化，走向关系本体"并不意味着我们能够认识到的"关系本体"就是实在的本质的全部。在科学不断向前发展的历史事实面前，明显可以看出的是，我们认识范围内的"关系本体"是在不断地变化的，这可以说明我们越来越多地揭示了实在的本质，也正可以说明，"关系本体"与实在的本质之间并非相等。即是说，埃斯菲尔德和兰姆用来"使形而上学和认识论一致"的方案只能试图把形而上学问题转化为我们的认识论问题，却并不能真正地使形而上学和认识论达到一致，这种办法在实质上还是一种形而上学的猜想。

其三，时空结构实在论回避了关于广义相对论时空的关系论观点影响到了量子引力发展的现象。

一种好的实在论观点，不应当把科学理论发展的形而上学预设的作用及理论发展目标的解释排除在外，而应当能够站在科学发展的角度回答这些问题。因而，我们的时空实在论方案一定是一种既要重视时空理论的形式结构的深刻内涵，又要站在时空理论发展的历史角度，把时空形而上学的历史解释、时空结构的变迁、时空解释与结构变迁之间的相互影响、物理学家自身选择的主观意向性等诸多因素包容在内的合理的实在论方案。

二、时空实在论方法论趋向的语境性特征

虽然时空实在论目前并没有达到对时空实在的最合理说明，但可以看到的是，时空实在论在发展中逐步地吸纳了当代科学哲学发展中的各种方法论因素。由牛顿时代绝对时空观和关系时空观的对立到广义相对论初期

的实体论和关系论的独立，到洞问题之后时空本体论各自立场的弱化，再到时空结构实在论观点的融合，是伴随着科学实在论的复兴和与科学哲学方法论的进步而实现自身的复兴与进步的。同时，物理学语境的深化和发展使时空实在论得到了自身方法论转变的理性基础。这些因素最终必将促使当代时空实在论走上一条注重理论的形式体系、语义解释、理论变化及理论选择等的理性道路，从具体的案例上深刻地体现现代物理学研究对象的不可观察性和形式体系的高度数学化所带来的科学实在论认识论和方法论选择的语境依赖性的显著特征。这也是我们最终希望能在语境实在论框架下对时空实在进行合理说明的重要基础。

时空实在论方案的主要因素包含在图 8-1 之中。图 8-1 中标注出了五个时空认识中的重要环节。分析可知，实体论、关系论和结构实在论分别注重了其中的某一个环节，却忽略了某些环节之间的关联性。

环节（一）是主体对理论进行数学构造的过程。这个过程中存在三个方面的问题。①时空（及其他理论实体的）形而上学假设，这是理论建立的逻辑基础。②理论表征的形式体系。理论表达的数学语言成为认识主体对客体进行理解和解释的直接纽带。③数学结构的选择。数学方程的构造是建立在自然科学家的理论知识和对世界认识的背景基础上的，不同的科学家具有不同的理论背景，对世界的理解方式也不尽相同。因此，这个过程中可能会出现很多竞争的理论。这个过程是一个语形和语用的过程。

环节（二）是对数学方程进行各种语义解释的过程。这个过程是一个语义和语用的过程，因为语义分析方法的运用，总是与科学认识的主体密切相关。理论解释的语义分析过程正是认识主体的理性思维活动使得语言功能与世界的本质发生最佳的“谐振”的过程。数学方程的构造与语义解释的构造是理论形成中很关键的环节。这两个环节正说明了科学理论事实上是一个理解实在的过程，而不是单纯地去直接描述或再现实在的本质特征。这种理解实在的过程是一个对实在的整体性重建的过程，通过理论模型对实在的间接表征和解释来完成。这个重建的过程是一个依赖于语境的包含可错因素在内的动态演变过程，可以造成多种理论模型并存和争论的

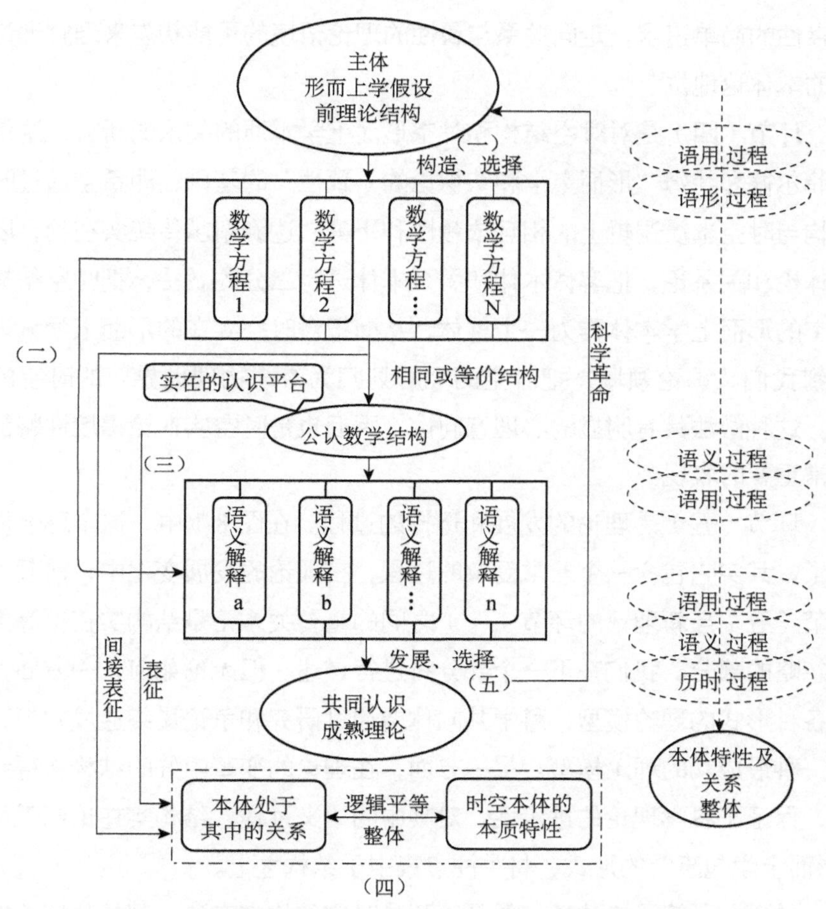

图 8-1　理论发展模式及对时空（理论）实体的可能认识过程微观图

状况。这种状况只有通过理论发展和选择的历时过程才会达到科学共同体的统一认识。

环节（三）是认为数学结构对时空实在的本质进行了表征。这是部分结构实在论方案的最终落脚点。但由于这个落脚点并不能回答结构所代表的关系与关系项之间的问题，所以就有了埃斯菲尔德和兰姆的结构实在论，把环节（三）和环节（四）紧密相关了起来。时空结构实在论对实在论立场进行了弱化。而正如结构实在论者所承认的，时空的数学结构代表的是一种“关系”，这正符合语境实在论者所提出的，“超越对理论实体的现存性的简单追求，走向关系与属性的理论语境的可能状态来理解理论实体的本体论地位”[①]。

环节（四）是对时空结构和时空形而上学本质的关系的断言，这是埃斯菲尔德和兰姆“形而上学和认识论的一致性”的基础，即希望通过时空结构与时空本质逻辑上的相互依赖性和平等性达到超越传统实在论，以及实体论和关系论，把客体本体和关系本体进行二分的做法，把时空结构和时空的形而上学本体作为一个整体，从而把对时空实在的形而上学认识弱化到我们认识论领域，把时空的理解划归为对“物理世界”的时空的理解。这种做法具有明显的心理意向性，因而也是时空实在论语境性特征的非常重要的表现。

环节（五）是理论的发展和选择的过程。在图 8-1 中，这个环节被简略了，其实它包含一个非常复杂的过程，在理论的发展变化中，前理论的环节（五）与新理论的环节（一）之间的重要关系正是结构实在论等策略所忽略的部分。我们在下一个部分将进行详述。但无论如何，一方面，针对各种形式的理论模型，科学共同体要通过研究和争论最终达成共识，选择一种最成功的理论模型。另一方面，在理论的变革中好的结构将得到保留，保证了科学理论的进步性。对其中的语义过程，结构实在论则采用了“形而上学包裹”的形式，将关注点集中于结构之上。

总之，不管是实体论、关系论还是时空结构实在论，都是从理论数学表述的语义分析出发去构造各自的理论体系的。但是，物理哲学家与一般科学哲学家的思路并非完全一致。他们关注的问题主要还是时空实在本身，只是受到科学哲学方法的影响，自发地运用了语境中的某一部分环节。任何一种时空实在论的方案都没有主动地从物理学语境的客观存在性中去把握时空的实在性，因而并没有关注语境的切实存在及其整体性。从上图中的几个环节来看，实体论和关系论关注的是环节（二），直接关注时空的存在形式，与传统的科学实在论一样，造成了形而上学的贫困。结构实在论则关注环节（三）和（四），也关注了环节（五）的部分内容。

① 郭贵春，等. 当代科学哲学的发展趋势. 北京：经济科学出版社，2009：234.

在一定程度上关注于理论表述的形式结构是如何能够表达世界的本质实在性的，这与科学实在论整体的发展趋势是一致的。

因此，我们也可以很明显地看到时空实在论的现有方案达不到合理说明的原因所在：它们都忽略了环节（一）中形而上学预设对理论构造的作用，以及科学革命中旧理论的环节（五）与新理论的环节（一）的相互作用。时空语境实在论是在系统地对时空理论的语形、语义和语用进行分析之后，在方法论上进一步将时空诠释语境的本体论性、历时性、心理意向性及整体性统一起来的必然要求。

这几个环节明显是一个语形、语义和语用交互作用的历时过程，具有鲜明的语境性特征。

第二节　时空语境实在论及时空实在的理解模式

如前所述，当前时空实在论方案的弱点在于：第一，不能很好地回答时空形而上学本质与物理学时空结构之间的关系；第二，无法解答物理学时空的数学表征结构的变化与时空本质之间的关系，并不能真正地达到“形而上学和认识论的一致”；第三，没有回答时空物理学追求本质的目标与我们对时空认识的非本质性之间的关系。因而，我们的语境实在论方案一方面要合理吸收传统时空实在论中的理性成分；另一方面要避免传统方案的片面性，对上述三个方面的问题做出一致的回答。我们的理解分三个步骤进行：第一，时空的形而上学预设与物理学语境的本体论性；第二，时空语境实在论理解模式；第三，时空语境实在论方案的方法论特征。

一、时空的形而上学预设与物理学语境的本体论性

因为时空实在论的问题主要关注时空的形而上学本质与时空理论的结构和解释，因而，要对时空实在进行合理说明，首先要搞清楚的就是时空本质、时空形而上学预设与科学理论的特征。

与实验物理学哲学的情况不同，物理学时空哲学把形而上学预设在理论发展中的特殊作用表现到了极致。在牛顿经典力学中，绝对、平直的实体时空作为形而上学假设，决定了经典力学建立在平直的欧几里得几何基础上，以笛卡儿坐标系进行描述，形成了其严密自洽的逻辑体系，遵循伽利略不变性原理。经典力学的成功促使这种连续时空作为背景的预设延续到了量子力学中，并且结合量子力学自身的论域与狭义相对论的成果，建立了当代量子力学自洽的逻辑体系。与之平行的是，广义相对论以相对、弯曲的动力学空间作为形而上学假设，决定了广义相对论以黎曼几何、张量分析等为工具，建立起自身自洽的逻辑体系。量子力学、广义相对论在各自的领域都得到了预言的成功和实验的验证，都成为我们可以称为“成功理论”的成熟理论。但是，当量子引力尝试把它们进行统一的时候，却得到了发散的结果，也就是理论的逻辑体系出现了不自洽。物理学家因此意识到之前成功理论的时空形而上学预设出现了问题，如图 8-2 所示。

在图中标注为①和②的区域，分别代表了时空哲学和实验物理学哲学中物理学家各自关注的重点。①代表的是时空作为形而上学预设起作用的地方，这是一个理论构造中受到主观因素影响的区域，也是本文要探讨的重点；②代表的是物理学的解释和实验的环节，是物理学理论的意义表达和验证的重要环节，也是通常发生主客体关系等问题讨论的地方，比如量子测量等问题的主客关系的讨论。我们重点看①的发展变化及其哲学问题，这是所有理论的根本。

由图 8-2 可知，成功的物理学理论的时空形而上学预设是可错的，并且目前新的量子引力的形而上学预设受到了量子力学时空背景和广义相对论动力学时空解释的影响。因而，在物理学发展的每一个阶段，时空的形而上学预设就引导了一种特定的物理学语境。物理学语境具有自身的本体论性的存在，物理学体系的构造、物理学理论的解释、验证和选择等，都属于这个特定语境中的因素。物理学的发展是物理学语境的不断再语境化发展的过程。我们从三个方面来理解物理学语境的特征。

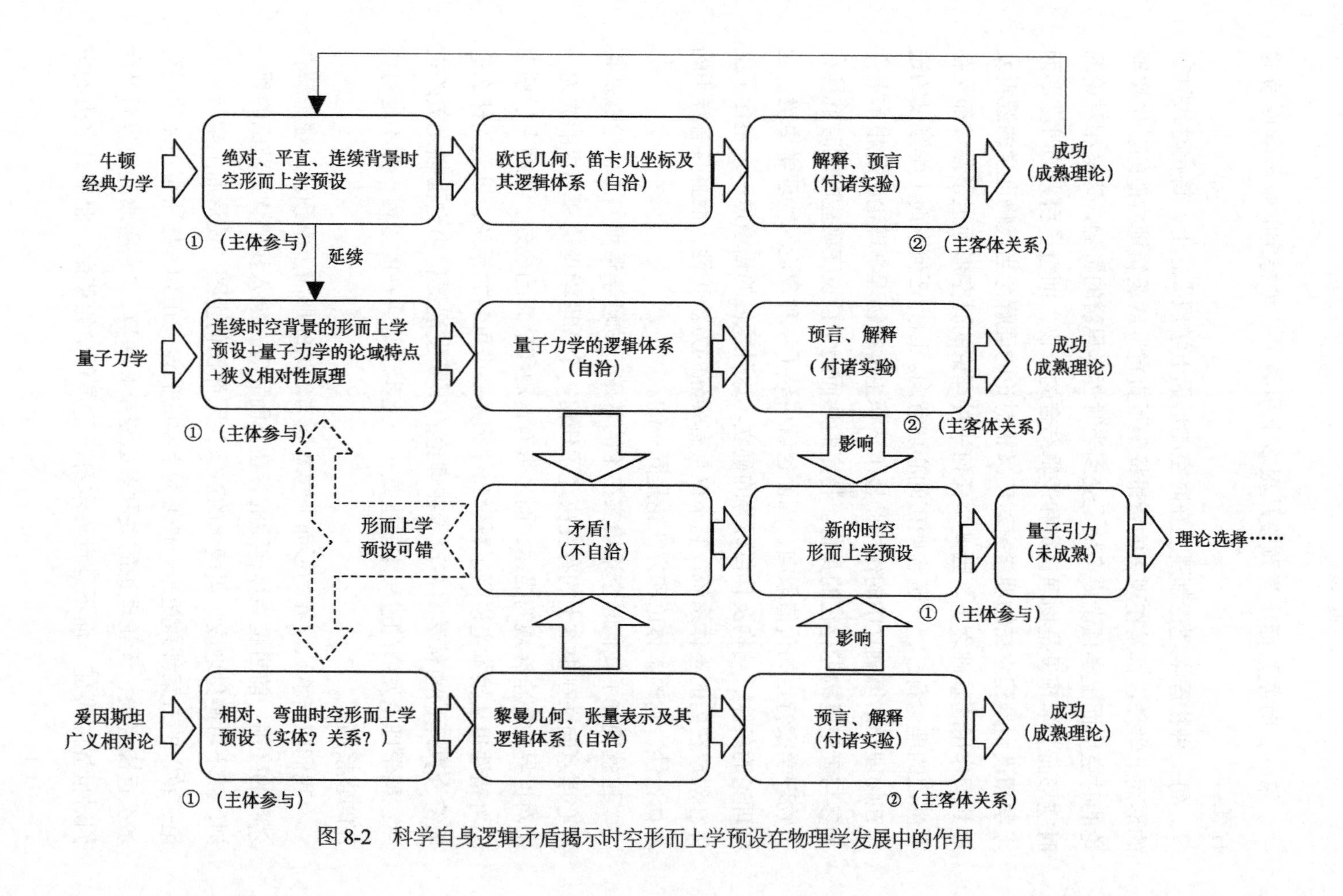

图 8-2　科学自身逻辑矛盾揭示时空形而上学预设在物理学发展中的作用

第一，时空形而上学预设从根本上引导了一种特定的物理学语境的存在。

每一种物理学理论都建立在时空的形而上学预设之上，特定时代时空的形而上学预设都是在现有的背景框架下直觉地或逻辑地构造的。牛顿理论的时空形而上学预设更多地是受到当时哲学思辨的影响，广义相对论的时空形而上学预设是物理直觉和逻辑结合的产物，而量子引力的时空形而上学预设则是建立在物理学家对广义相对论的理解与当代物理学的逻辑发展共同作用的基础之上。因此，任何一种理论的时空形而上学预设都既存在强烈的理论背景，又蕴含明确的心理意向。因为任何形而上学预设的选择在物理学语境确立中的作用凸显了认识主体在物理学理论中从根本上作为参与者与建构者存在的身份。特定的形而上学预设在确立的同时就具有了物理学家特定的价值取向，因而也就引导了一种预设的物理学语境，包括理论的条件、结构及其目标等的确立。这种预设的语境是一个包含了主体和对象在内的整体系统，它不仅具有强烈的方法论性，而且具有鲜明的本体论性，它的本体论和方法论是同一的。

这就确立了我们时空语境实在论的基础：物理学语境的本体论性及其中心理意向性在根本上的存在决定了任何一个物理学理论都不可能成为一个对世界的完全客观的描述，而是带有直观和猜想的成分。形而上学预设的可错性也从根本上说明了科学为什么是一个可错的系统，以及为什么追求符合真理论的科学实在论者在理论的不断发展更替中会面临无数的批评：科学理论发展的过程本质上是一个逐步理解实在的过程，而不是对实在的直接描述。

我们应当承认世界的形而上学本质与理论的形而上学预设、理论解释之间的区别：前者是纯粹客观的存在，而后者在纳入我们认识范围的那一刻，就不可避免地成为语境化的对象，因而任何企图“使形而上学与认识论一致”的方案都只能是一种形而上学的假设。正如邦格所言：无论研究多么远离经验，无论理论的关联多么复杂和深奥，“它所改变的也只是我们对世界的表征，而不是世界本身；这是科学的革命，而不是宇宙的灾变”[①]。只有承认了世界的形而上学本质与物理学语境中的形而上学预设之间的相对性，才有可能在物理学语境中对时空实在进行最合理的理解。

第二，时空理论的发展是特定物理学语境不断变换和再语境化的过程。

在上一章的论述中，我们可以很明显地看到物理学语境确立的过程。以广义相对论为例，广义相对论时空的形而上学预设在理论中的实现并非简单的物理学家猜想的过程，而是在当时电磁学、光学和原子光谱等一些精密实验现象的结果与牛顿物理学相矛盾的情况下，爱因斯坦在他本人对物理学理论和时空理解的基础上，如何了解高斯、黎曼等人对空间几何学的思想，以及克里斯托弗、里奇和契维塔对张量分析的研究等的结果。可以说，是爱因斯坦的直观猜想结合当时的数学、物理学等的发展背景，共同使得这种形而上学预设成为可能，这些因素共同决定了广义相对论发展的物理学语境：其理论的形式体系的结构、理论解释的目标等。因此，广义相对论语境的确立并非孤立，它是牛顿物理学语境变换和再语境化发展的结果。牛顿关于时空的平直、绝对结构的猜想在这个过程因为不符合实验事实而被抛弃了，而其关于空间连续、作为物理学逻辑基础的假设则保留了下来，并在再语境化的过程中变为连续的动力学空间。这两者之间具有明显的联系：其一，时空的实在性是两种理论共同的基础；其二，牛顿时空和广义相对论时空都是用几何的语言描述的；其三，广义相对论是将经典的牛顿万有引力定律包含在狭义相对论的框架中并在此基础上应用等效原理而建立的……同样，在广义相对论语境向量子引力语境的转换过程中，罗威利赫斯莫林等对广义相对论时空解释的理解明显地进入了量子引力的时空预设之中，同时量子引力也必须包含广义相对论的内容作为其经典极限才具有成功的可能性。因此，不论是牛顿物理学语境向广义相对论语境的转化，还是广义相对论语境向量子引力语境的转化，都并非简单的替代过程，而是某一个特定的物理学语境通过语形、语义和语用的过程，

① Bunge M. Epistemology and Methodology：Philosophy of Science and Technology. Part I，Dordrecht：D. Reidel Publishing Company，1985：216.

进展到对时空理论形式体系的构造、解释，然后通过验证等环节，进入对理论意义的选择过程，从而又进入下一个理论的形而上学预设，形成的具有连续性的再语境化过程。

第三，语境的相对性与物理学理论追求本质的目标的一致性。

时空的形而上学预设是物理学的逻辑基础，那么在其所引导的物理学语境中，时空就成为一种语境化了的对象。在我们的理论选择及理论进步的过程中，起作用的是进入物理学语境的时空预设、形式体系、解释、实验验证等因素，而不是时空实体自身的本质。在语境中理解时空，不是将时空的特性与意义的表达仅仅作为终极真理的载体来看待，而是强调理解的当时性与相对性。与实体论和关系论相比，这种理解避免了单纯真值理解的狭隘性。这并不需要我们放弃对基本的独立实在的本体论前提的相信，因为时空的实在性是科学理论的基本形而上学预设的基础，我们的形而上学假设也并非凭空设立的，而是在特定历史的经验条件下，以时空实在的自身存在作为基础而来的，并且随着经验的不断增长和理论的不断发展要进行不断的修正，科学发展的最终目标始终是要对世界的本质做出解释。科学发展对本质的追求和我们在特定物理学语境中对实在的理解的当时性是不矛盾的。如果从这个角度看，我们就不难理解当代时空实在论的多样性，因为在物理学语境中，时空的解释是很重要的一个环节，而解释本身就带有一定的假设性质，“假设的目的不是提供说明，而是解释世界，即依据根本的本体论，把某一结构归于世界，或者，归于世界的具体领域”[①]。这样，从多重语境因素及其相互关联中理解时空，会使对时空的理解更加丰满。

目前物理学追求统一的做法及越来越广的解释域从事实上表明了特定理论语境的相对性与理论追求对世界本质进行说明的目标的一致性。从理论发展的历史角度看，特定历史阶段理论对实在说明的非本质性与理论最终追求本质的目标就得到了统一。因此，科学理论并不像反实在论者所说的只是为了“拯救现象”。虽然我们对于实在的理解是随着物理学语境的

① 马尔切洛·佩拉. 科学之话语. 成素梅，李宏强译. 上海：上海科技教育出版社，2006：19.

发展而不断变化的，但这个变化并非无秩序的随意变化，而是一个逐步接近本质的过程。从语境实在的角度对时空实在进行说明和辩护并不会走向相对主义，因为在语境中，理论的解释、说明和评价都具有严格的科学理性的规则，符合科学进步的法则。

二、时空语境实在论理解模式

如果说，实体论和关系论的失败是因为它们在时空本体论性上的立场过于强硬了，在认识论上犯了经典表征主义者认为表征者与被表征者之间是一一对应的透视关系的错误，而结构实在论的做法又矫枉过正，在本体论后退的同时试图回避理论发展中的心理意向性而不能完全符合理论发展的实际情况的话，那么，站在语境实在论的立场上，我们又应该如何理解时空的实在性呢？这就要求我们对时空实在有明确的理解模式。

1. 时空实在的语义判定标准

针对当前时空实在论解释的片面之处，我们第一个需要回答的问题就是，时空语境实在论如何理解时空解释的多样性的问题，即如何融合实体论和关系论的争论，如何为时空的实在性确立一个判定的标准？时空结构实在论认为实体论和关系论是纯粹的形而上学断言，无法证实或证否，但是它们的基础结构是共同的。因而我们并不需要关注时空自身是实体的还是关系的，而应当把关注的层面转向结构。在这里，实体论和关系论都承认语义分析方法对时空解释的合理性，但是它们都没有真正关注到语义分析如何能够作为时空实在的判定标准。我们站在语境实在论的角度进行详尽分析。

第一，语义判定的必要性。

从当代时空实在论开始复兴，其发展就与语义分析方法紧密地联系在一起。这是由科学理论与语义分析方法的本质决定的。语义分析方法是坚持科学理论解释和说明的科学理性的必备手段。只要存在着可观察世界和不可观察世界的区别，只要存在着直指和隐喻的差异，只要存在着逻辑描述与本质理解的不同，语义分析方法就是不可或缺的，它将始终伴随着实在论与反实在论的论争，以及实在论进步的历史过程。[1]

语境实在论认为，科学理论的产生和发展是一个完整的语境系统，我们对理论的理解只是这个完整语境系统中的一个部分。在时空理论的语境中，建立抽象的理论模型、对概念符号给予恰当的理性诠释都是必不可少的语境因素，运用语义分析方法去判定时空的实在性是必然的。语义分析的作用则在于把理论形式体系的所有可能内涵都展现出来。这种必要性表现在如下几个方面。

首先，时空理论具有公理化的表征系统，对它们的解释和说明涉及各个层面的意义分析。因此在对时空本质进行解释的时候，语义分析的方法是任何其他分析方法所不能比拟的。

其次，对时空的本质进行解释和说明，是我们对时空理论进行解释时的一个复杂难题。而语义分析方法的基本目标则是清晰地给出理论实体的意义说明。同一个时空理论的模型可以给出不同的指称框架，不同的时空理论模型之间也有着不同的指称框架，用语义分析方法来求解这些难题是一种必然。

最后，时空理论远离实验物理学的研究范围，这一特征和量子引力理论相似，对这样的物理学理论的检验，尤其要求理论模型内在的自洽性。在这里，语义分析方法结构性与整体性的特征就会发挥它的内在功能。

同时，语境实在论对时空实体的语义判定标准是当代时空实在论走出形而上学原则“贫困”的必然要求。传统科学实在论要求科学理论知识必须建立在符合“事实”的基础之上的主张在语境的平台上得到了消解，语境实在论对时空的理解注重的是在新的语词、新的方法论和认识论发展的层面上进行的新趋向的探索。通过摆脱对时空“自在本体”的纠缠，把时空作为一种语境化的对象并强调时空解释的重要性，时空语境实在论在进步的时空理论的多样性中寻找到了语境实在的基础，从更高的层次上展示了实在论辩护的理论内容和层次结构的复杂性。

第二，语义判定的语境整体性。

---

① 郭贵春. 语义分析方法与科学实在论的进步. 中国社会科学，2008，(5)：55.

分析了语义判定的必然性，现在需要澄清的是，为什么对同一种数学结构或符号会有不同的语义解，即是说，时空语境实在论如何合理理解实体论和关系论并存且互相无法说服对方的现象？这要求从语义分析在语境的整体性中所扮演的角色方面来理解。

语境实在论对时空实在的理解并不是从确定时空理论认识的对象做出的，而是从阐述时空理论意义的角度做出的，这要依赖于对时空理论的语形、语义和语用的整体语境的理解。对时空的理解必然要涉及对它的陈述。在这一点上，实体论和关系论是在对语形的把握上通过从语义分析来判定这些陈述的真值，来确定时空理论实体的实在性的。结构实在论把因果结构包含于时空结构之中，是一种对不可观察的时空客体的某些可观察效应的因果选择的结果，这是一种逻辑的断言，但它并不排斥语义分析，承认实体论和关系论存在的合理性。因此，理论解释离不开语义分析的方法。但任何一种语义分析都不是对文本的纯客观解读，其中，必然存在着先存观念、先存知识和先存方法的引入问题。正如海德格尔指出的，任何一种解释都具有“解释前结构”，它由三个部分构成。第一个部分叫作“前有”，就是理解之前已具有的东西，包括解释者的社会环境、历史境况、文化背景、传统观念及物质条件等，它们隐而不彰地影响并限制着人的理解；第二个部分叫作“前见”，就是理解之前的见解，即成见，任何被理解物总是具有多种多样的可能性，而把它解释成哪一种，是由前见参加决定的；第三个部分叫作“前设”，就是理解之前必须具有的假设，解释总是以某些预先设定的假定为前提的，任何解释都包含有某种预设。“无论如何，只要某物被解释为某物，解释就本质地建立在前有、前见与前设的基础上的。一个解释绝不是无预设地去把握呈现于我们面前的东西。”[①]即是说，在语义解释中还存在心理意向性的因素，它们与理论的形式体系等因此共同构成了一个开放的整体性的语境。在一个确定的语境内，人们通过特有的约定形式对可能的意义及其分布进行不同意向的说明和重构，甚或导致不同范式的争论。亦是说，即便在同一个语境中，对于

① 转引自：夏基松. 现代西方哲学教程新编. 北京：高等教育出版社，1998：591-592.

不同的解释者来说，他们在面对着相同的理论模型和概念符号的时候，完全有可能给出不同的理论解释。

在这里，意义问题是一个特定语境下各要素之间协调性和一致性的问题。语境实在论对语境的本体论化构成了判定意义的“最高法庭”。因为只有在这个“法庭”之内，一切语形、语义和语用的法则才可以合理地生效。

第三，语义的连续性和可通约性。

时空的语义解释要在语境的整体性中才能得到理解，那么物理学语境是变化的，如何理解语境变化过程中时空语义解释的连续性呢？这也是一个必须回答的问题。因为，如果时空的语义解释在理论的变化之中并没有关联性，那么我们就无法从实在论的角度解释科学发展的进步性及科学研究的意义所在。

科学哲学发展的历史上，科学变革中意义不可通约性的缺陷已经为大家所意识到。以库恩为代表的历史主义“语义整体主义”的缺陷，就在于认为在科学理论和范式的“革命”中，“描述语言”的变化和“词汇”的变革，导致了整体语义上的不可通约性。也就是说，在肯定不存在中性描述语言的同时，否认了语义的客观性；在肯定了不同理论范式革命时所发生的语言转换的同时，否认了它们在语义上的相关性和连续性，从而导致了相对主义的语义学观点。

在语境实在论中，指称的不变性与意义的可变性是“可通约的”，而这种可通约性恰恰在于语境的可相关性。时空语境实在论认为时空概念在物理学发展的过程中经历了语境的不断再语境化，而时空意义的连续性在很大程度上就是语境交替中连续性的保证。比如从广义相对论到量子引力语境的转换中，时空的连续结构被抛弃了，但时空解释中的关系论观点在圈量子引力中却得到了继承，量子引力的时空概念与广义相对论的时空概念有着不可分割的联系。这两种物理学理论之间的可比性，以及它们的不同理论框架、不同范式之间的可比性，并不仅仅是表面形式上的通约，语义上的连续性和可比性才是理论发展进步的更深层次的保障。

从语境实在论的角度来对时空实在进行理解的优越性就在于：一方面它可以纠正传统实在论的直指论所导致的僵化性；另一方面可以纠正由语义相对论所导致的绝对性，从而把因果指称论与意义整体论统一起来，消解对立，建立联系，使科学理论术语的指称难题获得一种语境论的统一解。

因此，只有从语境的整体性角度来把握语义分析的实质，才能真正理解为什么能够把语义分析作为时空实在的判定标准。语义分析与科学实在论具有不可忽略的联系和必然性关联。这种必然性关联很自然地把科学实在论的研究放在了一个更加广阔的语境论研究的平台上，从具体时空学理论发展的案例上，去面对当代反实在论的挑战，求解各种难题，从而推动自身的进步和发展。

2. 时空实在的解释心理意向性

承认语义分析中的心理意向性是语境实在论的基本要素，而事实上，时空结构实在论也承认语义分析中的心理意向性，那么语境实在论如何能够优越于结构实在论呢？主要在于对心理意向性的处理方式的不同。

语境实在论的本体论后退的策略在于，确立了特定物理学语境的实在性存在之后，时空就成为由其形而上学假设所引导的物理学语境中的一个语境要素，容纳于语境化的疆域之内，并且在其中实现它现实的和具体的意义。

结构实在论的方法同样采取的是一种本体论弱化的策略，但是与语境实在论有所不同：结构实在论本体论弱化的落脚点是数学结构的实在性，认为数学结构例示了时空的实在性。如果不做本体论的还原，那么数学结构就要承担一系列的角色：要解释理论发展变化中逻辑和意义的连续性、理论解释的多样性等，这些结构实在论都可以很好地做到。理论发展变化中数学结构的连续性是沃热尔等早就证明过了的，意义的连续性也可以通过结构的连续性说明，解释的多样性可以用物理学家的心理意向性说明。因为无论如何解释，解释者都承认结构的存在，所以结构实在论者采取了“形而上学包裹”的策略来消解不同解释之间的争论。这是时空发展史上具有重大意义的方法论转折，在很大程度上吸收了当代科学哲学中本体论后退的原则，因而很好地解决了实体论和关系论之间无法解决的形而上学争论，为时空实在论的争论提供了一条很好的思路。但是，如前所述，结构实在论的"形而上学包裹"不仅避免了争论，也回避了一个事实，即理论解释的心理意向性的作用，把形而上学解释的环节实际上排除在了对科学理论自身完整说明的范围之外，认为关注数学结构的发展就可以合理地理解科学发展。但是，时空物理学和时空哲学发展的事实证明，这种做法是远远不够的。形而上学的假设和形而上学的解释不可能排除在理论发展的因素之外，它与理论的发展永远都是一个整体。

相比较而言，语境实在论的方案中，时空成为语境化的对象，那么时空的数学表征结构、时空的形而上学解释、物理学家对解构和解释的选择等都成为由时空形而上学预设所引导的时空物理学语境中的要素，这些要素在理论的动态发展中再语境化而具有连续性和开放的包容性。我们强调时空数学表征的连续性，同时也强调时空解释中心理意向性的客观存在及其意义。与结构实在论的"结构"相比，"语境"不是一个单纯的、孤立的概念，而是一个具有复杂结构的整体系统范畴。语境本体论性的根本意义是要克服逻辑语形分析与逻辑语义分析的片面性，从而合理地处理"心理实在"的本质、特征及其地位问题。命题态度作为讲话者对其提出的命题所具的心理状态，譬如信仰和意愿等，是心理表征的对象。从语境的本体论性上讲，这种对象性就是一种实在性，即承认实在地存在着具有意向特性的心理状态，并且这种状态是在行为的产生中因果性地蕴含着的。而且，这种心理意向性同样具有语义的性质，即使是在表征科学定律的符号命题中也同样地存在着意向性特性；同时，那些在因果性上具有相同效应的心理状态，在语义上也是有价值的。从这一点上讲，"关于命题态度的实在论，其本身事实上就是关于表征状态的实在论"。这样一来，可将外在的指称关联于内在的意向关联统一起来，扩张和深化实在论的因果指称论。

在语境实在论的立场上，才能真正消解传统认识论中将主体与客体、观察陈述与理论陈述、事实与价值、精神与世界、内在与外在等进行机械二分法的方法论途径，它正是要从实在的语境结构的统一性上去解决认识的一致性难题。

3. 时空实在理解的进步性

在对时空的实在性进行说明的过程中还有一个很重要的问题：在理论发展的过程中，我们如何保证对时空理解的进步性？这要从理论再语境化的微观过程来理解。

理论的再语境化过程可以从上一节所提到的当前时空实在论的方案中忽略的环节（五）与新理论的环节（一）之间的相互作用关系看出。现在我们详细地对这个过程进行分析。环节（五）与新理论的环节（一）之间作用的微观过程如图 8-3 所示。图 8-3 明确地表示了物理学语境的再语境化过程。

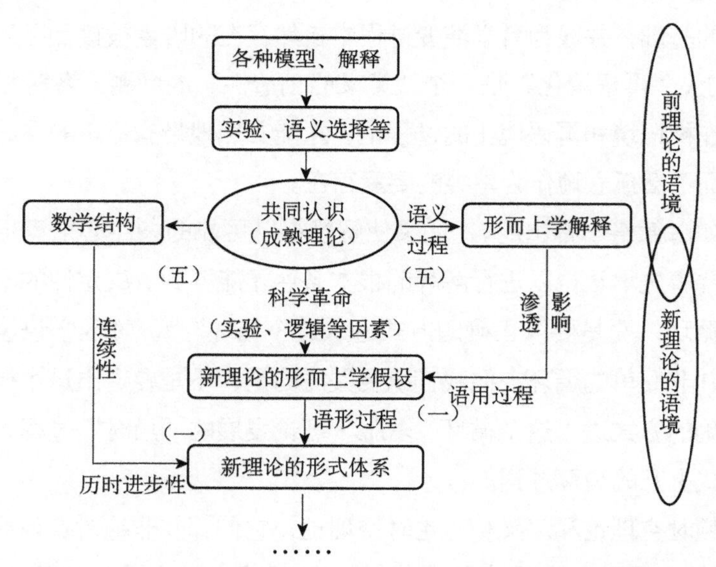

图 8-3 环节（五）与新理论的环节（一）作用微观图：再语境化过程

两个相继的物理学语境之间的连续性：一方面表现在数学结构的连续性上，这是理论之间的逻辑连续性的表现；另一方面则在于前语境中的形而上学解释对新理论的形而上学假设的影响。如果在一个单一的理论（比如经典力学或者广义相对论）中追求解释，就只能是借助理论的成功给予理论的一种或多种语义分析，这样的解释具有多样性的特点且不能得到任何证实或证否的机会。但是由于科学发展的动力是要对所有的现象进行统一的说明，追求理论之间的统一是必然的事情，这样，形而上学预设之间的矛盾性就由新理论逻辑的不自洽性表现了出来。新理论的形而上学预设也必然受到旧理论的解释及物理学家自身知识背景等的影响。

语境实在论不再把纯客观性作为科学研究的起点，不再把真理理解为科学研究的结果，而是把真理理解为科学追求的目标，把科学研究结果看成主客观的统一。这样，科学理论的发展变化，科学概念的语义与语用的不断演变、运用规则的不确定性，科学论证中所包含的休息与社会等因素，不仅不再构成关于科学的实在论辩护的障碍，反而是科学理论或图像不断逼近实在的一种具体表现，使科学研究中蕴含的主观性因素具有了合理存在的基础，并成为科学演变过程中自然存在的因素被接受下来。在这个意义上，“再语境化”是一个“意义的创造性”的问题。各种相关的要素只有在被语境和再语境化的过程中，才能必然地带有语境的系统性和目的性，而不会孤立地作为单纯的要素存在。

正如海德格尔指出的，“如果使解释得以可能的条件必须满足的话，那么就要事先承认得以进行解释的根本条件才能办到。决定性的不是要走出这个循环，而是要以正确的方式进入这个循环”[①]。物理学语境在变换的过程并非简单的循环，而我们所要关注的是，不是要走出这个循环，而是以正确的方式进入这个循环，着眼于理论发展的“历时”过程，理解这种螺旋式上升的循环过程。

牛顿时空理论和广义相对论时空理论，它们都并非绝对真理或终极描述。但在这两种各自历史阶段最成功的理论中存在着时空概念上的连续性。

从语形的角度看，理论的变革中某些表示时空的几何结构被保留且再语境化为具有更深刻对称性的结构了。具体来说，牛顿物理学时代最好的

① Heidegger M. Being and Time. Oxford：Basil Blackwell，1962：25.

理论中，有些结构在时空结构中一直扮演着完整的角色，如提供惯性轨迹的仿射联络∇、表示绝对时间的伴矢量场 dt、保证距离的欧几里得度规张量 h 和点流形 M。在转向广义相对论的时候，几何结构收缩为仅仅与$<M, g>$有关，因为牛顿理论的仿射和时间结构，∇ 和 dt，在广义相对论中由半黎曼度规张量 g 提供，并且 g 代替了欧几里得度规 h。物理学史上，理论变革中结构具有连续性的例子比比皆是，比如量子场论和经典场论之间就具有结构的连续性。我们知道，20 世纪的各种场论都源于经典电动力学，经典电动力学以洛仑兹群为其对称群。首先来看引力场论与经典电动力学的结构连续性。爱因斯坦在创建广义相对论时，把洛仑兹不变性推广为广义协变性，通过等价原理把引力场与时空几何结构相联系，从而开创了几何纲领。其次再看量子场论与经典场论的结构连续性。在量子场论中，经典电磁场被量子化电磁场所取代，又通过与玻色场的类比，引入了实体化的费米场。在引力场论和量子场论的理论结构中，数学结构的连续性是毋庸置疑的。正是这种连续性，保证了场论本体论指称的连续性。虽然在理论发展过程中，人们对场的理解有所变化，但基本的本体论仍是某种实体的场，它们之间仍然有一些共性，比如场的不同部分的可叠加性、个体化的不可能性等。这就保证了理论发展中理论硬核的不变性。

在科学理论的发展变化中，成功的理论也会受到某些等价理论的挑战，并且在一定的历史条件下会被新的理论取代。在这个过程中，理论的核心数学结构以等价性或连续性等形式得到保留。可以这样表述，成功理论 T 的理论模型具有一个核心的数学结构 S，这个结构在某种程度上表达了实在 E 的特性。无论 T 如何发展，在其中都可以找到 S 的连续性，从而保证了理论名词指称的连续性和科学理论的进步性。

从语义的角度看，广义相对论的时空概念虽然与牛顿理论中不同了，但是语形上的联系证明，新的时空语义分析就是在理论的基础上包含了更深层次的含义和对称性而来的。这才从根本上保证了理论变换中的连续和进步性。成功理论数学方程与世界物理结构之间具有部分同构性。我们对理论进行的数学构造是对世界结构的某种间接表征。成功的理论之所以成功，是因为其数学方程的内核具有正确的数学结构，因此理论的数学方程与世界的物理结构之间具有部分同构性，保证了我们的知识是对世界近似为真的认识。正如斯洛维克指出的，在理论变化中，某些几何结构应当在最好的时空理论中得到保留，或者新理论的几何加物理结构与旧理论的几何加物理结构应当具有相似性。否则，新理论就不但要说明它是如何消除旧理论中一些过剩的几何结构的，而且要解释为什么过去所有的理论都错误地认为这个几何结构很重要。[①]在广义相对论的后续理论中，也出现了与广义相对论时空的几何结构完全不同的结构，那么新理论就要解释为什么有些结构在广义相对论中被错误地看作很重要。比如在朱利安·巴伯（Julian Barbour）提出的时空模型中[②]，需要解释的几何结构就是度规。但是，这个理论并不是目前最好的时空理论，虽说它存在着成功的或然性，但是一些问题还有待确定，这是一个复杂的过程。

从语境实在论的角度看，科学发展的目的是揭示本质。成熟理论的表征结构和语义解释与世界本质之间存在着某种程度的同构性，随着再语境化的过程，新的成熟的科学理论必定包含以往科学理论中合理的同构成分，逐渐减少非本质的成分，与真实世界保持越来越大的同构性。这种解决方法把时空的数学结构和语义解释放入时空理论发展的“历时”过程中去，在这个过程中理解再语境化的过程，保证理论的连续性和进步性，使得对时空实在性的理解更加卓越。

三、时空语境实在论方案的方法论特征

时空语境实在论方案并没有放弃语言与形而上学相关的研究传统，而是获得了一种超越。其理论并没有确立在单纯地对时空理论及其规律的真理性的信仰上，而是确立在坚实的科学分析方法的有效性和合理性上。在这一过程中，时空哲学家获得了一个语境的基底：不必再向历史还原，不必再向更深层次的本体还原，不必再向其他概念还原，也不必再向其他可

① Slowik E. Spacetime，ontology，and structural realism. International Studies in the Philosophy of Science，2005，19（2）：147-166.

② Barbour J. The End of Time. Oxford：Oxford University Press，1999：349-350.

选择的理论模型或范式还原。不再把“形而上学的第一原则”看作科学实在论最重要的、最佳的特征，而是注重对语义的和认识论问题的研究，从而走出形而上学原则的“贫困”，开拓了方法论和认识论领域的新局面。

首先，本体性的超越。语境实在论中，对语境化的时空对象的实在性的合理理解代替了对时空本体的断言。对于思辨哲学时代对时空本质的猜想和实证论哲学中马赫试图通过对牛顿水桶实验的反驳证明绝对空间的不存在的做法，以及20世纪实体论和关系论试图通过表征主义的方案来解决时空的本质问题，语境实在论超越了对时空本体的断言。通过把对时空实在的语境性理解的相对性与物理学语境的连续进步性相结合，合理地解释了我们对时空实在理解的进步性。这验证了郭贵春教授对现代物理学的特征对科学实在论的影响的前瞻性看法：“……这就迫使科学实在论者在理论解释中，从本体论的绝对性的抽象思辨走向本体论的多样结构性的具体阐释。”[①]

其次，认识论意义的转变。语境实在论能为物理学时空提供一种更好的认识论解释。在理论的选择超越本体论性以后，从认识论上信仰理论实体还是从语用上承认经验适当的理论实体，就不是科学本身的确证性问题了。一种理论的说明或解释之所以成功，是因为它赋予了我们对特定语境中难题的求解。[②]没有任何解释或证明是唯一正确的，不同语境中的不同说明或解释不存在绝对的同一性，因而在不同的语境中，说明的意义或语境的意义是不同的。所以，在某种程度上讲，“不存在超越语境的，具有独立意义的正确说明”[③]。因此，实体论和关系论的争论具有其存在的合理性，超弦理论和圈量子引力对不同背景的选择也是科学发展中的必然现象。只有从语境基底去把握和认识，从整体的角度去理解时空解释的多样性，才是目前正确的科学态度。因为，对语境下多种模型并存的承认是科学可操作性的要求。

---

① 郭贵春，殷杰. 科学哲学教程. 太原：山西科学技术出版社，2003：51.

② 郭贵春. 科学实在论的方法论辩护. 北京：科学出版社，2004：42.

③ Leplin J. A Novel Defence of Scientific Realism. Oxford：Oxford University Press，1997：27.

最后，方法论的统一。从实体论和关系论的争论到结构实在论再到语境实在论的发展表明，我们对时空实在性的追求最后必将走向统一，在语境的整体性和动态性之中去了解不同时代物理学家对时空本质的思索、数学理论的发展和物理学形式体系的深入、表征公式和符号的语义变换与扩张、物理学家思维由绝对向相对的转化等一系列语境因素之间的相互作用，走向一种“超越分割，走向整体”的方法论。只有超越简单的分割方法论，站在整体论的立场上，才能真正合理地理解实在和认识的关系。

在语境实在论中，形式化的理论语言对时空实在的指称和逻辑问题是其关注的核心问题之一，这只有通过对语境进行整体把握才能合理地理解。从整体论上来讲，语境的本体论性构成了人们对时空形而上学本质的追求转为对语境化的时空对象的实在性进行合理理解的平台，这既是一种有原则的“撤退”，也是一种方法论性的“前进”，因为它在减少“还原”的同时，原则性地扩展了“意域”：承认意义大于指称。在物理学语境中，我们所接触的每一个符号、表征或公理对时空理论的支持不仅仅在于它自身内在的逻辑功能，而且在于它通过“隐喻”和“转喻”方法，以及语境基底上的叙述结构，铸造了它与时空实在论基础的联结。时空概念的隐喻构造以其开放的无限性特征进行一种含蓄的支撑，在此意义上它们并没有与所指的某种精确定义相符合，而是为其指出可能的方向。因此会出现实体论和关系论之间辩论的共同基础，也才会出现时空结构实在论的包容。在此之后，语用语境的不断分化和重构决定了隐喻语境的存在及其把握实在本质的有效性，出现了不同观点的交替和发展。

第三节　时空语境实在论的方法论优势

一、时空语境实在论对传统实在论的超越

与传统科学实在论重视证据的做法相比，时空实在论最终走向语境实

在论一方面是科学自身发展特征的必然结果，另一方面也是科学哲学自身研究方法的必然结果。

传统实在论坚持的是一种经典的实在观，追求对原子对象进行因果决定论的描述。这种观点是在宏观科学和实验物理学背景上建立起来的一种镜像实在论，因为在宏观物理学的观察和实验中，观察者处于整个测量的系统之外，直接的观察和测量可以比较客观地反映客体的信息。在有效的测量过程中，测量仪器对测量结果的干扰通常可以忽略不计。这样，测量结果就为理论命题的真假提供了直接的评判标准，是命题和概念拥有字面表达的意义或非隐喻的意义和指称。因此，这种实在论是以观察命题的真理符合论为前提的，坚持概念同事实相符合。

传统实在论对客体直接的形而上学断言是建立在实验观察和归纳事实的基础上的。休谟问题的提出使认识论和形而上学之间的鸿沟成为我们的知识不可逾越的障碍。另外，自然科学的发展也证明了传统实在论的认识论困境。量子力学的统计特征和测量难题与传统的科学实在论发生的冲突使人们认识到，量子测量过程中被测量的系统与测量仪器（包括观察者在内）成为一个整体。我们得到的知识，事实上总是与观察者密切相关的，因而科学哲学家们开始放弃传统真理符合论的观点，重新理解理论和真理的性质与意义。

而目前我们面对的，是物理学发展带给我们的新的困难，也就是对时空实在性的理解或对理论实体的理解。失却了观察和实验的环节，我们对理论实体的认识过程与宏观物理学和量子力学测量语境中的认识过程都有着明显的不同。我们对理论实体的认识是从理论的方程和语义解释开始的，实验现象对理论实体的存在与否只能做出间接的断言。因此，不能按照传统实在论对实体的判定标准来衡量理论实体的存在与否及其可能的本体论性。因此，理论实体的问题也成为各种工具主义和反实在论观点论证的主要舞台之一。历史地看，对理论实体的理解在量子物理学哲学中呈现的多样性，大多从语境的整体性出发，超越了传统实在论者对物体是否具有独立于观察作用的客观实在性的关注，超越了“经验的符合”和“解释的成功”等价的实证论哲学，而是把“论证的符合”和“解释的成功”看作是相关的：“方法必然要超越一切特殊证据的背景要求的狭隘性。”[①]而在时空观的争论中，科学实在论在语境整体性基础上的理性进步和在方法论上取得的超越也得到了明确的体现。

根据时空语境实在论方案，在科学的认识主体和时空客体的本体之间有四个重要的环节：第一，主体通过形而上学预设的方式把客体变为语境化的对象进入特定的物理学语境系统；第二，认识主体选择和构造描述世界的数学方程，方程形成之则遵循其自身客观的逻辑规律；第三，认识主体对数学方程进行各种各样的语义解释；第四，理论的数学结构的逻辑规律、主体对语义解释的理解和选择共同把正确的结构和形而上学思考再语境化进入新的物理学理论。而这四个环节事实上构成了一个整体的、动态的物理学语境。通过这四个环节，最终达成了一个主体和客体之间的认识通道。这个通道成功的基础保证在于，科学认识的目的在于揭示世界的本质，理论的数学结构与世界本体的结构之间具有部分同构的关系。语境实在论承认客体本体论意义上的独立存在性，这是其实在论的基本立场，但它却否认科学理论是对真实世界的对应表征。我们只有通过对语境化的物理对象越来越多的理解来合理地把握实在。在这个意义上，语境实在论比传统实在论无疑更具合理性。

二、时空语境实在论与关系实在论的比较

关系实在论也是科学实在论中比较流行的一种实在论观点，从实质上说，结构实在论就是一种关系实在论，语境实在论也是一种关系实在论，但是它们所强调的关系有质的不同，因而，辩护的结果也就相应地不同。在国内，罗嘉昌先生提出的关系实在论也曾经引起了很多讨论，现在把时空语境实在论与结构实在论、与关系实在论进行比较，够更加明确语境实在论的方法论优势。

语境实在论强调的关系包括理论结构的内在关系，以及理论结构与形

① 语境论的科学哲学研究纲领——访郭贵春教授与成素梅教授. 哲学动态，2008（5）：6.

而上学预设、理论逻辑结构、解释和实验等之间的外在关系，强调语境化的对象与语境的整体关系。结构实在论强调的是理论数学结构包含的内在关系，必将引起数学结构与其所包含的对象结构之间的划分。而关系实在论立足于量子理论的测量难题，在本体论意义上用普遍的本体论的关系论观点取代了传统的基于个体的本体论的原子论观点，承认关系属性或倾向性属性的存在。

在这一点上，我们来区分三者的优势和困难。

时空结构实在论在时空点的本体论问题上承认客体本体论的独立存在，期望通过数学结构把个体与关系统一起来，在一个整体论的意义上表征物质本体的特性和关系。但是，本体的结构实在论、认识的结构实在论和综合结构实在论的争论表明，它们很难走出数学结构和本体结构之间关系的困境。

我们从关系实在论的关系概念出发来分析：关系实在论者的“关系”是指一组本质上不可分离的关系结构，在它的表述 $y=f(x_1,x_2,\cdots,x_n)$ 中包含众多元素，其中，y 指的是物理性质，x_1 指的是物理实体，x_2～x_n 指的是各种关系参量。性质在特定的关系中凸显，相应的参量成为主参量。这些参量包括仪器、主体和可能的环境等。在这个关系的表征中既包括客体的物理性质，也包括连同主体在内的各种关系参量。但因为关系实在论者期望物理性质 y 当作物理实体和关系参量的函数，因此他们得出一个结论：认为关系在一定意义上先于关系者。这无疑会造成逻辑上的困难。这就会与弗兰奇和雷德曼的本体的结构实在论一样，面临着“没有关系者，如何可能存在关系”的问题，或者会出现关系者成为关系的派生物的结果。这样，物理实体就失去了它独立自存的地位，违背了实在论的初衷。

关系实在论是从知识论的角度来谈论实在的。在不同的关系中，实体可能表现出不同的物理性质与我们的经验相符合。这样，在关系的实在性平台上，关系实在论的实质是关注“存在物是什么”的问题。但是从实在论本身的角度来看，“实在”的存在并不依赖于我们对它的认识。当然，我们重点要回答的问题是“我们如何认识实在”，但同时我们也要给予实在其本身的地位，即是说，我们要关注“一存在物是否存在及如何存在”的问题。

语境实在论对这个问题回答的关键在其实在性理解的根源上。如果我们同样用$y = f(x_1, x_2, \cdots, x_n)$来表述语境实在论的关系结构的话，这里的$y$并不是物理性质，而是语境化对象的性质。我们对实在性的合理认识，是通过语境化对象的认识而得到保证的。而在这个语境中，因为科学自身的理性特征，主体对理论进行的数学构造，是以解释和认识世界为目的的，因此，理论都建立在对实在的一定认识的基础之上，数学方程与世界结构之间具有部分同构性。随着物理学语境不断再语境化的过程，这种同构性会越来越大，而我们对实在的把握，是语境中的形式与意义统一下的把握。在这里，语境实在论不再追求基于个体的实在的本体论，而是追求语境化的对象与作为整体的世界结构之间的同构性，并且重视语境的动态过程及我们对实在认识的进步性，从而完满地解决了传统实在论及关系实在论的困境。

因此，不难看出，在对时空实在的理解上，时空语境实在论较之传统实在论和关系实在论都具有一定的优势，其原因主要在于时空语境实在论采用了本体论后退的策略，避免了本体论和认识论之间截然二分带来的认识论困境，同时正确地处理了时空本体、语境化的时空对象及我们对时空的认识三者之间的关系，使它们在我们对时空实在问题的理解范围内在某种程度上关联和一致起来，得到了特定的物理学语境的范围内合理理解时空实在的可能性。这种实在论的理解思路，无疑可以为当代科学实在论的发展带来有效的支撑和借鉴。

第九章 时空语境实在论应用案例

本章是一个案例研究：用时空语境实在论的方案去回答时空理论中的非充分决定性问题。

科学实在论与反实在论的争论中，科学的“非充分决定性论题”一直是被反实在论者称为对科学实在论构成了“真正的威胁”的论点之一。时空理论的发展中也存在各种各样的非充分决定性问题。时空语境实在论在解决非充分决定性论题上的优越性无疑能够从案例上显示这一方案的方法论优势，可以为当代科学实在论的辩护提供有力的支持。

第一节　非充分决定性论题的内涵

随着实在论和反实在论争论的不断深入和争论策略的不断改变，非充分决定性论题已经得到了更加广泛的讨论。对这一论题的理解和剖析，要建立在对科学理论、科学实在论和反实在论的进展进行分析的基础上。

一、传统的非充分决定性论题

在科学实在论与反实在论的争论中，非充分决定性论题一直是反实在论者使用的有力论据之一。传统的科学非充分决定性论题强调证据对理论的非充分决定性，最著名的是狄昂的弱非充分决定性论题和奎因的强非充分决定性论题的表述。它们的出发点在于经验相当的不同理论 T_1 和 T_2 之间在理论上的不相容性和它们各自在经验意义上与证据 E 之间的一致性。而其分歧则在于，证据对理论的非充分决定性是建立在现有证据的基础之上，还是针对所有可能的选择规则而言的。

理论的弱非充分决定性（weak underdetermination of theories）指的是当我们在科学实践中可得到的观察证据不可能在相互竞争的假说或理论之间做出选择时，我们可能会考虑除了与证据符合之外的其他因素，以帮助我们解决问题。而理论的强非充分决定性（strong underdetermination of theories）则是指，也许会存在这样的竞争性理论，没有任何证据能在它们之间做出选择，也许所有的理论都不可能通过实际的和可能的观察证据得到充分的决定。[①]但是，大多数哲学家都认为，“强非充分决定性只不过是由于接受了一种狭义经验论的证据观所导致的一个伪问题”[②]。

无论是弱非充分决定性还是强非充分决定性都建立在传统的经验科学的基础上，都是指证据对理论的非充分决定性，按照雷德曼，其形式通常可以表述如下。[③]

（1）对于所有的T，存在一个无限数目的经验等价但是不相容的理论T，T′，T″，…

（2）如果T和T′是经验等价的，那么T和T′是证据上等价的。

（3）没有证据可以支持T比支持T′，T″，…更多，因此，理论的选择是根本上非充分决定的。

在这里，我们可以看到，在传统非充分决定性论题提出的认识论语境中，人们认为经验等价就意味着证据对于T和T′是相同的，因此，我们不能根据经验证据在T和T′之间做出选择，理论的选择在根本上是非充分决定的。在几十年的争论中，实在论者已经指出：传统的非充分决定性论题是建立在把经验的等价等同于认识的等价的推论之上的，这种推论的基础本来就值得怀疑。

首先，可观察现象范围的变化决定了经验的不可靠性。我们承认，经验等价的竞争理论对于科学来说是普遍存在的。但是不是经验就能等同于证据呢？劳丹（Laudan）和莱普林（Leplin）1991年就在科学不断发展变化的基础上，对经验等价的理论存在的持久性提出了质疑。他们指出，经验等价的观念是建立在对可观察和不可观察现象之间的强烈的静态区分上的，因此非充分决定性论题的部分前提“既是语境的又是可废止的”[④]，因为可观察和不可观察现象是随着科学的发展而变化的，而经验等价性的

① 牛顿-史密斯. 科学哲学指南. 成素梅，殷杰译，上海：上海科技教育出版社，2006：643.

② 牛顿-史密斯. 科学哲学指南. 成素梅，殷杰译，上海：上海科技教育出版社，2006：645.

③ Ladyman J. Understanding Philosophy of Science. London：Routledge，2002：174.

④ Laudan L，Leplin J. Empirical equivalence and underdetermination. The Journal of Philosophy，1991，88（9）：454.

判断也必须相对于科学和技术的特定状态。由于科学不断前进，可观察现象的范围一直在扩张，传统的建立在经验等价性基础上的非充分决定性就只是一种短暂形式的非充分决定性。

其次，经验的等价并不等于证据的等价，证据的范围远远大于经验。事实上，在当代科学发展的特定语境中，一些“超经验”的因素在理论选择中也已经起到作用。比如说，弗里德曼就认为，我们应当更加喜欢有着更强的“统一力量”的理论。也就说，在当代科学高速发展的特定语境中，人们对科学理论的评价已经不仅仅依赖于经验的标准。新的评价标准很多，包括一致性标准、简单性标准、经济性标准和统一性标准等。当把这些标准并入科学选择的标准时，理论的证据支持就得到了极大的延伸，而不仅仅局限于与经验的一致性。这样，经验等价和证据等价之间的联系就被分离开来。我们说，把经验的适当性作为理论价值的唯一标准，是科学发展中特定历史条件下的特定现象，它忽略了我们在科学证明的过程中对理论进行选择可能依赖的其他条件和心理因素，而这些条件和因素随着科学理论越来越远离经验领域而变得越来越重要。因此，经验的等价和证据的等价之间是远远不能简单地画上等号的。

因为科学处于不断的发展之中，我们现在竞争的理论也都不是最终的科学理论的形式，而都是一些“部分理论”，因此，关于理论选择和理论解释的问题将会永远存在，在这个过程中，科学非充分决定性将会一直是一个未决的、受到关注的焦点。而我们关注的是，在当代物理学语境中非充分决定性论题将会以什么样的形式存在？科学实在论如何对非充分决定性论题进行求解？在这个求解的过程中，我们如何能够对科学实在论进行有力的辩护？

二、当代非充分决定性论题的内涵和形式

随着科学及其测量手段的不断深入，人们对世界的认识不断超越经验所能及的范围，科学实在论与反实在论争论的焦点和策略也在不断改变，相应地，非充分决定性论题也在不断地变化。按照当前实在论和反实在论

争论的情形，我们可以对科学实在论做出语义学、认识论和本体论三个方面的分析，并且基于这三种分析来理解当代非充分决定性论题的内涵。

当前实在论和反实在论争论的焦点在于，科学中的理论术语（如质子、中子等）是否真实存在。正如范·弗拉森指出的那样，科学实在论者通常会认为“科学的目的是通过理论给我们一个关于世界的字面为真的故事，接受一个科学理论意味着相信它为真”[①]。实在论在最基本的层次上“应当被理解为要求对一种形而上学解释的承诺”[②]。按照这种理解，我们可以对科学实在论做出三个方面的分析。①语义学分析：字面为真意味着科学实在论者在一定程度上要字面地理解科学理论的主张。②认识论分析：相信理论为真即科学实在论者要有好的理由来接受特定理论的主张。③本体论分析：实在论被理解为一种形而上学解释的承诺是指科学实在论者对理论的本体论解释应当具有一致的实在性（关于这一点，贝恩曾在其尚未正式发表的论文《走向结构实在论》中对科学实在论进行过语义学和认识论的分析，但是，按照当代科学理论发展的现状来讲，本体论的分析对理解科学实在论同样具有重要的作用）。按照这三种分析，科学实在论者就需要回答三个问题：第一，按照对科学实在论的语义学分析，我们应如何对科学理论进行文本解读？即是说，如果T为真，那么它描述的世界应当是什么样子的；第二，对应于科学实在论的认识论分析，我们有什么理由信仰特定理论的主张？也就是，如果T为真，那么我们相信T的条件是什么？第三，按照本体论分析的要求，我们对世界的最终解释如何？换句话说，在理论的发展中，我们能够在什么样的意义上对世界的真实情况做出实在的形而上学解释？比如说在经典电动力学中，如果站在实在论的角度相信T，则意味着我们一方面要接受电子所描述的理论实体的真实性；另一方面要相信电子理论预言的成功保证了我们对电子的描述是对它的正确描述；再一方面我们对电子的本体论解释应当具有一致的实在性。

---

① van Fraassen B C. The Scientific Image. Oxford：Clarendon Press，1980：8.

② Rickles D P，French S R D. Quantum gravity meets structuralism：interweaving relations in the foundations of physics//Rickles D，French S，Saatsi J. The Structural Foundations of Quantum Gravity. Oxford：Oxford University Press，2006：33.

当代不同的反实在论对科学实在论的反驳，往往针对以上对科学实在论三种分析中的某一种或两种，相应地形成了基于（对科学实在论的）认识论批判的非充分决定性、基于（对科学实在论的）语义学批判的非充分决定性和基于（对科学实在论的）本体论批判的非充分决定性三个方面的非充分决定性问题。其中基于认识论批判的非充分决定性对应于传统的非充分决定性论题，是经验等价的不同理论 T 和 T′之间在理论发展的同一个历史阶段遇到的经验对理论的非充分决定性；基于语义学批判的非充分决定性来自于劳丹的悲观主义元归纳（pessimistic meta-induction），是从科学史的角度对所有科学理论的正确性提出的非充分决定性；基于本体论批判的非充分决定性则是同一个理论 T 在一定的历史时期内对理论实体的本体论可能出现的不一致解释之间的非充分决定性。

第一，基于认识论批判的非充分决定性，事实上是传统的非充分决定性论题的一种变形。传统非充分决定性指的是对于一组经验证据 E，有不同的理论 T 和 T′都与 E 相符合，因此，E 不能决定 T 和 T′中哪一个更正确。这种非充分决定性的基础在于认识实在论，也就是相信经验证据 E 的真实性和它们之间的等价性。而反实在论者在这里是要证明用科学实在论的语义实在论和认识实在论之间是不相容的。他们试图从语义实在论出发推出矛盾，从而达到反对科学实在论的认识论基础。根据实在论的语义学分析，如果我们相信理论的字面陈述为真，就是相信 T 和 T′的本义理解，但由于 T 和 T′是不相同的两个理论，所以它们的解释可能不同甚至是相互冲突的。这就暗示了，我们不可能对 T 和 T′得到认识上不可区分的结果，也就是从语义分析的角度推论，T 和 T′是无法对应于相同的经验证据 E 的。因而，就只能得到认识论的反实在论结论。基于认识论批判的非充分决定性的做法是通过语义和认识的矛盾来证明对理论语义的相信不能够充分决定认识的实在性，传统非充分决定性论题是一组逻辑上一致的反推，是非充分决定性论题最直观的含义，在讨论的时候我们把它们作为一个整体来理解。

第二，基于语义学批判的非充分决定性，来自于对劳丹的悲观主义元归纳的阐述。悲观主义的元归纳指的是历史上许多成功的理论后来都被证明是假的，因此我们现在的理论也可能在以后被证明是错误的。从科学史的角度来看，历史上有些理论，比如燃素说、光的粒子说、波动说等等，在当时被看作是成功的，认识上也是合理的，但是后来的科学发展证明它们大多是片面或错误的。悲观主义元归纳就认为我们所有的理论在今后的科学发展中都有可能被推翻，并因此质疑理论术语指称的确定性和实在论者在一定历史阶段对成功理论的解释。按照这种归纳，也就无法证明理论的意义对后续理论的价值，也就是，解决不了理论发展和变换中的连续性问题。由此而来的基于语义学批判的非充分决定性则可以概括为，虽然目前的理论已经获得了大量实验上或预言上的成功，因此，根据认识实在论，我们有很好的理由保障对当前理论的信仰，但我们不应当是关于目前理论的语义实在论者。因为它们的语义解释可能并不代表任何真实的东西，在以后的科学发展中很可能会被推翻。也就是说，理论术语的意义和指称是不确定的，对认识的相信不能充分决定语义的实在性。

第三，基于本体论批判的非充分决定性，是同一种理论形式对不同形而上学解释的非充分决定性，可以这样来表述：对于一个我们相信其为最好的理论 T，可以给出不同的形而上学解释 I 和 I′……这些解释分别对应着不同的本体论 O 和 O′……这些形而上学解释在经验上是无法确定其对错的，但是它们对于科学理解和科学的发展来说却都有一定程度的影响。概括起来就是，成功的理论非充分决定它的本体论解释。这种非充分决定性在科学史上很常见，比如光的微粒说和波动说的争论、量子力学的各种不同解释、粒子本体和场本体之间的争论等。

三种非充分决定性在实质上关乎科学理论发展中的形式、认识论和本体论，虽然在逻辑和概念上它们是科学理论可以区别的不同方面，但在实际的实践和历史中，它们无法分解地纠缠在一起。当代科学实在论者对非充分决定性论题的反驳，必须是从三个方面给出的一个全方位的反驳。总的来说，基于认识论批判的非充分决定性的缺陷一方面在于经验的局限性；另一方面，我们在对理论的选择中，对 T 和 T′的选择不一定仅仅取决于观察证据。因此可以如传统的弱非充分决定性所坚持的那样，或者寻找新的证据来判定哪个理论的预言是正确的，或者考虑与证据符合之外的其他因素，以帮助我们解决问题；对基于语义学批判的非充分决定性的反驳，则在于对悲观主义元归纳的避免。悲观主义元归纳质疑的是理论术语指称的确定性和意义的连续性，并且基于此质疑语义实在论者对理论成功的解释，目的是要切断成功和似真性（truthlikeness）之间的联结，这涉及实在论说明性辩护的基础，因为实在论的说明性辩护就基于这种联结。因此，实在论者就要试图历史地表明指称的相对确定性和意义的连续性，以回应悲观主义元归纳。而且从科学史的角度看，对发展中的理论 T 和 T′ 的本义解释并不一定会产生矛盾，虽然它们在形式上和本体论解释上可能都有所对立，但是这种矛盾在某一个水平上是可以化解的；基于本体论批判的非充分决定性的关键在于对象的观念，因此避免它的一种方法是完全重新概念化这种观念，[①]比如弗兰奇和雷德曼就选择用“结构的术语”对对象进行重新概念化，并且强调，虽然理论可能会有不同的本体论解释，但这些解释都建立在同一个基本结构的基础上，因此，在基本结构的水平上它们是一致的。

在非充分决定性论题的争论中，反实在论者通常会把物理学时空理论作为一个很好的舞台，因为三种形式的非充分决定性在这里都能找到支撑点。但是非充分决定性是否真的会成为实在论所无法解决的难题？它会对实在论产生什么样的影响？在这里我们就以时空理论为基础，对非充分决定性论题进行全面的分析和讨论，最终我们要认识到的是：非充分决定性论题是科学发展过程中不可避免地要遇到的问题，但是正如传统非充分决定性争论中一些哲学家认为证据对理论的非充分决定性不可能瓦解科学理论的客观性与实在性，相反还会使科学的成功变得更加卓越一样，当代非充分决定性论题并不能瓦解科学实在论，而与之相反的是，科学实在论在这个辩护的过程中会变得更加卓越。

---

① French S，Ladyman J. Remodelling structural realism：quantum physics and the metaphysics of structure. Synthese，2003，136：37.

第二节 时空理论中的非充分决定性

正如前文指出的，虽然三种形式的非充分决定性在逻辑和概念上是可以区分的，但是在实践和历史中，它们无法分解地纠缠在一起。在时空理论的发展中，非充分决定性的问题在理论的各个层面都存在，涉及理论发展中的形式选择、理论进步和理论解释等问题，因此，时空实在论对它的反驳必须满足对理论的形式相关性、语义连续性和形而上学解释一致性的要求。现在，我们就站在时空语境实在论的立场上，分析其对非充分决定性论题求解的特征，进而把握当代科学实在论辩护的某些新特征。

语境实在论在对时空的实在性进行合理说明时，首先把物理学时空看作一种语境化的对象，这样，时空的形而上学预设、理论形式表征及形而上学解释等就成为一个整体语境中的要素，语境的本体论性成为理论解释中不同本体论说明的共同基础。语境中心理意向性的存在为时空的不同本体论说明提供了存在的合理性基础。时空语境实在论对非充分决定性论题的解决在于通过理论逻辑结构的对称性和连续性消解基于认识论和语义学分析的非充分决定性；通过心理意向性的客观存在性为本体非充分决定性提供合理的求解方式。同时，通过新旧语境之间的连续性和扩展性，虽然保证了本体论的承诺在连续理论中可能得到一些修改，但只要理论之间存在逻辑上的连续性，理论就提供了一种与真实世界具有越来越大的同构性的发展道路。

一、基于认识论批判的非充分决定性

在时空理论中，基于认识论批判的非充分决定性最著名的例子是范弗拉森的 ND（0）和 ND（v）问题。[①]它是牛顿绝对时空中存在的一种非充

① 这个问题在很多哲学作品中都有讨论，主要的讨论见 van Fraassen B C. The Scientific Image. Oxford：Clarendon Press，1980；Friedman M. Foundations of Spacetime Theories. Princeton：Princeton University Press，1983；Laudan L，Leplin J. Empirical equivalence and underdetermination. Journal of Philosophy，1991，88：449-472；Earman J. Underdeterminism，realism and reason// French P，Uehling T，Wettstein H（eds.）. Midwest Studies in Philosophy. XVIII. Notre Dame：University of Notre Dame Press，1993：19-38. Bain J. Towards structural realism，（unpublished）.

分决定性问题。在这里，ND 指的是牛顿的运动学原理加引力原理。我们知道，在牛顿的绝对时空观中，时间和空间不受物质运动的影响，是独立于物质的一种绝对存在。因此，绝对空间无从观察，物质相对于绝对空间的运动也是无从观测的。假设宇宙有一个中心质量，它可以相对于绝对空间以任何恒定的速度 v 运动。因此，ND（0）表示在宇宙质量中心速度相对于绝对空间静止的牛顿动力学，ND（v）则表示宇宙质量中心速度相对于绝对空间以速度 v 运动的牛顿动力学。因为绝对空间无从观察，而由伽利略不变性可知，ND（0）和 ND（v）都正确服从牛顿动力学原理，这样我们就无从揭示牛顿物理学原理遵从的是 ND（0）还是 ND（v）。因为 v 可以取任意值，所以绝对空间的存在和牛顿力学加引力原理的伽利略不变性就暗示了无限数目的不相容的理论都能被所有可提供的证据非充分决定。

此外，基于认识论批判的非充分决定性的例子还有很多，比如说，弗里德曼的牛顿引力理论的弯曲空间版本、引力平直空间相对性理论和广义相对论的标准张量形式和纤维丛形式之间的选择等，其中大部分是反实在论者为了构造非充分决定性论题，从具体的科学理论出发，构造的经验等价的竞争理论。引力平直空间相对性理论的形式的例子揭示的是，非充分决定性在相对的和非相对的语境中都威胁了时空的仿射几何学。简单地说，平直相对性引力理论把广义相对论的度规场 $g_{\mu\nu}$ 分裂为固定的闵可夫斯基背景度规 $\eta_{\mu\nu}$ 和一个动力学引力场张量 $F_{\mu\nu}$，依赖于宇宙的质量分布：$g'_{\mu\nu}=\eta_{\mu\nu}+\kappa F_{\mu\nu}$，正如在牛顿的理论中，引力被设想为一种力，因此自由落体物体的轨道偏离了闵可夫斯基侧地线。但是通过调整耦合常数 κ，平直空间相对论的观察预言也能与广义相对论一致，因此在 $g_{\mu\nu}$ 和 $g'_{\mu\nu}$ 之间的选择是被所有可利用的证据非充分决定的。

二、基于语义学批判的非充分决定性

时空理论中基于语义学批判的非充分决定性体现在时空理论从牛顿时空到广义相对论时空，再到目前的量子引力时空的整个发展过程中。

我们在上面讨论过，基于语义学批判的非充分决定性来自于劳丹的悲观主义元归纳，现在我们进一步分析时空理论中基于语义学批判的非充分决定性和悲观主义元归纳之间的联系。在反实在论者的讨论中，悲观主义元归纳的例子包括热质说、燃素说、光的本质的学说等。从中不难看出，悲观主义元归纳讨论了大量不可观察的理论实体。因为理论实体不可观察，实验所验证的是理论的推论及预言的成功，所以我们的认识对于理论实体来说就具有间接性。在相似的意义上，时空的不可观察性使得时空理论的发展历史在一定程度上可以成为悲观主义元归纳的理论支持。悲观主义元归纳主要在于暗示了要求科学革命的成功理论保留较早理论核心术语的明显指称和意义，但是劳丹并没有致力于发现前后相继的理论的语义学连续性，而是走向了以解题为中心的科学进步的合理性模式，这样就忽略了理论术语的指称和意义的连续性，比如在时空理论的发展中，牛顿力学在宏观领域的成功应用使得绝对时空观在很长的一段历史时期成为主要的时空观念，但是广义相对论的成功推翻了牛顿的绝对时空观，而当前人们对量子引力的追寻则揭示了广义相对论的连续时空的局限性。按照悲观主义元归纳的理解，这个过程中揭示的是，我们对于时空本质的理解经历了由绝对到相对、由平直到弯曲、由连续到离散的变化，在这个过程中的每一个历史阶段，我们都能找到很好的理由来相信当时理论所揭示的时空的性质，但是最终还是要被新的理论所取代。因此认识的局限性让我们也不能相信现在的时空理论对时空的主张，时空的指称和意义在以后的科学革命中仍然有可能经历本质的变化，我们目前时空理论的成功并不能充分地决定时空的指称和意义。事实上，这种观点并不能真正地反映科学发展中的实际过程。我们要证明的是，在理论发展变化的过程中，理论术语的指称特性可能会有所变化，但是每一个理论所赋予它的基本意义却在理论发展的过程中以某种特定的方式部分地延续下来，成为理论进步的纽带。

三、基于本体论批判的非充分决定性

基于本体论批判的非充分决定性在时空实在论中主要体现实体论、关系论和结构时空实在论的争论中。正如范弗拉森所理解的，实在论对科学理论应当有一种统一的理论解释的形而上学承诺，但是从科学史中我们不难看出，大多数理论的数学形式都不只具有唯一的物理解释，而其中每一种解释所对应的本体论说明都不同甚至互不相容。同样，在物理学时空理论的发展中，时空的本体论解释从一开始就五花八门。实体论认为时空是一种真实的东西，它可以独立于通常的物体而存在，并且拥有自己的特性；关系论则认为时空自身并没有真实的存在，所存在的只有材料物质之间的关系；而结构实在论作为时空的一种本体论解释，并没有直接的关于时空本体的内在信息，只是承认了描述时空的数学结构的实在性，从而为时空本体论提供了一个新的平台。在实体论者看来，广义相对论模型$<M, g, T>$中的$<M, g>$可以直接支持时空实体的存在，g确切地起到了狭义相对性理论中η的作用，而且度规场与其他场之间确实存在着不同。而在关系论者看来，g并没有起到时空本体论的作用，只是作为场的结构性质而存在。在g的这两种意义的选择中，度规张量应该被理解为空间还是其他物质场的问题，取决于人们喜欢的方式，因此在时空实体论和关系论之间进行选择并没有绝对的标准。结构实在论融合了实体论和关系论的部分特征，但从本质上来讲，它属于与实体论和关系论都不同的一种本体论解释。实体论、关系论和结构实在论对时空的不同理解在很多方面是不相容的，而它们却在不同的物理学家和物理哲学家中都找到了各自的阵营。目前，时空本体论的争论仍是一个热门话题，它们在各自的立场上都声称能找到成功的物理学论据，并且对当代物理学理论的思想都产生了很大影响。

综上可知，在时空理论的发展中，非充分决定性问题确切地存在着。反实在论者运用的三种形式的非充分决定性论题，事实上是要求科学实在论者针对科学理论发展中三个方面的问题给予回答。具体地说，在ND（0）

和ND（v）中，我们选择的标准是什么？广义相对论的时空替代了牛顿时空，目前量子引力时空又提出了与广义相对论时空不同的特性，那么量子引力会不会又被其他的时空理论替代？我们能不能相信量子引力时空的正确性？我们能不能相信现在一切科学理论的正确性？我们应当如何理解时空的本体论地位？事实上，我们不得不承认，反实在论的非充分决定性论题是具有相当的合理性的，因为它所提出的这些问题包含科学发展中的理论选择、理论进步和理论解释等问题，传统实在论并没有对这些问题进行过彻底的回答。而且从科学发展的现状来看，即便是目前最好的理论，也会存在相应的竞争理论，这些理论并不能决定它们对理论术语的指称和意义具有多大程度的确定性，也不能决定它们描述的实体的最基本的本体论特征。所有的这一切都表明，理论发展中的逻辑和历史的关系在传统实在论中并没有得到合理的解释。那么，这些非充分决定性论题是否真的像反实在论者所说的那样，对关于基本物理学理论的科学实在论产生了“真正的威胁”？时空实在论乃至科学实在论又会提出什么样的辩护呢？

第三节　时空语境实在论对非充分决定性问题的求解

一、对基于认识论批判的非充分决定性的回答

在当代很多科学哲学家的作品中都提到ND（0）和ND（v）的非充分决定性，他们大都承认ND（0）和ND（v）是经验等价的理论。历史上莱布尼茨在反对牛顿的绝对时空时曾提出过不可区分物体的同一性原理，认为在经验上不可区分的两种东西事实上就是同一个东西。在ND（0）和ND（v）问题中，因为两种理论对于绝对空间存在状态的不确定性和经验上的无法分辨性，也在一定程度上支持了莱布尼茨诉诸观察上的不可区分性对绝对空间的批判。在当代的哲学家中，弗里德曼[①]也因袭了这种

① Friedman M. Foundations of Spacetime Theories. Princeton：Princeton University Press，1983：112，248-249.

观点，认为这种假设的存在产生了“理论上的不必要性”和在牛顿引力理论语境中缺乏统一的力量，并以此作为反对牛顿绝对空间的理由。但是，这个非充分决定性在很大程度上是哲学家们一种有目的的构造，从历史的观点来讲并没有多大意义。因为随着物理学时空理论的发展，绝对空间被消除掉了，所以这里的速度 v 是无意义的，这种认识论的困境不再是一种真实的困境。另外，如果两个理论 T 和 T′拥有同样的动力学对称，那么构造动力学可能的模型要求的基本结构是相同的，因此它们拥有同样的基本力学结构。在 ND（0）和 ND（v）问题中，ND（0）和 ND（v）都属于牛顿时空中的牛顿动力学，它们拥有同样的时空对称和动力学对称，因此，它们事实上只是同一个理论的不同模型而已。

而时空语境实在论对于广义相对论时空的标准张量形式和纤维丛形式的非充分决定性的回答可以用理论形式体系之间的等价性来解决，形式体系的等价性是理论语形表征中很普遍的一种现象，因为在一种理论的形式体系的选择中，不同逻辑体系在结构和说明功能上等价的现象是很多的，量子力学中的矩阵力学和薛定谔的波动力学就是很好的例子，它们初看起来是两种差别甚远的程式，但是可以证明它们在数学上是等价的。从逻辑上看，上述的广义相对论纤维丛形式可以看作标准张量形式的延伸或者普遍化，它们具有形式结构的等价性，而不是完全独立的。比如，纤维丛形式中，底空间和纤维之间的映射编码了时空点的结构同一性，这部分地对应于标准张量公式中由度规张量场提供的结构同一性；纤维丛形式中，底空间是不能独立于纤维而考虑的（反之亦然），它和纤维是“焊接在一起的”。底空间必须在整个丛结构中考虑，这显然对应于对标准张量公式中的裸微分流形的任何独立的本体论分量的拒绝；广义协变也能对应于纤维丛理论中的自同构下的不变性等。

除了分析观察和经验因素在不同理论的选择中的作用及局限性，时空语境实在论在这里把逻辑理性运用到了对不同理论的理解之中：理论在基本逻辑水平上的一致性表明了它们本质上的相同之处。这说明了基于认识论批判的非充分决定性在实质上并没有真正对实在论构成威胁。

二、对基于语义学批判的非充分决定性的避免

基于语义学批判的非充分决定性在时空语境实在论中得到消解，起作用的是理论形式体系在再语境化过程中的连续性，它保证了指称的相对确定性和语义的连续性。时空语境实在论并不像传统实在论者那样试图通过科学革命前后两个理论在本体论上有共同指称来捍卫实在论，而是认为两者之间可以具有结构上、数学上的某种实实在在的逻辑连续性。科学革命可以将以前的本体论观念彻底替换，但揭示现象背后规律的某种正确形式却依然保存在后继的理论之中，也就是说，发展变化的理论形式部分地服从相同的数学表征。这就保证了语境交替中意义的连续性，较好地说明了科学革命前后理论之间的关联本质，从逻辑和意义上揭示了理论在揭示自然界本质时具有的连续性和进步性。

牛顿时空理论和广义相对论时空理论属于时空理论发展史上两种不同的理论，但是它们之间不是完全独立的，而是通过某个基本几何结构得到了联结。在理论的变革中，这个几何结构得到了保留，新理论的几何加物理结构与旧理论的几何加物理结构具有相似性。[①]具体来说，牛顿理论中，有些结构在时空结构中一直扮演着完整的角色，如提供惯性轨迹的仿射联络∇、表示绝对时间的伴矢量场 dt、保证距离的欧几里得度规张量 h 和点流形 M。在转向广义相对论的时候，几何结构收缩为仅仅与$\langle M, g\rangle$有关，因为牛顿理论的仿射和时间结构——∇和 dt，在广义相对论中由半黎曼度规张量 g 提供，并且 g 代替了欧几里得度规 h。这种解决方法把时空逻辑形式的选择放入时空理论发展的“历时”过程中去，在特定时间的不同时空理论的发展中找到逻辑的连续性，保证了指称的相对确定性和语义的连续性。而时空表征的形式体系在这个过程中实现的再语境化的过程也保证了理论的连续进步性，使得对时空实在性的辩护更加卓越。

---

① Slowik E. Spacetime，ontology，and structural realism. International Studies in the Philosophy of Science，2005，19（2）：147-166.

三、对基于本体论批判的非充分决定性的求解

从上面的讨论可以看出，实在论者在对基于认识论和语义学批判的非充分决定性进行反驳的时候，都允许不同理论的本体论说明之间存在冲突，甚至对于相同的理论，也可以给出不同的本体论解释。这也是科学理论发展中存在的一个事实。那么我们如何理解这种现象呢？又何以在这些冲突的解释之中理解理论的真理性或者合理性呢？这要从当代物理学的解释谈起。

物理哲学家的一个重要职责就是解释物理学的数学结构，因此物理哲学中“关于量子力学的解释”“关于统计力学的解释”等占据了很重要的位置。但是，什么是解释一个物理学理论呢？现代物理学具有两个很明显的特征：其一是物理学的理论在很大程度上依赖于非常复杂的数学表征，从经典力学到广义相对论再到量子引力，物理学中数学工具的类型日渐复杂，在量子引力中，数学的应用更是被推到了一个极致的程度；其二是物理学本身所关注的对象领域经常是“不可观察的”，因此在解释中就有大量的自由空间来填充这方面的细节。基于以上两个特征，对物理学的解释就要做到对数学结构的形式与语义进行关联，必须说明理论形式的哪一部分在表示，表示了什么，也就是必须给本体论提供一个说明，而且要说明这些本体论是理论为真的一系列可能世界的表达。由于对象的不可观察性，对理论的同一个结构和形式往往可以给出不同的本体论解释，正如时空的实体论和关系论那样。从这个意义上讲，实在论成为附属在理论解释上的额外说明，而解释有效地说明了一个理论对应着一系列可能为真的世界，这就构成了科学理论本体论性的非充分决定性。

对于这一点，时空语境实在论的解决方式是，承认理论解释中的心理意向性的存在，但并不像结构实在论那样追求用结构的术语对对象的观念进行重新概念化，用“形而上学包裹”来消解本体论性的非充分决

定性，因为这样做虽然可以融合实体论和个关系论的争论，但是站在整个科学发展的整体角度来讲却是回避了心理意向性在理论发展中更深层的作用，在回答理论发展中形而上学和理论解释作用的问题的时候显得无能为力。语境实在论承认心理意向性的客观存在，因而认为本体论性的非充分决定性的存在是合理的，但这并不意味着这些解释就必然为真。这里强调的是我们把关注的焦点从解释的结果转向我们对语境化的时空对象进行理解时所依存的语形、语义和语用因素共同组成的物理学语境的存在，从中对时空进行一个整体性的和动态的把握，从而对时空的实在性得到合理的理解。

在物理学很多成功的理论中，都存在同一理论具有不同本体论解释的情况，比如说量子力学的各种不同解释所构造的本体论图景对假设实体的本质做出的要求都是冲突甚至互不相容的，但这并不影响我们认为理论是正确的。因此，我们对理论成功的理解不能解释为追求本体论的真，而是追求在确定的理论结构、理论解释等所揭示的实在性的基础上获得一个合理理解自然界本质的平台，把整体性的语境作为实在性的承诺所在。在这里，解释一个理论等于为那个理论提供一种本体论上可能为真而不是确定为真的说明。

由于有许多解释与单个理论相容，并且它们之间互不相同，对于实在论者而言，如果没有一些额外的因素限制对解释的选择的话，实在论就会陷入困境。因此，势必要结合理论的逻辑形式和理论解释等的整体语境来形成我们认识的基础。在这里，时空语境实在论重视的是整个科学理论发展中逻辑和语义的连续性，因此在语境整体性的基础上对理论的解释就不可能是孤立的，而是在对整个科学发展的逻辑进行深入把握后得到的满足模型规定的结构要求的世界集的说明。因此，对理论的一种解释就只是可以使理论为真的一类可能世界。时空语境实在论的关键在于把时空的实在性对象指向语境化的时空对象和语境整体，也就是指向了一个由逻辑和语义的连续性进行保障的解释基础，这样就达到了解释和形式的合理结合。

第四节　非充分决定性问题求解的新特征

对时空理论中非充分决定性的分析事实上可以扩展到整个科学发展的过程中去。这就从一个侧面表明了非充分决定性在科学发展的每一个领域、每一个阶段都会存在，而且充分反映出实在论的另一组问题来：一方面，从实在论的直觉上来说，在理论的竞争变化中必然会有一些东西得到保留和延续；另一方面，理论术语的指称、意义和本体论性是如何得到保留或者延续的？这是传统的实在论必须回答的问题。对这个问题的回答关乎能否为实在论提供强有力的辩护。

我们知道，在科学哲学的历史上，逻辑理性的极端化及其在规范性和先验性方面的绝对化造成了逻辑经验主义的衰落。历史主义掀起了对理性研究的历史向度，但历史主义因范式的不可通约性等原因而走向了相对主义。因此，历史本身的复杂性使得在历史中给理性定位也显得非常困难。但是，逻辑理性的确定性、明晰性仍然是科学哲学理性最本质的规定性。我们要做的就是在历史的发展中寻找逻辑的确定性和规范性，消除模糊性和相对主义。很明显，非充分决定性论题宣告了尝试“从物理学中直接理解形而上学”的自然主义的失败，并且确实在某种形式上对传统实在论构成了一定的威胁。因而，要解决非充分决定性论题，就要从历史的逻辑性出发，揭示出科学既是规范的、稳定的，又是描述的、变化的，揭示出科学理论的竞争、发展和解释在不同语境中体现出的整体性发展变化的特征。时空语境实在论对非充分决定性论题的求解从案例上表明，非充分决定性论题并不能真正推翻科学实在论，而是在一定程度上促进了科学实在论者对非充分决定性论题的内涵实质进行深入考虑，并在此基础上更好地思考科学理论的选择、进步和解释问题，从而促进了科学实在论辩护全方位性新特征的出现。

当代科学实在论对非充分决定性论题给予的合理回答，不只是从逻辑的角度出发进行构造，或者依赖经验的实证，完全拒斥形而上学；也不只是注重科学合理性问题而忽视科学理性，而是试图给出一个全方位的回答，以求走出传统科学实在论的困境。

首先，当代科学实在论从历史的角度，揭示出在整个科学发展的过程中，非充分决定性问题只是暂时的，因为科学的发展是一个在历史中进步的过程。在这个过程中，经验相当的理论之间的选择问题要么具有逻辑构造的性质，在实践中意义不大；要么具有相同的结构基础，是同一个理论的不同表现形式，随着科学的发展最终会被人们认识到；要么就是困于经验的局限性而必然出现的理论发展中的暂时现象会随着经验的深化而终究得到解决。

其次，科学实在论从历史和逻辑发展的角度证明了无论是基于对科学实在论的认识论、语义学还是基于对它的本体论分析的非充分决定性的威胁都没有做到，实际上也不可能做到把前后相继的理论中同一术语的不同意义之间的逻辑关系割裂开来，相应地，也不能把对它们的形而上学解释之间的逻辑关系割裂开来。正如牛顿的经典理论和爱因斯坦的相对论不能逻辑地割裂开来一样。因为在科学理论的发展过程中，术语的意义会发生变化，对理论的本体论解释也会因此发生变化，并且在表面上看起来术语的意义在变化前后可能完全不相同，但是，究其深层结构就会发现其中的逻辑联系，这种联系揭示了理论术语的意义因为结构的连续性而部分地得到了保留，从而保证了前后理论的连续性和进步性。因此，对理论意义的发展和变化要站在整体论的立场上，从整体语境的发展和变化中去理解，并不能完全从表面上割裂来看。

最后，从整体上来讲，对非充分决定性论题的思考促进了对实在论的更好辩护。事实上，文章中的讨论完全可以揭示非充分决定性论题如图 9-1 所示的本质。

基于对实在论的认识论、语义学和本体论分析而来的三种非充分决定性论题并不能完全分割来看，但是它们还是各有侧重和针对性的。基于认识论批判的非充分决定性涉及竞争理论的选择问题，实在论者在对其进行

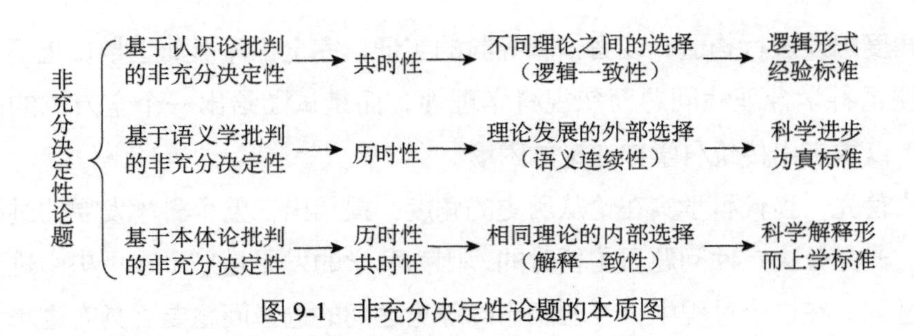

图 9-1 非充分决定性论题的本质图

反驳的过程中认识到经验的暂时性和不确定性特征与竞争理论可能的内在逻辑的一致性；基于语义学批判的非充分决定性涉及的是语义、指称和科学的进步问题，对它进行反驳促进实在论者去发现理论的逻辑、数学结构的连续性，从而证明理论术语指称的相对确定性和意义的连续性；基于本体论批判的非充分决定性涉及的主要是科学解释和科学合理性问题，促进了实在论者以开放的态度去综合经验层面、心理层面和逻辑层面的因素去理解科学解释的含义。

当代科学实在论对非充分决定性论题的回答，事实上是一个对理论发展过程中语形、语义和语用的整体变换的合理解释，必然具有语境实在性的特征，正如时空语境实在论，它解决非充分决定性论题的关键在于把讨论从具体的表面的逻辑形式转向深层的结构的逻辑延续与心理意向性选择的整体作用，任何对时空实在的理解都是在相关语境中得以进行的，体现了语境的整体性视角对理解实在的必要性。事实上也正是这种整体语境的实在性保证了逻辑理性与历史理性在科学发展中的统一作用。这种策略的优点在于，其一，说明了时空理论发展中逻辑构造和经验选择的历史条件性；其二，说明了时空理论革命中指称的相对确定性和语义的连续性，避免了悲观主义元归纳，同时也说明了科学进步的过程；其三，为时空的形而上学解释提供了一个合理的实在性平台，把实在论者从基于本体论批判的非充分决定性中挽救了出来。语境实在论对理论的分析建立在理论发展的整体语境基础上，包含了理论的逻辑、语义和解释中理性的和非理性的要素，通过对理论发展中的语形、语义和语用因素的深刻而正确的认识，合理地避免了导致逻辑理性模式失败的关键预设或基本假定，在对成功理论进行分析的基础上也注重阐明科学进步的合理性，寻求一种将规范性和描述性最好地结合起来的科学进步的合理性模式。语境实在论对非充分决定性问题的求解表明，实在论的理性从“封闭”走向了“开放”，不是把每一单个理论的逻辑和历史割裂来看，而是从狭隘地关注逻辑转向了立体的实践。

第十章 结语：时空实在论与当代科学实在论的辩护

时空实在论经历了半个世纪的复兴与发展，究其实质就是追求对时空实在性的“困惑”进行解读，时空语境实在论正是提供了一种有效的解读方式。站在当代科学实在论发展的大背景下，我们不难理解时空语境实在论选择的必然性，以及时空语境实在论与科学实在论的辩护方法之间的密切联系与相互作用。

本书的研究表明，当代时空实在论发展的路径如下：作为时空本质思索超越形而上学思辨的第一步，时空语义模型的建立把时空实在性的断言与当代物理学的形式体系紧密地联系了起来，开了对时空理论进行语义分析的先河，并首次提出了流形实体论的概念。广义相对论洞问题中非决定论问题的发现及其解决方案把时空实在论中语义分析方法的作用表现到了极致，使时空的实体论和关系论得到了多样化的内涵，但同时也暴露了单纯的语形和语义分析方法的缺陷：单纯考虑语形学和语义学层面上的科学解释而不考虑解释者的心理意向性，这样的解释不具现实性。量子引力中时空背景的选择问题更加表明了心理意向性在物理学理论发展中的作用及其对时空实在论的必然影响。因而，时空实在论运用了结构实在论的方案，试图避免建立在单纯对理论形式体系进行语义分析基础上的实体论和关系论之间的形而上学争论，寻找一条可以融合的路径。时空结构实在论采用了本体论后退的策略，把关注的焦点转向表征时空的数学结构，试图以数学结构的真来例示时空结构的真。这种本体论后退策略的优势有两点：第一，不再追问时空的形而上学本质究竟如何，而是通过数学结构的实在性为时空的实在性提供一种合理理解的平台，摆脱了实体论和关系论之争“沉重的形而上学包袱”；第二，只在数学结构的层面谈论实在，承认实体论和关系论是因为解释中的心理意向性而造成的不同结果，但由于它们都建立在相同的数学结构之上，所以，可以以数学结构为平台进行打包，形成一个“形而上学包裹”，消解形而上学争论。时空语境实在论正是敏锐地看到了这个“形而上学包裹”矫枉过正的做法，以量子引力理论中时空背景的选择作为论据，提出时空实在论的方案中不应该回避心理意向性因素的作用，从而站在整体和历史的角度，对时空理论进行详尽的语境分析，从中发现时空理论发展中形而上学预设、理论形式体系、理论解释和理论选择等每一个环节中语形、语义和语用的交织作用，站在整体论的角度提出了时空语境实在论的新方案。时空实在论的这种发展路径，与当代科学实在论对一般科学理论的理解路径具有很大的相似之处，因而其方法论路径必然地会与当代科学实在论密切相关起来，并为当代科学实在论的辩护提供方法论的支持和借鉴。

第一，从辩护的焦点问题来看。时空实在论关注的焦点在于对时空这个不可观察实体的实在性的理解，而当代科学实在论和反实在论争论的焦点则源自20世纪物理学发展所带来的诸如光子、电子之类的“理论实体”的实在性问题。微观世界的理论实体的特征主要有隐藏性、人类感知能力的不可及性，以及描述这些实体特性的语言图像的宏观性等，这在很大程度上与时空实在的特征并没有本质的区别，而且随着量子引力时空量子化的提出，时空也不再是一种宏观意义上的经典连续的对象了。因此，对时空实在的理解和辩护，必然能够运用到对理论实体的理解和辩护中去。

由于实在对象的不可观察性，对理论实体的理解必然具有自己的特色。时空语境实在论为理解理论实体的实在性提供了一种现实的思路，即采取本体论后退的策略，以时空形而上学预设所引导的物理学语境的实在性为平台，把我们对时空实在的合理认识建立在对语境化的时空对象的合理说明之上。在语境的开放系统中，时空在以形而上学预设进入这个系统中的时候一方面引导了一个特定的物理学语境；另一方面与主体有目的的建构活动相关起来，从而完成了从自在实在向语境化的对象性实在的转化。这个转化过程并不完全取决于时空实在自身的规定性，还取决于人类认识的社会历史条件和解决问题所存在的应答空间。

第二，从对实在本质的认识上来看。20世纪以来，科学哲学家普遍认识到经典实在论所预设的许多形而上学观点是不合理的，他们所做的很多工作都是从自己的科学研究实践中以新的方式去理解理论与实在的关系。因此，如何立足于当代物理学理论的思想体系，阐述理论实体的存在性，这是科学实在论走出本体论困境的一条可能出路。但各种各样的实在论虽然在本体论上进行了原则性后退，但仍不能实质性地解决认识论和形而上学之间的鸿沟问题。在这一点上，时空语境实在论指出，任何试图使“形而上学与认识论一致”的努力都只是一种假设。正确的做法应当是看清科学理论追求真理的目标，在不放弃基本实在的本体论地位的前提下，坚持实在论的立场，寻找一种对时空实在的合理理解，摆脱实体论和关系论形而上学观点直接对立却无法证实也无法证否的状况。时空语境实在论在对时空实在性的解读过程中不赞成传统实在论的本质主义路线，但同时也不赞成后现代思潮中批判“真理”、批判“确定性”的极端反本质主义，因为极端的反本质主义必然走向相对主义。在科学理论与世界本质之间的关系上，时空语境实在论赞成的是，科学发展对本质的追求与我们在特定物理学语境中对实在理解的当时性是不矛盾的。语境的相对性强调的是理解的当时性与相对性，它与物理学理论追求本质的目标是一致的。理论结构与世界结构之间是“部分同构”的关系，即是说，科学理论给予我们的关于世界的知识并非终极真理，但却在一定程度上揭示了世界的部分本质。虽然对实在的理解是随着物理学语境的发展而不断变化的，但是这种变化并非无秩序的随意变化，而是一个逐步接近本质的过程。

第三，从辩护的基础来看。衡量当代科学实在论对理论实体进行的辩护是否合理的标准是辩护的方案是否能够合理地回答科学理论的解释多样性、科学发展的合理性和科学真理观等问题。时空实在论也同样要面对这些问题。时空语境实在论对这些问题的回答如下：首先是对科学理论解释多样性及其实在性基础的回答。时空语境实在论承认，时空理论的物理模型除了包括数学方程，还包括人们对世界的构成机理的理解部分。这一部分事实上就是基于语义分析为数学模型提供一个解释。而我们无法脱离开主体的理论背景、心理意向性等语用因素和理论发展的历史语境来谈论主体对数学方程构造的过程和对方程进行语义分析的过程。正是这些因素造成了理论的多样性。扩展到一般科学理论的层面，人们构造的理论的数学方程和语义分析是可变的，这也可以与经验科学联系起来，解释经验的

“局部”有效性，而科学研究追求真理的目标则赋予科学以统一的力量。这些过程产生的理论并非随意构造的结果，在成功理论的数学之间应当具有一定的等价性和可通约性。其次，科学真理观的辩护。传统的真理符合论把真理理解为科学研究的结果，认为真理就是实在命题与“实在”或事实的符合。把科学研究的过程和结果看作是纯客观的，排除了认识主体的主观性在科学研究中的作用，因此必将存在诸多问题。波普尔的逼真性真理观用逼真度观念来代替真理观念，认为在现实的科学活动中，科学家所追求的不是真理，而是理论的更高的逼真度。在科学家们的这种对更高逼真度的不断追求中，人类的知识也随之得到不断的增长。这种理论面临的困难在于，如何回答一个理论比与它相竞争的理论更接近或逼近或更远离真理？ 时空语境实在论解决这一问题的途径在于认为科学理论的方程与表征世界的数学结构及世界结构之间具有部分同构性。这种部分同构性一方面保证了我们的科学理论是对科学真理的追求；另一方面充分考虑了为主体和理论发展的历史语境因素在整个科学研究活动中的介入。在这里，同构只是部分同构，因为主体和历史语境的因素，理论具有可错性。但在物理学语境不断再语境化的过程中，同构性的程度也会越来越高，因为我们从科学史的发展中可以清晰地看到，越先进的新理论往往越具有普遍性，可以把前理论纳入其框架之中。这可以解释为，新理论不仅仅继承了旧理论的核心数学结构，同时还把这种数学结构融入更普遍的对称性中，新理论的数学结构比旧理论的数学结构与世界结构之间的同构性程度要更高一些。最后，科学发展的合理性的辩护。在本书提出的时空语境实在论模型中，时空的自在实在虽然不是我们直接感知的对象，但却可以通过它以形而上学预设的方式所引导的语境即其中的数学结构的表征以及语义解释为我们所把握。在科学发展的过程中，前后相继的理论之间是一种语境与在再语境化的过程，这个过程有两个重要的核心——逻辑和数学结构的连续性，以及由此而来的语义的连续性和可通约性，这对确定理论术语的指称和意义具有关键的作用，同时展示了科学发展的合理性和进步性。

第四，从实在论辩护的方法来看。当代科学实在论的一大特征就是语义分析方法的全面展开和系统应用。在时空语境实在论的解释体系中，我们同样可以明确地看到语义分析方法自然而然地被借鉴、移植和引入了。而与逻辑经验主义强调的语义分析方法相比，时空语境实在论实现了语义分析方法的螺旋式回归，主要表现在如下几个方面。

其一，不再追求静态的语义分析，不再寻求确定语词的唯一而客观的指称。时空语境实在论重视对静态的概念赋予深刻的动态的物理意义和哲学特征，也同样重视理论发展和进步过程中的逻辑和语义的连续，强调重视竞争理论之间、前后相继的理论之间的语义相关性和连续性，结合理论发展给出时空实在性的合理解释。

其二，合理认识语义分析中的心理意向性因素，这是一种语形的经验语义分析到语用的语境分析的转变。这来源于对洞问题之后实体论和关系论争论，以及量子引力时空背景选择中的心理意向性因素的作用的认识。任何解释者都是站在自己的理论背景和哲学立场上，用某一确定的思维框架去适合物理理论的结构和内容。因此，语义分析的性质不可能是唯一的。这样，人们对理论模型的多样性解释才能有一个中肯的理解。

其三，强调语义分析与本体论之间的适当关联性，时空语境实在论一方面把时空本体论看作客观的“语义载体”，承认本体论观念对语义分析的制约，不孤立地去看待语义和本体论的问题，另外强调本体论之外的语义成真的条件。任何语义分析都必然要求确定科学语言的语句的真理性条件，而时空实在论争论中语义分析—数学方程—本体结构的纽带中强调语境的变换性与模型的部分同构性而不是符合性，从而扩展了语义解释的成真条件的范围。也就是，在“能指”与“所指”、“有意义性”与“可能性”的关系中，为经验的解释、实验的验证、实践的检验及哲学的思考等留下了空间。在时空语境实在论的视角下，很容易理解语义分析的目的，就是重构一个物理论的意义，即解释客体和表述这种客体的语言陈述之间的本质联系[①]，因为在时空理论的分析、阐述和解释中，人们所产生的语义观念并不是主观臆造的，它归根到底来自于时空的客观存在，来自于时

① 郭贵春. 语义分析方法在现代物理学中的地位. 山西大学学报，1989，(1)：26.

空的真实结构与性质。

其四，规范了科学理论语义解释的语境范围。时空语境实在论在很大程度上表明，正是因为时空结构的数学可描述性，使得时空的本体世界与理论世界关联起来。也正是因为时空结构在某种程度上遵循数学的逻辑，这种逻辑结构成为语义分析的一种载体。这就从案例上表明，任何物理理论都有其内在的逻辑自洽性，物理描述语言有其自身确定的意义和规则，有其特定的描述对象和实体，这些均构成了语义分析的前提和基础。而语义则使抽象的逻辑形式产生了活的、内在联结的力量，表现了物理学理论的逻辑结构的本质特征。

其五，强调语义分析的整体性，把与语言相关的指称、意义和真理等问题联系起来，引申了基本问题探索的深度。时空语境实在论对语义分析方法的作用的界定建立在对语义分析方法的深刻理解的基础之上。语义分析既具有主观性因素，又具有客观性基础，这种两重性表明了人的认识和物理世界之间的相互作用，因而筑起了实在与理论之间的链条和解释的环节，把解释问题引申到了知识和真理观问题的探讨中。正如时空实在论的发展所表明的，人们必然会追求物理理论和形式语言的语义分析之间更深刻的结构上和哲学上的一致性，从而更好地揭示物理实在的本质的过程。对这种一致性的追求，则 证明了“真理的概念是语义分析的核心”[①]。无论是片面地强调“一致性”的经典实在论，还是片面强调静态、客观的“语义分析”的逻辑实证主义，都是不正确的。时空语境实在论提出，要从逻辑上解决理论实体的难题的方法，既要重视语义分析本身的功能，又重视本体论与语形-语义逻辑层面和主体层面之间的关联。

总之，时空语境实在论为当代物理学发展中如何把握时空实在性提供了一种很好的策略，从案例上为当代科学实在论的发展提供了方法论支撑，揭示了当代科学实在论发展的语境选择。我们说，时空哲学不可能在某一种物理学理论中达到终结，物理学仍然处于不断的发展之中，对于时空本质的认识终将受到更加复杂的现代物理学语境的影响。正如上面所论

① Nola R. Fixing the reference of theoretical terms. Philosophy of Science 1980，47（4）：506-507.

证的，这种方法可以扩展到一般科学的层面，从中可以看到一般科学哲学意义上语境实在论的方法论优势：任何科学理论的发展都是一个不断完善的多样化的过程，我们不能过早地从一种科学的结果推断一种唯一确定的形而上学的观点，但是要在实在论的立场上认识到语境变化的动态性特征。对现代物理学和科学理论的理解不能像逻辑经验主义那样，把经验证据与理论之间的关系理解为以经验为基础的证实关系；也不能像历史主义那样，否认理论发展变化中的连续性而走向相对主义。只有通过把握理论的逻辑语形和语义解释的连续性以及心理意向性的客观存在性，我们才有对非可观察实体尤其是科学理论的基本本体的合理的知识论进路。

以“语境”的本体论性为基点，语境实在论一方面能够吸收各种反实在论观点的合理因素，使反实在论的阐述成为理解科学过程中的一个具体环节；另一方面，能够以科学的本质目标作为理解科学的基础，合理认识科学研究实践中蕴含的主观性。以“语境”为纽带在世界结构和语境化的对象，以及我们认识到的对象之间建立一种合理的联结关系，避免形而上学和认识论的截然二分，同时也避免结构实在论等追求“使形而上学和认识论一致”的做法，使实在论和反实在论者获得一个对话的平台。在这个意义上，语境实在论为我们提供了一个语境分析方法和形而上学反思得以在实在论立场上的移植、运用和批判性借鉴的方法论思路，表明了科学实在论比较成熟的逻辑理性和历史理性相结合的基点，并且只有在这个基点上发展，当代科学实在论才会有更好的出路。

参 考 文 献

爱因斯坦. 1976. 爱因斯坦文集. 许良英，范岱年，赵中立编译. 北京：商务印书馆.

艾伯特. 1994. 近代物理科学的形而上学基础. 徐向东译. 成都：四川教育出版社.

彼得・麦克尔・哈曼. 2000. 19世纪物理学概念的发展. 龚少明译. 上海：复旦大学出版社.

曹天予. 2008. 20世纪场论的概念发展. 吴新忠，李宏芳，李继堂译. 上海：上海科技教育出版社.

常哲. 2002. 超弦与M理论. 现代物理知识，14（2）：18-21.

成素梅. 1998. 论科学实在. 北京：新华出版社.

成素梅. 2003. 科学与哲学的对话. 太原：山西科学技术出版社.

成素梅，郭贵春. 2002. 论科学解释语境与语境分析方法，自然辩证法通讯，24（2）：24-30.

成素梅，郭贵春. 2004. 量子测量的玻姆解释语境. 自然辩证法通讯，26（4）：29-35.

成素梅，郭贵春. 2004. 语境实在论. 科学技术与辩证法，21（3）：60-64.

程瑞. 2005. 语境实在论与相对主义. 科学技术与辩证法，22（4）：19-21.

程瑞. 2007. 走向融合的时空本体论之争——访英国哲学家巴特菲尔德. 哲学动态，（3）：33-36.

程瑞. 2009. 时空实在论与结构实在论. 科学技术哲学研究，26（4）：33-39.

程瑞. 2010. 时空语义模型的方法论意义. 科学技术哲学研究，27（1）：107-112.

程瑞，郭贵春. 2009. "洞问题"与当代时空实在论. 科学技术与辩证法，26（2）：34-38.

戴维斯，等. 1994. 超弦——一种包罗万象的理论？廖力译. 北京：中国对外翻译出版公司.

丁亦兵. 1997. 统一之路. 长沙：湖南科学技术出版社.

费保俊. 2005. 相对论与非欧几何. 北京：科学出版社.

冯宇，薛晓舟. 2000. M理论及其哲学意义. 自然辩证法研究，16（5）：1-5.

弗拉森. 2005. 科学的形象. 郑祥福译. 上海：上海译文出版社.

高策. 1999. 走在时代前面的科学家——杨振宁. 太原：山西科学技术出版社.

格林. 2002. 宇宙的琴弦. 李泳译. 长沙：湖南科学技术出版社.

顾毓忠. 1990. 现代物理学的概念革新与哲学精神. 长春：吉林大学出版社.

关洪. 2004. 空间——从相对论到M理论的历史. 北京：清华大学出版社.

广重彻. 1988. 物理学史. 李醒民译. 北京：求实出版社.
郭贵春. 1989. 语义分析方法在现代物理学中的地位. 山西大学学报（哲学社会科学版），（1）：23-29.
郭贵春，程瑞. 2010. 时空实在论与非充分决定性论题. 哲学研究，（1）：99-106.
郭贵春. 2008. 语义分析方法与科学实在论的进步. 中国社会科学，（1）：54-64.
郭贵春，程瑞. 2008. 时空实在论与当代科学实在论. 哲学研究，（1）：100-107.
郭贵春，程瑞. 2007. 科学哲学在中国的现状与发展. 中国科学基金，21（4）：202-204.
郭贵春，程瑞. 2005. 量子引力时空语境分析. 中国社会科学，（5）：68-79.
郭贵春，程瑞. 2004. 物理学中离散性思想的发展和统一. 山西大学学报（哲学社会科学版），27（6）：24-29.
郭贵春. 2004. 科学实在论的方法论辩护. 北京：科学出版社.
郭贵春，殷杰. 2003. 科学哲学教程. 太原：山西科学技术出版社.
郭贵春. 2002. 科学实在论的语境重建. 自然辩证法通讯，24（5）：9-14.
郭贵春. 2002. 语境与后现代科学哲学的发展. 北京：科学出版社.
郭贵春，贺天平. 2001. 测量语境的特征. 社会科学研究，（5）：58-63.
郭贵春. 2000. 语境分析的方法论意义. 山西大学学报（哲学社会科学版），23（3）：1-6.
郭贵春. 1999. 语用分析方法的意义. 哲学研究，（5）：70-77.
郭贵春，王红梅. 1999. 测量语境的意义. 科学技术与辩证法，（4）：39-44.
郭贵春. 1994. "意义大于指称"：论科学实在论的意义观. 晋阳学刊，（4）：42-49.
郭贵春. 1991. 当代科学实在论. 北京：科学出版社.
郭贵春. 1990. 语义分析方法的本质. 科学技术与辩证法，（2）：1-6.
郭剑波，程瑞. 2008. 论物理学与数学的关系——以时空理论发展为例. 自然辩证法研究，24（5）：11-15.
海森堡. 1974. 物理学与哲学. 范岱年译. 北京：科学出版社.
韩小卫. 2004. 弦论的二次革命及其哲学反思. 科学技术与辩证法，21（1）：25-29.
赫拉德·特霍夫特. 2002. 寻觅基元——探索物质的终极结构. 冯承天译. 上海：上海科技教育出版社.
胡新和. 1995. "实在"概念辨析与关系实在论. 哲学研究，（8）：19-26.
贾玉树. 2003. 论科学理论的"实在"基础. 自然辩证法研究，19（1）：34-40.
江怡. 2001. 现代英美哲学中的形而上学——实在论与反实在论的背景. 江苏行政学院学报，（3）：5-12.
卡尔-奥托·阿佩尔. 1997. 哲学的改造. 孙周兴，陆兴华译，上海：上海译文出版社.
凯德洛夫，奥夫钦尼科夫. 1990. 物理学的方法论原理. 柳树滋等译. 北京：知识出版社.
康德. 1978. 未来形而上学导论. 庞景仁译. 北京：商务印书馆.

奎因. 1987. 从逻辑的观点看. 江天骥，等译. 上海：上海译文出版社.
来道雄. 2001. 超越时空：通过平行宇宙、时间卷曲和第十维度的科学之旅. 刘玉玺，曹志量译. 上海：上海科技教育出版社.
莱布尼兹. 2009. 人类理智新论. 陈修斋译. 北京：商务印书馆.
李・斯莫林. 2003. 通向量子引力的三条途径. 李新洲等译. 上海：上海科学技术出版社.
李创同. 2006. 科学哲学思想的流变. 北京：高等教育出版社.
李烈炎. 1988. 时空学说史. 武汉：湖北人民出版社.
李淼. 2004. 超弦理论的几个方向. 科技导报，22（11）：16-19.
李玉琼，薛小舟. 2002. 论 21 世纪空间时间观念的量子革命. 自然辩证法研究，18（1）：12-14.
利普・弗兰克. 1957. 科学的哲学. 徐良英译. 上海：上海人民出版社.
龙芸. 2008. 圈量子引力的回顾. 湖北第二师范学院学报，25（2）：27-28.
马利奥・邦格. 2010. 物理学哲学. 颜锋，刘文霞，宋琳译. 石家庄：河北科学技术出版社.
迈克尔・达米特. 2004. 形而上学的逻辑基础. 任晓明，李国山译. 北京：中国人民大学出版社.
内格尔. 2002. 科学的结构. 徐向东译. 上海：上海译文出版社.
彭罗斯. 2008. 通向实在之路——宇宙法则的完全指南. 王文浩译. 长沙：湖南科学技术出版社.
切奥・卡库，詹倪弗・汤普逊. 2001. 超越爱因斯坦. 陈一新，陆志成译. 长春：吉林人民出版社.
史蒂芬・霍金，罗杰・彭罗斯. 1996. 时空本性. 杜欣欣，吴忠超译. 长沙：湖南科学技术出版社.
瓦尼安，鲁菲尼. 2006. 引力与时空. 向守平，冯珑珑译. 北京：科学出版社.
万小龙，殷正坤. 1996. 当代物理学哲学研究途径浅析. 哲学研究，（12）：18-25.
王巍. 2004. 科学哲学问题研究. 北京：清华大学出版社.
魏凤文，申先甲. 1994. 20 世纪物理学史. 南昌：江西教育出版社.
魏屹东. 2004. 广义语境中的科学. 北京：科学出版社.
魏屹东. 2004. 科学理论中心概念变化的语境分析. 科学技术与辩证法，21（2）：41-44.
魏屹东，郭贵春. 2001. 科学中心转移现象的社会文化语境分析. 科学技术与辩证法，18（6）：52-55.
吴国林. 2004. 物质无限可分性再思考. 自然辩证法研究，20（3）：34-37.
吴国林，孙显曜. 2007. 物理学哲学导论. 北京：人民出版社.
吴国盛. 1996. 时间的观念. 北京：中国社会科学出版社.
薛晓舟. 2003. 当代量子引力及其哲学反思. 自然辩证法通讯，25（2）：101-106.

亚·沃尔夫. 2009. 十六、十七世纪科学、技术和哲学史. 周昌忠译. 北京：商务印书馆.
杨建邺. 2003. 爱因斯坦传. 海口：海南出版社.
杨振宁. 1981. 爱因斯坦对理论物理学的影响. 自然辩证法通讯，(2)：27-33.
杨振宁. 1989. 杨振宁演讲集. 天津：南开大学出版社.
姚介厚. 2001. 回眸 20 世纪的分析哲学与相关的科学哲学. 国外社会科学，(3)：2-8.
伊夫斯. 1990. 数学史上的里程碑. 欧阳绛等译. 北京：北京科学技术出版社.
殷杰，郭贵春. 2002. 论语义学和语用学的界面. 自然辩证法通讯，24 (4)：13-18.
殷正坤，邱仁宗. 1996. 科学哲学引论. 武汉：华中理工大学出版社.
张奠宙. 1997. 石溪漫话：数学和物理学的关系. 科学，(4)：7-9.
赵展岳. 2002. 相对论导引. 北京：清华大学出版社.
Alexander H G. 1956. The Leibniz-Clarke Correspondence. Manchester：Manchester University Press.
Anderson J L. 1967. Principles of Relativity Physics. New York：Academic Press.
Ashetkar A，Stachel J. 1991. Conceptual Problems of Quantum Gravity：Proceedings of the 1988 Osgood Hill Conference. New York：Birkhauser.
Ashtekar A，Rovelli C. 1992. Connections，loops，and quantum general relativity. Classical & Quantum Gravity，9 (1)：3-12.
Bain J. 2006. Spacetime structuralism//Dieks D. The Ontology of Spacetime. Amsterdam：Elsevier：37-66.
Bain J. 2003. Einstein algebras and the hole argument. Philosophy of Science，70：1073-1085.
Bain J. 2004. Theories of Newtonian gravity and empirical indistinguishability. Studies in History and Philosophy of Modern Physics，35：345-376.
Barbour J，Bertotti B. 1982. Mach's principle and the structure of dynamical theories. Proceedings of the Royal Society，382 (1783)：295-306.
Belot G. New Work for counterpart theorists：determinism. British Journal for the Philosophy of Science，1995，46 (2)：185-195.
Belot G. 2001. The Principle of Sufficient Reason. Journal of Philosophy，98：55-74.
Belot G，Earman J. 1999. From physics to metaphysics// Butterfield J，Pagonis C. From Physics to Metaphysics. Cambridge：Cambridge University Press：166-186.
Belot G，Earman J. 2001. PreSocratic quantum gravity//Callender C，Huggett N. Physics Meets Philosophy at the Planck Scale. Cambridge：Cambridge University Press：213-255.
Boyd R. 1984. The current status of scientific realism// Lepin J. Scientific Realism. Berkeley：University of California Press：41-82.
Bunge M. Epistemology and Methodology：Philosophy of Science and Technology. Part I.

Dordrecht：D. Reidel Publishing，1983.

Butterfield J. 1984. Relationism and possible worlds. British Journal for the Philosophy of Science，35（2）：101-113.

Butterfield J. 1989. The hole truth. British Journal for the Philosophy of Science，40（1）：1-28.

Butterfield J，Isham C J. 1999. On the emergence of time in quantum gravity// Butterfield J. The Arguments of Time. Oxford：Oxford University Press：757-786.

Butterfield J，Isham C J. 2001. Spacetime and the philosophical challenge of quantum gravity// Callender C，Huggett N. Physics Meets Philosophy at the Planck Scale. Cambridge：Cambridge University Press：33-89.

Callender C，Huggett N. 2001. Physics Meets Philosophy at the Planck Scale. Cambridge：Cambridge University Press.

Cao T Y. 2003. Can we dissolve physical entities into mathematical structures? Synthese，136：147-168.

Cao T Y. 2006. Structural realism and quantum gravity//French S，Rickles D，Saatsi J. Structural Foundations of Quantum Gravity. Oxford：Oxford University Press：42-55.

Davies P C W，Brown J. 1988. Superstring：A Theory of Everything? Cambridge：Cambridge University Press.

Davis S，Gillon B S. 2004. Semantics：A Reader. Oxford：Oxford University Press.

Dirac P A M. 1958. The Principles of Quantum Mechanics. Oxford：Clarendon Press.

Dorato M. 2000. Substantivalism，relationalism，and structural spacetime realism. Foundations of Physics，30（10）：1605-1628.

Dorato A，Pauri M. 2006. Holism and structuralism in classical and quantum GR. // French S，Rickles D，Saatsi J. 2006. Structural Foundations of Quantum Gravity. Oxford：Oxford University Press：121-151.

Earman J，Norton J. 1987. What price spacetime substantivalism? The hole story. British Journal for the Philosophy of Science，38（4）：515-525.

Earman J. 1989. World Enough and Space-Time：Absolute vs. Relational Theories of Space and Time. Cambridge and London：The MIT Press.

Earman J. 2006. Two challenges to the requirement of substantive general covariance. Synthese，148：443-468.

Eddington A. 1928. The Nature of the Physical World. Cambridge：Cambridge University Press.

Einstein A. 1923. Ether and the Theory of Relativity，Sidelights on General Relativity. New York：Dover.

Einstein A. 1952. Relativity：The Special and the General Theory. London：Mehtuen.

Einstein A. 1961. Relativity：The Special and the General Theory. New York：Bonanza Books.

Esfeld M，Lam V. 2008. Moderate structural realism about spacetime. Synthese，160（1）：27-46.

Field H. 1989. Realism，Mathematics，and Modality. Oxford：Blackwell.

Field H. 1980. Science Without Numbers：A Defense of Nominalism. Princeton：Princeton University Press.

Frank P. 1957. Philosophy of Science. Englewood Cliffs：Prentice Hall.

French S. 1989. Quantum physics and the identity of indiscernibles. Australasian Journal of Philosophy，67：432-446.

French S. 2001. Getting out of a hole：identity，individuality and structuralism in space-time physics. Philosophica，67：11-29.

French S，Ladyman J. 2003. Remodeling structural realism. Synthese，136：147-168.

French S，Rickles D，Saatsi J. 2006. Structural Foundations of Quantum Gravity. Oxford：Oxford University Press.

Friedman M. 1983. Foundations of Space-Time Theories：Relativistic Physics and Philosophy of Science. Princeton：Princeton University Press.

Hacking I. 1975. The identity of indiscernibles. Journal of Philosophy，72：249-256.

Hoefer C，Rosenberg A. 1994. Empirical equivalence，underdetermination，and systems of the world. Philosophy of Science，61（4）：592-607.

Hoefer C. 1996. The metaphysics of space-time substantivalism. The Journal of Philosophy，93（1）：5-27.

Hoefe C. 1998. Absolute versus relational spacetime：for better or worse，the debate goes on. British Journal for the Philosophy of Science，49（3）：451-467.

Horwich P. 1978. On the existence of time，space and space-time. Noûs，12：397-419.

Howard D，Norton J D. 1993. Out of the labyrinth? Einstein，Hertz and the Goettingen answer to the hole argument//Earman J，Janssen M，Norton J D. The Attraction of Gravitation：New Studies in History of General Relativity. Boston：Birkhauser：30-62.

Isham C J. 1994. Prima facie questions in quantum gravity// Ehlers J，Friedrich H. Canonical Relativity：Classical and Quantum. Berlin：Springer-Verlag：1-21.

Jammer M. 1954. Concepts of Space. Cambridge：Harvard University Press.

Jones R. 1991. Realism about what? Philosophy of Science，58：185-202.

Kuhn T S. 1970. The Structure of Scientific Revolutions. Chicago：University of Chicago Press.

Ladyman J. 1998. What is structural realism? Studies in History & Philosophy of Science Part A，29（3）：409-424.

Ladyman J. 2002. Understanding Philosophy of Science. London：Routledge.

Laudan L，Leplin J. 1991. Empirical equivalence and underdetermination. The Journal of Philosophy，88（9）：449-472.

Leplin J. 1997. A Novel Defence of Scientific Realism. Oxford：Oxford University Press.

Macdonald A. 2001. Einstein's hole argument. American Journal of Physics，69：223-225.

Maudlin T. 1990. Substances and space-time：what Aristotle would have said to Einstein. Studies in History & Philosophy of Science，21（4）：531-561.

Mittelstaedt P. 1981. Current Issues in Quantum Logic. Dordrecht：Reidel.

Nerlich G. 1994. What Spacetime Explains：Metaphysical Essays on Space and Time. Cambridge：Cambridge University Press.

Nola R. 1980. Fixing the reference of theoretical terms. Philosophy of Science，47（4）：503-531.

Norton J. 1984. How Einstein found his field equations：1912-1915//Howard D，Stachel J. Einstein and the History of General Relativity. Boston：Birkhauser：101-159.

Norton J. 1987. Einstein，the hole argument and the reality of space// Forge J. Measurement，Realism and Objectivity. Dordrecht：Reidel：153-188.

Norton J. 1996. Philosophy of space and time// Butterfield J，Hogarth M，Belot G. Spacetime. Aldershot：Dartmouth：

Norton J. 1993. General covariance and the foundations of general relativity：eight decades of dispute. Reports on Progress in Physics，56：791-858.

Norton J. 1989. Coordinates and covariance：einstein's view of space-time and the modern view. Foundations of Physics，19（10）：1215-1263.

Pols E. 1992. Radical Realism. New York：Cornell University Press.

Quine W V O. 1969. Word and Object. Cambridge：The MIT Press.

Quine W V O. 1992. Structure and nature. Journal of Philosophy，89（1）：5-9.

Redhead M L G. 1996. From Physics to Metaphysics. Cambridge：Cambridge University Press.

Reichenbach H. 1958. The Philosophy of Space and Time. New York：Dover Publications.

Rovelli C. 1997. Halfway through the woods// Earman J，Norton J. The Cosmos of Science. Pittsburgh：University of Pittsburgh Press：180-223.

Rovelli C. 1998. Loop quantum gravity，library of living reviews. http：//relativity.livingreviews.org/articles/lrr-1998-1［2014-5-2］.

Rovelli C. 2001. Quantum spacetime：what do we know? // Callender C，Huggett N.

Physics Meets Philosophy at the Planck Scale. Cambridge：Cambridge University Press：101-124.

Rovelli C. 2004. Quantum Gravity. Cambridge：Cambridge University Press.

Rynasiewicz R. 1996. Absolute versus relational space-time：An outmoded debate. Journal of Philosophy，45：407-436.

Salmo W C. 2005. An empiricist argument for realism// Salmon H. Reality and Rationality. Oxford：Oxford University Press.

Sankey H. 1991. Translationfailure betweentheories. Study in History and Philosophy of Science，22：223-236.

Saunders S. 2003. Physics and Leibniz's principles// Brading K，Castellani E. Symmetries in Physics：Philosophical Reflections. Cambridge：Cambridge University Press：289-307.

Saunders S. 2003. Structural realism，again. Synthese，136：127-133.

Sciama D W. 1959. The Unity of the Universe. New York：Anchor Booke.

Sklar L. 1974. Space，Time，and Spacetime. California：University of California Press.

Sklar L. 1985. Philosophy and Spacetime Physics. California：University of California Press.

Slowik E. 2005. Spacetime，ontology，and structural realism. International Studies in the Philosophy of Science，19（2）：147-166.

Smolin L. 2001. Three Roads to Quantum Gravity：A New Understanding of Space，Time and the Universe. New York：Basic Books.

Stachel J. 1989. Einstein's search for general covariance，1912-1915// Howard D，Stachel J. Einstein and the History of General Relativity. Basel：Birkhäuser：13-42.

Stachel J. 1993. The meaning of general covariance：the hole story// Earman J，Janis A，Massey G. Philosophical Problems of the Internal and External Worlds：Essays on the Philosophy of Adolf Grünbaum. Pittsburgh：University of Pittsburgh Press：129-160.

Teller P. 1991. Substance，relations，and arguments about the nature of space-time. The Philosophical Review，100（3）：363-397.

Tianyu C. 2003. Structural realism and the interpretation of quantum field theory. Synthese，136：3-24.

Tianyu C. 2003. Can we dissolve physical entities into mathematical structures？Synthese，136：57-71.

Tianyu C. 2003. What is ontological synthesis? —A reply to simon saunders. Synthese，136：107-126.

van FraassenB C. 2002. The pragmatics of explanation// Balashov Y，Rosenberg A. Philosophy of Science. London：Routledge：56-70.

Wald R. 1984. General Relativity. Chicago：University of Chicago Press.

Weingard R. 1975. On the ontological status of the metric field in general relativity. The Journal of Philosophy，72（14）：426-431.

Worrall J. 1989. Structural realism：the best of both worlds? Dialectica，43：99-124.

Worrall J. 2006. The Ontology of Science. Aldershot：Dartmouth.